JN044041

改訂新版
Visual
Studio
定番コードエディタを 使い倒すテクニック
Code
実践ガイド

森下篤

◎操作の基本から、VS Codeならではの機能やカスタマイズまで
◎Go/TypeScript/Python/Markdown/YAMLなどの実践例を紹介
◎拡張機能の開発と公開、そして次世代プロトコル「LSP」も詳説

技術評論社

GitHub連携、Codespaces…
最新機能にも対応した決定版!

はじめに

▶Visual Studio Codeとは

　本書を手にとっていただきありがとうございます。本書はVisual Studio Code
（本書では、略して「VS Code」と呼びます）の解説書です。

　VS Codeはさまざまなソフトウェアを開発するためのエディターで、マルチ
プラットフォームに対応しています。Microsoftが開発し、2015年のMicrosoft
のデベロッパー向けカンファレンス「Build 2015」にて公開されました。Visual
Studioのファミリー製品となっていますが、そのほかの製品とは異なる特徴が
2つあります。ひとつは、GitHub上でコミュニティとともに開発が続けられて
いるオープンソースソフトウェアであることです。もうひとつは、特定の環境
をターゲットにしたIDE（統合開発環境）ではなく、さまざまなプログラミング
言語の開発が「拡張機能」によって可能になる開発ツールであることです。

　VS Codeは、純粋なテキストエディターとしての機能はもちろん、複数の
ファイルをタブで開いたり、プロジェクト全体を全文検索したり、ファイル間
の差分を見たりする機能も持っています。さらに、プログラミング言語ごとの
開発支援機能を、拡張機能としてマーケットプレイスから簡単にインストール
できます。このように機能が拡張できることはVS Codeの特徴のひとつである
一方、実際に開発支援機能として拡張できる項目は以下に限られています。

・コード補完
・デバッグ
・リント（静的解析）
・外見（テーマ）
・スニペット
・キーマップ
・エディターやビュー内へのWebViewの組み込み

　VimやEmacsといった拡張に優れたエディターと比べると、VS Codeで拡張
できる範囲は自由ではありません。WebViewで自由なUIが作れると言っても、

制限のあるものになっています。しかしその制限のおかげで、特定のプログラミング言語によらず共通のUIでスマートに利用できるようになっています。

　また、VS Codeがもつ拡張機能の一部は、Language Server Protocol（以下「LSP」と呼びます）という多種多様なプログラミング言語とエディター間のプロトコルとしてまとめられています。このLSPはVS Code以外のエディターでも使えるソフトウェア開発ツールの共通プロトコルとなりつつあります。VS CodeはLSPによって、まさに現在のソフトウェア開発を再定義したエディターと言えます。

　筆者は以前、ソフトウェア開発の最初の段階である、開発に必要なツールの準備をする仕事に従事していました。その際、他の開発メンバーにはIDEでのセットアップをすすめながらも、自分ではカスタマイズしたVimを使っていました。しかし、VS Codeの登場により、私も開発メンバーと同じツールを使って環境を構築し、それを共有できるようになりました。VS Codeは開発者間で共有する設定とユーザー個人の設定とが分離されているため、開発メンバーで設定を共有しながらも、細かい動作や視覚効果などは各開発者の好きな設定を追加できます。筆者もキーバインドやカラーテーマをカスタマイズしながら、Go、TypeScript、Pythonを使ったチーム開発に利用しています。また、外部のLinuxサーバーやDockerコンテナに接続して開発ができるリモート開発機能は、開発環境をLinux中心にできるため、筆者にとって画期的なものでした。そのため今ではソフトウェア開発のほとんどの場面でVS Codeを使うようになりました。

　VS Codeの機能が充実したことで、今後もVS Codeユーザーは増えていくでしょう。本書は、より気軽にVS Codeを使って開発をブーストし、自分好みにカスタマイズして、拡張機能を作って発展させる、そんなVS Codeユーザーを増やしたい気持ちで執筆しました。読者のソフトウェア開発の発展の一助になればと思います。

▶本書のねらいと構成

　VS Code自体は解説書がなくてもユーザーが迷わないように、さまざまな配慮がされています。したがって本書は、VS Codeをより深く知りたい以下のような方々に向けた本となっています。

- フロントエンド開発やWeb API開発などのために、VS Codeがどのように使えるか知りたい方
- VS Code を活用していて、より詳細な機能について知り、開発を効率化させたい方
- VS Code をカスタマイズして理想のエディターに近づけたい方
- 現状のVS Codeでは手の届かないところがあり、VS Codeの拡張機能を作ってみたい方
- LSPについて知りたい方

　本書はVS Codeを基礎から学ぶ読み物としても、欲しい情報を調べるリファレンスとしても使えるようにしています。すでにVS Codeを使用している方は、目次を見て気になるところから読み進めていただければと思います。

　第1部では、どのプログラミング言語でも使える基本的な機能のすべてを解説します。具体的には、ファイルエクスプローラーの詳細や、もっともよく使うエディター画面の使い方、ソースコントロールビュー、デバッグ、スニペット、リモート開発機能の基本などです。Gitを扱う第4章では、標準のソースコントロールビューでの操作に加えて、コミットログやブランチ差分を確認に使えるGitLens、Git Graphといった定番の拡張機能の使い方も扱います。GitHubでの開発フローと密に連携する拡張機能の使い方や、開発マシンのクラウドサービスGitHub Codespacesについても扱います。さらに第1部の最後では、カスタマイズ方法やおすすめの拡張機能の導入について説明します。

　続く第2部では、実践的な開発環境の構築方法や、言語特有のテクニックについて紹介します。Go、TypeScript、Pythonの3つの言語を例に、ハンズオンの形でサーバーAPI開発とフロントエンド開発の両方にトライします。3つの言語すべてで開発環境の構築手順、ユニットテストの実装とデバッグ、アプリケーションのデバッグ方法がわかるようになっています。TypeScriptを扱う第12章では、フロントエンドアプリとサーバーサイドのWeb APIアプリ開発の両方を同時にデバッグする方法も紹介します。また、Pythonを扱う第13章では、macOSやWindowsを使いながらDockerコンテナ上で開発ができる「開発コンテナ」の活用方法も説明します。続く第14章では、アプリ開発以外のユースケースとして、分析に用いるJupyter Notebook、ドキュメント執筆での活用方

法、YAMLなどを使ったインフラ構築のコード化(Infrastructure as Code)につ
いても解説します。

　最後の第3部では、拡張機能の作り方について扱います。外部コマンドを実
行してソースコードに反映させるコマンドの作成や、リントツールのエラーの
表示方法、カラーテーマの作り方、自由なUIを構築できるWebViewの作り方
などを解説します。そして、VS Codeの拡張について考えるうえで切り離せな
いLSPの仕様についても第16章で扱い、LSPを使った拡張機能の開発につい
て解説します。

　なお、本書では内容をVS Codeの解説に絞るため、Gitコマンドの使い方や、
Go、TypeScript、Pythonなどのプログラミング言語の仕様、ソフトウェア開
発プロセスといった点については取り扱いません。VS Codeは活発に開発が続
けられているオープンソースソフトウェアです。そのため、情報は執筆時点の
もので、内容の一部が現行のバージョンに即していない場合があることをご了
承ください。

▶改訂にあたって

　このたびの改訂新版の刊行にあたって、既存の内容を最新化するだけでなく、
多くの加筆を行いました。たとえば、GitHub Codespacesをはじめとした、強
化されたGitHubとの連携機能については新たに章を設けています。また、拡張
機能の解説においては、LiveShare、GitHub Copilotなど、VS Codeの使い方
を変えてしまう注目の機能について追記しました。第2部では、Go、TypeScript、
Pythonの開発環境を最新の事情に合わせて更新したほかに、ドキュメント執筆
とInfrastructure as CodeにおけるVS Codeの活用についての解説を追加しま
した。また、第3部では、より拡張の幅が広がったWebViewの解説を追加して
います。

謝辞

　まずは本書のレビューに協力いただいた方々に謝意を表したいと思います。さらに、編集の村下昇平さんには、本書を書く機会をいただき、より良い情報を届けるべく多くの時間をかけていただきました。そして、VS Code を生み出し、さらにオープンソースとして公開し、また継続的に開発を続けている、Microsoft の VS Code チームには多大な敬意を表したいと思います。ともに日本の VS Code コミュニティを盛り上げてくれている VS Code Meetup の参加者と、それを一緒に運営するオーガナイザーにも謝意を示したいと思います。

目次

第1部：Visual Studio Codeの基本

第1章　インストールと初期設定

第2章　画面構成と基本機能

第3章　ビューとコマンドパレット

第4章　Gitとの連携

第2部　実際の開発でVisual Studio Codeを使う

第11章　GoでのWeb API開発
―― 各種の開発支援ツールと連携した拡張機能

第12章　TypeScriptでの開発
―― デフォルトで使えるフロントエンド開発機能たち

第13章　Pythonでの開発とDockerコンテナの利用
―― Web API開発と環境分離テクニック

第14章　プログラムの開発にとどまらない活用
―― データ分析、ドキュメンテーション、構成管理

第3部　拡張機能の開発と Language Server Protocol

第15章　拡張機能開発の基本
── Visual Studio Code の拡張ポリシーとひな形の作成 ………390

第16章　実践・拡張機能開発
── テキスト編集、スニペット、リント、カラーテーマ、WebView ……401

第17章　自作の拡張機能を公開する
── 広く使ってもらうために必要なさまざまな事項 ……………474

第18章　Language Server Protocol
── エディター拡張のための次世代プロトコル …………………487

第1部

Visual Studio Code の
基本

第1章

インストールと初期設定
Visual Studio Codeを使いはじめる

本書の最初のステップとして、この章ではVS Codeのインストールについて解説します。

また、UIの日本語化の方法やcodeコマンドの導入など、VS Codeを使う準備についても解説します。

Visual Studio Codeのインストールとアップデート

VS CodeはmacOS、Windows、Linuxと複数のOSで動作するソフトウェアです。インストール方法はOSによって異なります。

▶macOS／Windowsへのインストール

VS Code公式サイト[注1]の下部にダウンロード用のリンクがあります(**図1-1**)。なお、VS Codeの公式サイトには英語の公式サイトと日本語のランディングサイト(**図1-2**)があります。どちらのサイトにも英語の公式サイトのダウンロードページにリンクがはられており、VS Codeをダウンロードできます。

注1) https://code.visualstudio.com/

図1-1：VS Codeの英語の公式サイト

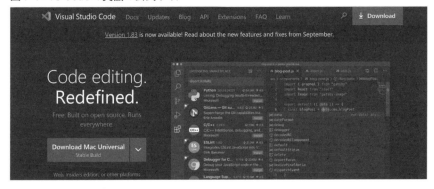

図1-2：VS Codeの日本語のランディングサイト

　このリンクを押すと、macOSの場合はzip圧縮されたファイルがダウンロードされます。zipファイルを展開してできたVisual Studio Code.appを/Applicationに移動させればインストール完了です。

　Windowsの場合はインストーラがダウンロードされるため、インストーラにそってインストールを進めます。

　なお、Windowsにおいては Microsoft Store を使ってインストールすることもできます。この場合は、Microsoft Store のアプリで「Visual Studio Code」と入力して検索し、インストールボタンを押します（**図1-3**）。

図1-3：Microsoft StoreのVisual Studio Code

▶Linuxへのインストール

　Linuxの場合は、ダウンロードページからDebianパッケージ（.deb）、RHEL
パッケージ（.rpm）のファイルがダウンロードできます。

　Debian、UbuntuなどでDebianパッケージを利用してインストールした場合、
aptリポジトリにVS Codeが追加されます。aptパッケージマネージャのアッ
プデートコマンドapt-get updateでVS Codeに新しいバージョンがあるかが確
認され、apt-get upgradeでアップデートできるようになります

　なお、Raspberry Pi OSを利用している場合は、Raspberry Pi OS自体にapt
リポジトリの登録がされた状態になっています。そのため、以下のコマンドを
実行するとVS Codeをインストールできます。

```
sudo apt update
sudo apt install code
```

　RedHatEnterpriseLinux、Fedora、CentOSベースのディストリビューション
の場合は、RHELパッケージのインストールではyum／dnfパッケージマネー
ジャはアップデートされません。以下のURL、もしくはVS Codeのドキュメン

トページ（ダウンロードページのヘッダに「Docs」のリンクがあります）のLinux
インストールの解説ページを開き、左側メニューから「SETUP」以下の「Linux」
を選択し、ページ中の「RHEL, Fedora, and CenOS based distributions」の項目
を探してください。この項目にあるコマンドを順次実行すると、パッケージマ
ネージャを使ってVS Codeをインストールできます。

URL https://code.visualstudio.com/docs/setup/linux

その他、Linuxのインストール方法の解説ページには、AUR、Nix、Snapと
いったパッケージマネージャでのインストール方法も説明されています。

▶ WindowsへのGitのインストール

本書では、ソースコードのバージョン管理ツールとしてGitを使用します。
macOSや多くのLinuxディストリビューションにはGitがあらかじめインストー
ルされているため、新たにインストールする必要はありません。ただしWindows
の場合はGitのインストールが必要になります。

Gitがインストールされていない WindowsでVS Codeを起動してソースコン
トロールビューを表示すると、「Windows用Gitのダウンロード」ボタンが表示
されます。（**図1-4**）。

図1-4：ソースコントロールビュー中のGitのインストールボタン

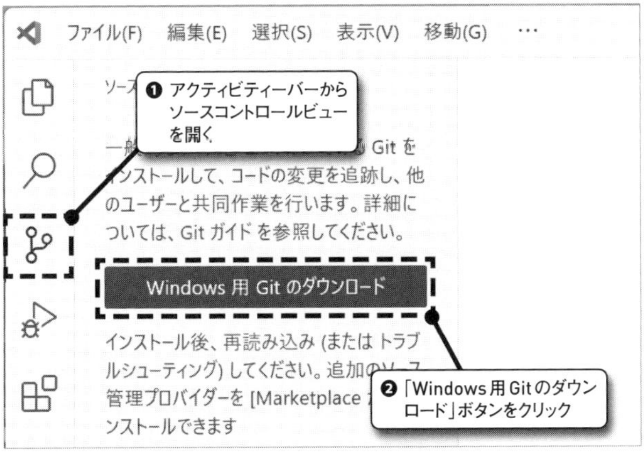

このボタンを押すと、ダウンロードページが表示されます。このページから

「64-bit Git For Windows Setup.」を押すと、Gitのインストーラがダウンロードされます（図1-5）。

図1-5：Gitのダウンロードページ

　ダウンロードされたインストーラプログラムを実行すると「Microsoft検証済みアプリではありません」と表示されますが、ダイアログ中の「インストールする」ボタンを押します。さらにダイアログに従ってインストールを進めると、途中で「Choosing the default editor used by Git」というダイアログが表示されますが、ほかに使っているエディターがないのであれば、「Use Visual Studio Code as Git's default editor」を設定しましょう（図1-6）。コマンドライン上でGitを使ったときにメッセージをVS Codeで編集できるようになります。

図1-6：Gitで使用するエディタの選択ダイアログ

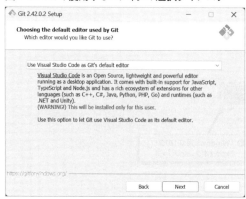

　そのほかの設定を変更する必要はありません。インストール後、すでにVS Codeを起動している場合は一度終了して、再度起動してください。ソースコントロールビューにて、「Windows用Gitのダウンロード」ボタンが表示されなければ成功です。

▶ Visual Studio Codeのアップデート

　2023年11月時点で、VS Codeは毎月アップデートがリリースされています。アップデート内容はリリースノートという形でまとめられており、公式サイト[注2]で確認できるほか、アップデートしたあとの最初の起動時のリリースノートで確認できます。また、緊急に対応が必要になるバグがある場合には、毎月の更新とは別に、随時アップデートが行われます。

　VS Codeには自動で更新をチェックする仕組みがあり、アップデートがあるとVS Codeの起動後に通知が表示されます。このとき、macOSおよびWindowsの場合には自動でアップデートされます（設定により手動アップデートに変更することもできます）。Linuxの場合は、前節のパッケージマネージャを使ったインストールをしていれば、当該パッケージマネージャのアップデートコマンド（`sudo apt update`および`sudo apt upgrade`など）を実行することでアップデートできます。

表示言語を日本語に設定する

　Windows、macOSなどのOSを日本語設定で利用している場合、VS Codeをはじめて実行した際に「表示言語を日本語に変更するには言語パックをインストールします」というメッセージが表示されます（**図1-7**）。このメッセージ中の「インストールして再起動」ボタンを押すと、「Japanese Language Pack」という日本語設定の拡張機能が実行されます。

注2）https://code.visualstudio.com/updates

図1-7：日本語設定を促すメッセージ

　このダイアログが消えてしまった場合には、F1 キーを押してコマンドパレットを開き、「Configure Display Language」というコマンドを選択します。すると、「Select Display Language」のテキストボックスと、表示言語の一覧が表示されます（**図1-8**）。jaと入力しEnterキーを押すと、日本語設定の拡張機能のインストールが行われ、VS Codeが再起動します。再起動後はVS Codeを日本語で使えるようになります。

図1-8：コマンドパレットで表示言語を変更する

Select Display Language	
English (en) (Current)	Installed
中文(简体) (zh-cn) ⟳ 28M	Available
日本語 (ja) ⟳ 7.3M	ⓘ
español (es) ⟳ 6.2M	
русский (ru) ⟳ 4.8M	
português (Brasil) (pt-br) ⟳ 4.7M	

　2023年11月時点ではデフォルトの機能に関してはほとんど日本語化が完了しているものの、一部の拡張機能に関しては英語のままです。

　日本語環境では、コマンドパレットなどにおいて英語と日本語のどちらでも検索できるよう、両方の言語での項目名が表示されます（**図1-9、1-10**）。

図1-9：表示言語が日本語の場合（1項目を2行で表現）

図1-10：表示言語が英語の場合（1項目を1行で表現）

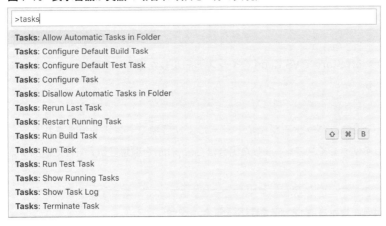

　VS Codeで使われている英語は開発者にはなじみのあるものがほとんどなので、表示言語を英語のまま使うこともできます[注3]。本書では、コマンドパレットやメニューの名称では日本語と英語を併記し、どちらの環境でも活用できるようにします。

　なお、F1 キーのコマンドパレットから「表示言語を構成する（Configure Display Language）」を実行することで表示言語を選択できます。

注3）　筆者は普段英語環境のまま使っています。

9

codeコマンドのインストール

　シェル上でcodeコマンドを使うと、引数として渡したフォルダーをVS Code
の「ワークスペース」として開くことができます。

　このコマンドをインストールするには、以下の操作が必要です。

- macOS
  - F1 を押して、コマンドパレットで「シェルコマンド：PATH内に'code'コ
    マンドをインストールする(Shell Command: Install 'code' command in
    PATH)」を選択する
- Windows
  - インストール時に「Add to PATH」にチェックを入れる(標準でオンになって
    いる)
  - Microsoft Store でVS Code をインストールした場合は自動でインストール
    される
- Linux
  - 多くの場合、パッケージマネージャにより自動でインストールされる
  - snap を使ってインストールした場合は/snap/bin を環境変数PATH に追加する

Insider Buildで最新機能を試す

　これまでの方法でインストールしたVS Codeは、毎月アップデートがリリー
スされる安定版のStableというバージョンです。

　VS CodeにはStableバージョンのほかに、開発版であるInsider Buildという
バージョンがあります。新機能をいちはやく試したい場合には、Insider Build
を使うとよいでしょう。Insider BuildはStableとは別のアプリケーションとし
てインストールされるため、普段使う環境を壊さずに、開発中の機能を手軽に
試すことができます(図1-11)。

図1-11：Insider Buildのアイコン（左）とStableのアイコン（右）

Insider Buildのインストール方法はStableと同様です。Insider Buildのページ注4からダウンロードしてインストールします。Linuxでパッケージリポジトリ経由の場合にはcode-insiderパッケージをインストールします。

注4）https://code.visualstudio.com/insiders/

## 第2章

画面構成と基本機能
直感的な画面に隠された多くの機能たち

本章では VS Code の画面構成と、エディターとしての基本機能を説明します。

VS Code は、ほとんどの機能が直感的に使えるようにできています。すでに VS Code を使っている方は、気づいていない機能があるか探すつもりで本章を読んでみてください。

フォルダーやファイルを開く

画面構成の説明に入る前に、開発に使うフォルダーやファイルを VS Code で開く方法を説明します。

▶ワークスペースとしてフォルダーを開く

VS Code を起動すると、すぐにテキスト入力が可能なエディターが表示されます。ひとつひとつのファイルを個別に開いて編集することもできますが、チームで開発をするときには、開発プロジェクトに必要な設定ファイルやソースコードを1つのフォルダーにまとめて管理すると便利です。そのように使われている場合も多いでしょう。

VS Code では開発プロジェクトごとの作業環境を「ワークスペース」と呼び、開発プロジェクトで共有する VS Code の設定などを管理します。VS Code でフォルダーを開くたびに、そのフォルダーを中心とする「ワークスペース」として VS Code が再起動されます。1つのワークスペースに複数のフォルダーを登録することもできますが、多くのケースでは1つのフォルダーだけをワークスペースとして使います。本書ではことわりがないかぎり、VS Code で1つのフォルダーを開いてワークスペースとして使う方法を説明します。

ワークスペースとして使うフォルダーを開くには、以下の5つの方法があり

ます(図2-1)。

- 画面上部のウィンドウメニューから「ファイル(File)」→「フォルダーを開く...(Open Folder...)」を選択する
- コマンドパレットから「File:フォルダーを開く...(File: Open Folder...)」を選択する
- エクスプローラービューを開き「フォルダーを開く」を選択する
- エクスプローラー(Windows)/Finder(macOS)のフォルダーをVS Codeのウィンドウにドラッグ&ドロップする
- シェル上で、ワークスペースフォルダーを引数に指定してcodeコマンドを実行する

図2-1:5通りのフォルダーの開き方

▶悪意あるプログラムを防ぐワークスペーストラスト機能

フォルダーを開くと、「このフォルダー内のファイルの作者を信頼しますか?(Do you trust the authors of the files in this folder?)」と「ワークスペーストラ

スト」という機能のダイアログが表示されます（**図2-2**）。

図2-2　ワークスペーストラストのウィンドウ

VS Codeでは拡張機能を通して、多くのコマンドやプログラムを動作させています。ワークスペースのファイルの中に悪意のあるプログラムが含まれている場合、VS Codeを開くことにより、拡張機能を通してプログラムを実行させるといった攻撃が可能になってしまいます。このことから、信頼のおけるフォルダーを開くときにのみ拡張機能を実行できる状態で開き、信頼のおけないフォルダーを開くときには、拡張機能を実行しない「制限モード」で開くとよいでしょう。

このウィンドウが表示されたときに「はい、作者を信頼します（Yes, I trust the authors）」を押すことではじめて拡張機能が実行されます。一方「いいえ、作者を信頼しません（No, I don't trust the authors）」を押すと制限モードになり、拡張機能が実行されません。そのため、コード補完などの機能は使えない状態になります。一度設定すると、次に開くときには同じモードで開かれます。

制限モードの場合には、ウィンドウの上部に制限モードのメッセージが表示されたり、ステータスバーに「制限モード（Restricted Mode）」のメッセージが表示されたりします（**図2-3**）。

図2-3：制限モード

　一度信頼した、もしくは信頼しないと設定した場合であっても、あとからその設定を変更できます。コマンドパレット（F1キー）から「ワークスペース：ワークスペースの信頼を管理（Workspace: Manage Workspace Trust)」を実行すると、ワークスペーストラストの管理画面が表示されます（図2-4）。一度信頼したフォルダーを信頼していない状態にするには、このリストの右端の×ボタンを押します。

図2-4：ワークスペーストラストの管理

　ワークスペーストラストはフォルダー単位の設定となっており、信頼しているフォルダーに含まれているサブフォルダーをワークスペースとして開いた場合には、そのワークスペース内では信頼している状態になります。仕事で使う複数のリポジトリをまとめて1つのフォルダーに格納している場合、そのまとめているフォルダーを指定するとよいでしょう。ワークスペースとして開いたサブフォルダーの1つ上の階層（親）のフォルダーを信頼したい場合には、図2-3の「親フォルダー'xxx'内の全てのファイルの作者を信頼します（Trust the authors of all files in the parent folder 'xxx')」のチェックボックスをオンにして「信頼する」ボタンを押します。また、ワークスペーストラストの管理のページでフォルダーを追加したり、修正したりすることでも実現できます。

▶ファイルを開く

　ワークスペースを開くと、エクスプローラービューの中にワークスペース以下のファイルツリーが表示されます(**図2-5**)。ファイルの編集をはじめるには、このファイルツリーからいずれかのファイルを選択します。

図2-5：エクスプローラービューのファイルツリー

　また、フォルダーを開くまでもなく、1つのファイルだけに編集を加えたいときもあるでしょう。個別にファイルを開く方法としては以下の4つがあります。

- ウィンドウメニューから「ファイル(File)」→「開く...(Open...)」を選択する
- コマンドパレットから「ファイル：開く...(File: Open...)」を選択する
- エクスプローラー(Windows)／Finder(macOS)のファイルをVS Codeのウィンドウにドラッグ＆ドロップする
- シェル上で、ファイルパスを引数に指定してcodeコマンドを実行する

　このようにVS Codeでは多くの場合、1つの機能に対して複数の方法が提供されています。それらは開発の作業の中で直感的に使えるように配慮されています。

Column　ファイルを開くさまざまな方法

　VS Codeがサポートしている「ファイルを開く方法」は、本文で挙げた以外にも多数存在します。これを見るだけでも、VS Codeには隠れた機能が多くあることがわかるでしょう。

- エクスプローラービューのファイルツリーをクリックする
- エクスプローラービューのファイルツリーのファイルをエディターにドラッグ＆ドロップする
- エクスプローラービューが開いているエディターのファイルリストをクリックする
- macOS：⌘+P、Windows／Linux：Ctrl+P を押し、ワークスペース全体のファイルリストから、ファイル名をあいまい検索で選択する
- macOS：⌘+T、Windows／Linux：Ctrl+T を押し、ワークスペース全体のシンボルのリストから、シンボル名をあいまい検索し、選択する
- エディターの上部の「ナビゲーション」をクリックし、アウトラインツリーをクリックする
- 検索ビューで、検索結果のファイルのリストをクリックする
- ソースコントロールビューで、変更のあるリストをクリックする
- デバッグビューで、コールスタックのリストをクリックする
- デバッグビューで、ブレークポイントのリストをクリックする
- パネルの問題タブの、リントエラーのリストをクリックする
- エディター内で F12 キーを押し、その定義のファイルに移動する
- エディター内で Shift + F12 を押し、選択した変数、クラスの参照先をリスト表示し、そのリストのファイルをダブルクリックする

Visual Studio Code の画面構成

次に、画面構成について説明します。**図2-6**にVS Codeの基本的な画面構成を示します。

図2-6：VS Codeの画面構成

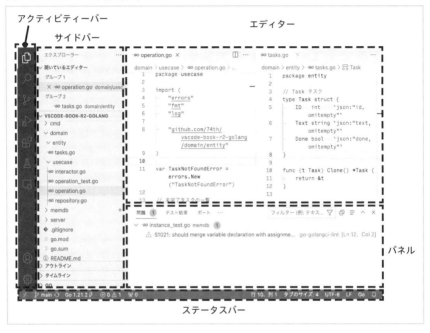

これらはそれぞれ、次のような役割を持ちます。

- **エディター**：編集の基本となるエリア。タブなどを含むテキストエディタの部分であり、ファイルの編集はこの中で行う
- **アクティビティーバー**：サイドバーに表示する機能を切り替えるアイコン群
- **サイドバー**：ファイルツリーやデバッグ時の変数などを表示するエリア。エディターで開いているファイルとその内容は連動する
- **パネル**：リントエラーやコンソールログを表示するエリア。内容の一部はエディターで開いているファイルと連動する

・**ステータスバー**：エディターで開いているファイルの情報などを表示するエリア

　エディターについては次節で詳しく扱うため、ここではそれ以外のエリアについていくつか補足しておきます。

▶アクティビティーバーとサイドバー

　サイドバーの機能はアクティビティーバーの各アイコンで切り替えられるようになっており、各機能は以下のようになっています（**図2-7**）。なお、サイドバーは複数の開閉可能なウィンドウからできており、このウィンドウのことをビューと呼びます。サイドバーのビューをはじめとする機能は、拡張機能により追加できます。

・**エクスプローラービュー**：ワークスペースのフォルダーのファイルツリーを表示し、編集するファイルを選択する。また、ファイルに含まれているクラスやメソッドを示すアウトラインビューもこのビューに含まれる
・**検索ビュー**：ワークスペース内のファイルを対象に、全文検索を行う
・**ソースコントロールビュー**：編集されているがまだコミットされていないファイルの一覧を表示する。コミットもこのビューから行える
・**デバッグビュー**：デバッグの開始や、デバッグ中の変数の状態の表示などを行う
・**拡張機能ビュー**：拡張機能の検索、インストールなど管理を行う
・**テストビュー**：ユニットテストをサポートしている拡張機能が有効になった場合に表示される。ユニットテストを選択して実行する
・**リモート開発ビュー**：拡張機能「Remote Development」をインストールした場合に表示される。リモート環境に接続するリモート開発の接続先の選択や、ポートフォワーディングの設定を行う
・**LiveShareビュー**：拡張機能「Live Share」をインストールした場合に表示される。Live Shareのセッションの作成や参加を行う

図2-7：アクティビティーバーとその機能

エクスプローラー

検索

ソースコントロール（Git）

デバッグ

拡張機能

テスト

Live Share

リモート開発

　拡張機能によって不要な機能がアクティビティーバーに追加された場合には、アクティビティーバーを右クリックして表示／非表示を切り替えられます。逆に、アイコンをドラッグすることでよく使うアイコンを上部に集めたりもできます。

　これらのうちいくつかのビューについては、次章以降で詳しく解説します。

▶パネル

　画面下部に表示されるウィンドウをパネルと呼びます。パネルはサイドバーとは別に開くことができます。パネル内には以下のようなタブが用意されており、選択して機能を切り替えることができます（**図2-8**）。

- **問題タブ**：リント（静的解析）ツールなどによるエラーがファイルごとに列挙される
- **出力タブ**：ユニットテストの実行結果や、タスクの標準出力などが集約される
- **デバッグコンソールタブ**：デバッグ中の標準出力が出力される。また、実行中のプログラムに対して、評価式の入力ができる
- **ターミナルタブ**：bashなどのシェルを実行できる

図2-8：パネル

| 問題 ① | デバッグ コンソール | ターミナル | 出力 | フィルター (例: テキスト、**/*.ts、!**/node_modules/**) | ⏷ | ⿻ | ☰ | ∧ | ✕ |

```
∨ ⚙ instance_test.go memdb ①
    ⚠ S1021: should merge variable declaration with assignment on next line (gosimple)  go-golangci-lint [Ln 12, Col 2]
```

　拡張機能によってタブが追加されることがあります。タブにおいても、右ク
リックして表示／非表示を切り替えたり、ドラッグして並び替えることができ
ます。

▶ステータスバー

　ステータスバーには、Gitのブランチ名などのワークスペース全体の情報が
表示されるほか、現在開いているファイルに応じた情報が表示されます。ワー
クスペース全体の情報は左寄りに、開いているファイルによって切り替わる情
報は右寄りになっています（**図2-9**）。この表示内容は拡張機能によって増える
ことがあります。

図2-9：ステータスバー

　図2-9に記載されている情報について、簡単に紹介します。
　ワークスペースがGitの状態では、ブランチ名やリモートリポジトリとのコ
ミットの差分が表示されます。ブランチ名をクリックしてブランチを切り替え
たり、コミットの差分の表示をクリックしてプッシュ、プルが行えます。
　また、ワークスペース全体のリントエラーの数が、左からエラー、警告、情
報の順に表示されます。この箇所をクリックすると、パネルの問題タブが開き
ます。
　カーソル位置については、クリックして行番号を入力すると指定した行にジャ

ンプできます(コマンド「行／列へ移動...(Go to Line/Column...)」と同様です)。

　文字コードはファイルを開いた際に自動で判別されます。文字コードが間違って判別されていて文字コードを明示的に指定してファイルを開き直したい場合、あるいは別の文字コードに変換したい場合は、ステータスバーの文字コードをクリックするとこれらの操作ができます。

　改行コードもファイルを開いた際に自動で判別されます。文字コードと同様にステータスバーの改行コードをクリックすることで、別の改行コードに変換するよう指定できます。

　表示していない通知がある場合、Ｑの右側に数字で表示されます。通知の内容を表示するとこの数字は消えてしまいますが、各通知はそれぞれの閉じるボタンを押さない限り、Ｑを押すことで再度表示できます。

　ステータスバーには、ウィンドウサイズによってはすべての情報が表示されないことがあります。ステータスバーに不要な拡張機能の情報が表示されステータスバーが圧迫されてしまった場合は、ステータスバーを右クリックすることで表示する拡張機能や情報を選択できます。

▶言語モードの選択

　ここで、VS Codeの「言語モード」について補足しておきましょう。

　そもそも、特定の言語[注1]における意味にもとづいてソースコードがプログラミングエディター上で色分けされている状態を、「その言語のシンタックスハイライトが適用されている」といいます。VS Codeはファイルの拡張子やファイルの内容によって自動的に言語を認識し、言語モードを設定、シンタックスハイライトなどを適用します。言語に関する拡張機能は、開かれたファイルの言語モードに合わせて機能するものが多いです。

　すでに述べたとおり、ステータスバーには現在表示しているファイルの言語モードが表示されます。ファイルを開いた際に意図と異なる言語が選択されている場合、ステータスバーの言語名の部分をクリックすることで、**図2-10**のように適切な言語を選択できます。

注1)　本書では、「言語」は「プログラミング言語」を指すものとします。

図2-10：言語モードの選択

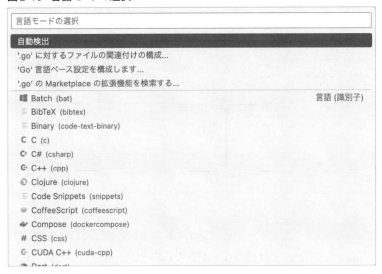

　特定の拡張子によって特定の言語のシンタックスハイライトを常に適用したい場合には、その拡張子のファイルを開いたうえで言語名の部分をクリックし、「XXXに対する関連付けの構成（Configure File Association for XXX）」から設定できます。この設定は、第8章で紹介する設定ファイルであるsettings.jsonの"`files.associations`"に記述され、これ以降同じ拡張子のファイルは選択した言語モードで扱われるようになります。

　以上がVS Codeの基本的な画面構成の説明です。次節ではソースコードの編集の中心となるエディターがもつ機能を、それを実行するためのキーボードショートカットとともに紹介します。

エディターの画面構成

　エディター領域は、テキストを表示、編集するといった基本機能だけではなく、リントエラーやパンくずリストなど、多くの機能を持っています。本節では、図2-11で示した各部分について簡単に紹介します。

図2-11：エディター画面

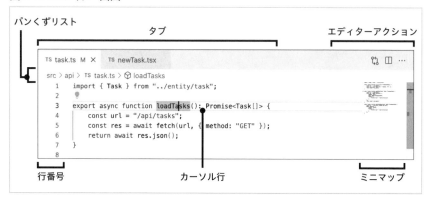

なお、これ以降さまざまなキーボードショートカットを表形式で紹介します。macOS、Windows、Linuxでは使うキーが異なる場合があるため、それぞれのOSで使用するキーを載せています。また表中では、第9章で解説するキーボードショートカットの設定で用いるコマンドの名称も掲載していますので、設定の際に参考にしてください。

▶タブ

エディターの上端にはタブが表示されます。エディターでは複数のファイルを開くことができ、表示するファイルをタブで切り替えられます。

ファイル名部分が斜体になっているタブは、そこで開いているのが「一時的に開いているファイル」であることを示しています。このときほかのファイルを開くと、前に表示していたファイルが閉じられ、代わりに開いたファイルが同じタブに表示されます（**図2-12**）。ファイルを編集したりタブをダブルクリックしたりすると「一時的に開いているファイル」ではなくなり、ほかのファイルを開いた際にそのタブが上書きされなくなります[注2]。また、ファイル名の右に丸印が付いたタブは、まだ保存されていない変更があることを示します。

注2）　このとき、新しいファイルは新しいタブで表示されます。

図2-12：一時的に開いたファイルのタブ

```
TS task.ts M        TS newTask.tsx  ×
src > views > TS newTask.tsx > [⊘] NewTaskForm
    4
```

タブは、マウスでクリックしたり、⌨Ctrl+Tabキーを押すことで切り替えられます。ドラッグ＆ドロップで位置を入れ替えることも可能です。

また、タブで開いているファイルの一覧は、エクスプローラービューの「開いているエディター」ビューでも確認できます（**図2-13**）。この「開いているエディター」ビューでもマウスでタブを閉じたり、順序を入れ替えたりできます。

図2-13：「開いているエディター」ビュー

```
エクスプローラー            ・・・
∨ 開いているエディター
  グループ1
    TS task.ts  src/api      M
  グループ2
    TS newTask.tsx  src/views
  ×  TS taskList.tsx  src/views
∨ VSCODE-BOOK-R2-TYPESCRIPT
```

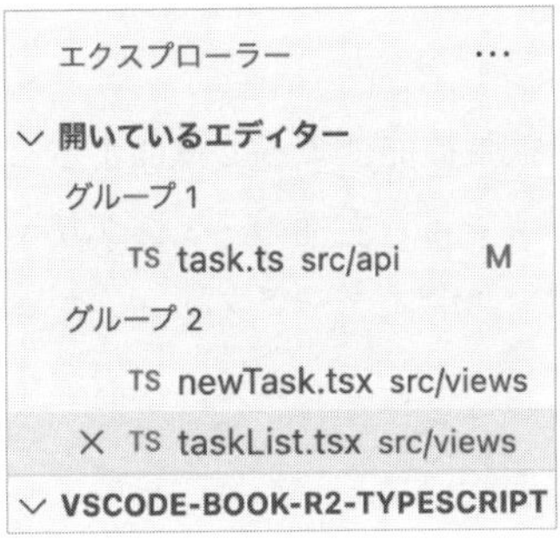

タブに関するショートカットは多数あります。画面分割機能を使ってタブを横に並べて比べて作業するときには、macOS：⌘+1、2、Windows／Linux：Ctrl+1、2でのタブグループの切り替えが有効です。

macOS	Windows	Linux	コマンド名	機能
⌘+1～8	Ctrl+1～8		workbench.action.focus FirstEditorGroup など	左から1～8番目のタブグループへカーソルを移動
⌘+9	Ctrl+9		workbench.action. lastEditorGroup	もっとも右のタブグループへカーソルの移動
⌘+Ctrl+0	Alt+Shift+0		workbench.action.toggle EditorGroupLayout	タブレイアウトを反転
⌘+K ⌘+↑/↓ ←/→	Ctrl+K Ctrl+↑/↓/←/→		workbench.action.focus AboveGroup など	カーソルを上／下／左／右のタブに移動する

▶エディターアクション

　タブの右側には、現在エディターで開いているファイルに対して行えるエディターアクションがアイコンで表示されます。ファイルの種類によって表示されるアイコンが異なりますが、代表的なエディターアクションをまとめると以下のようになります。

- ⬚ ：Markdownなどのプレビューを横に表示
- ⬚ ：プレビューしているファイルのソースコードを表示
- ⬚ ：Gitの差分を表示
- ⬚ ：別のタブグループを横に表示
- ⋯ ：そのほかのアクション

　また、エディターアクションはGitLensなどの拡張機能によって追加することもできます。表示しきれないエディターアクションは、右端の ⋯ をクリックするとテキストでリストが表示されます。不要なエディターアクションがある場合には、エディターアクションの部分を右クリックして、表示／非表示を切り替えられます。

▶行番号とブレークポイント

　エディターの左端には行番号が表示されます。行番号の表示にはいくつかバリエーションがありますが、詳しくは第9章で解説します。

　また、行番号の左側をクリックすることで、デバッグで使用するブレークポイントを設定できます。ブレークポイントを設定すると赤丸のマークが付きます。デバッグ機能については第5章で解説します。

　さらに、ワークスペースがGitで管理されている場合には、変更や追加の状態が行番号の右側に表示されます（**図2-14**）。これについては第4章で解説します。

図2-14：行ごとのGitの状態

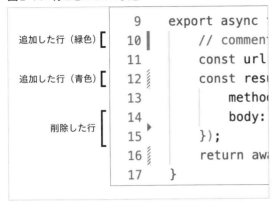

▶ミニマップとスクロールバー

エディターの右端には、ソースコード全体を小さく表示したミニマップが表示されます。ミニマップの文字の色にはエディターと同じ色が使われるため、ミニマップを見ることでソースコードの外形がつかめます。ミニマップをクリックしてその場所に移動することも可能です。

ミニマップよりさらに右側はスクロールバーになっており、コード全体における現在の表示範囲が示されています。また、この部分には以下の3種類の状態である行の位置も表示されるようになっています（**図2-15**）。

- **白い網掛け**：スクロールバー
- **左から1列目**：Gitの未コミットの行など変更や、コンフリクトの行の位置
- **左から2列目**：クイック検索、全文検索がヒットしている位置。カーソルが括弧を指している場合、対応する括弧の位置
- **左から3列目**：リントエラーの行の位置

図2-15：スクロールバー中の行の状態の表示

```
export const NewTaskForm = (props: Props) => {
    const { register, handleSubmit, reset } = useForm<Task>();

    const onSubmit = async (task:Task)=>{
        console.print(task);
        await api.postTask(task);
        reset();
        await props.reloadTasks();
    };
```

❸リントエラーの位置

❶gitステータス

❷検索などのヒット位置

ソースコードの編集

　ここからは、エディター画面でのさまざまな操作方法について見ていきましょう。まずはエディターでソースコードを編集するときの操作について解説します。

▶カーソルの移動

　カーソルは一般的なエディターと同様に、矢印キーや `Page Up`／`Page Down` キーで移動できます。そのほかにも、カーソルの移動に関するキーボードショートカットは多数あります。

macOS	Windows	Linux	コマンド名	機能
`⌘`+`↑`／`↓`	`Ctrl`+`Home`／`End`		cursorTop／cursorBottom	テキストの先頭／末尾へカーソルを移動する
`⌘`+`Shift`+`Enter`	`Ctrl`+`Shift`+`Enter`		editor.action.insertLineAfter	上に新しい行を作り、カーソルを移動する
`⌘`+`Enter`	`Ctrl`+`Enter`		editor.action.insertLineAfter	カーソルが行の途中であっても下に新しい行を作り、カーソルを移動する
`Ctrl`+`G`	`Ctrl`+`G`		workbench.action.gotoLine	指定する行へ移動する
`⌘`+`Shift`+`\`	`Ctrl`+`Shift`+`\`		editor.action.jumpToBracket	括弧にカーソルがある場合、対応する括弧にカーソルを移動する。括弧にカーソルがない場合、次に登場する括弧にカーソルを移動する

▶文字や行の範囲選択と移動

　文字を範囲選択するには、ほかのエディターと同じく、文字の上をドラッグしたり、Shiftキーを押しながらカーソルを移動させます。また、行単位での選択もでき、その場合は行番号の部分をドラッグします(**図2-16**)。

図2-16：行単位での選択

```
 9    export async function postTask(task: Task): Promise
10        const url = "/api/tasks";
11        const res = await fetch(url, {
12            method: "POST",
13            body: JSON.stringify(task),
14            headers: {
15                "Content-Type": "application/json",
16            },
17        });
18        return await res.json();
19    }
```

行番号をドラッグする

　波括弧{ }で囲まれたメソッドやクラスの範囲をまとめてコピーしたり削除したりしたいときは、以下のキーボードショートカットを使うことですばやく選択範囲を広げられます(**図2-17**)。

macOS	Windows	Linux	コマンド名	機能
⌘+L	Ctrl+L		expandLine Selection	行を選択する。繰り返し押すと次の行を選択範囲に追加する
⌘+Ctrl+Shift +→/←	Alt+Shift+→/←		editor.action. smartSelect. expand/shrink	単語、カーソルを含む括弧、クオートなどの囲みを選択する。すでに選択されている場合、一段階外側の括弧を選択する/この範囲を縮める

29

図2-17：選択範囲を広げる

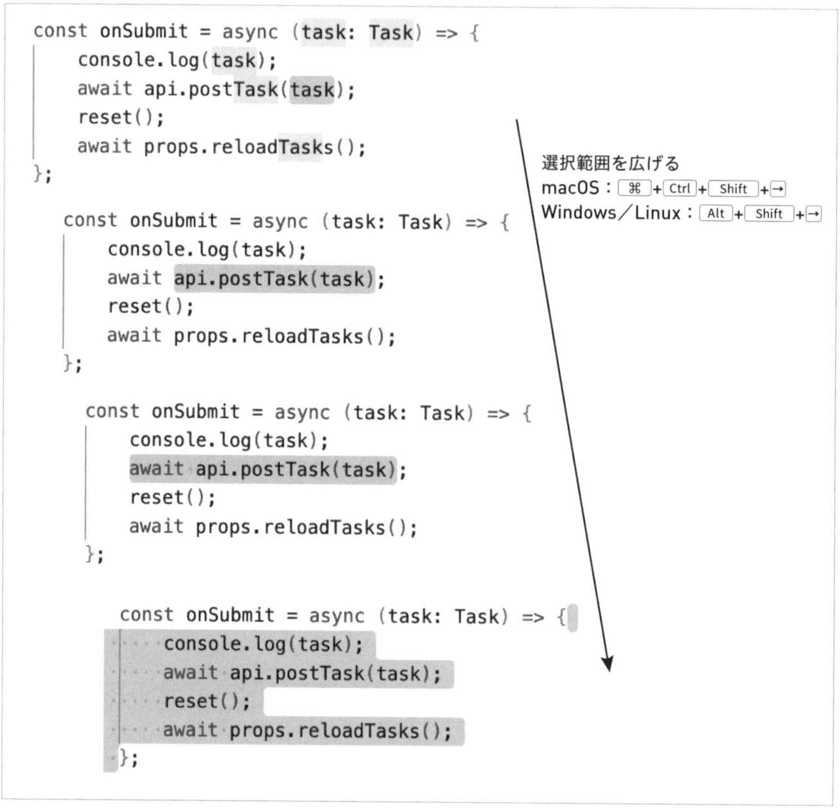

```
const onSubmit = async (task: Task) => {
    console.log(task);
    await api.postTask(task);
    reset();
    await props.reloadTasks();
};

    const onSubmit = async (task: Task) => {
        console.log(task);
        await api.postTask(task);
        reset();
        await props.reloadTasks();
    };

        const onSubmit = async (task: Task) => {
            console.log(task);
            await api.postTask(task);
            reset();
            await props.reloadTasks();
        };

            const onSubmit = async (task: Task) => {
                console.log(task);
                await api.postTask(task);
                reset();
                await props.reloadTasks();
            };
```

選択範囲を広げる
macOS： ⌘ + Ctrl + Shift + →
Windows／Linux： Alt + Shift + →

　文字や行を選択したら、以下のキーボードショートカットで切り取り、コピー、貼り付けができます。プログラミングにおいては行単位で編集することも多いですが、選択中のテキストがない場合に行の切り取り／コピーになることを知っていれば、行単位の編集がすばやく行えるようになります。

macOS	Windows	Linux	コマンド名	機能
⌘ + X	Ctrl + X		editor.action.clip boardCutAction	クリップボードに選択範囲を切り取る。選択範囲がない場合、行を切り取る
⌘ + C	Ctrl + C		editor.action.clip boardCopyAction	クリップボードに選択範囲をコピーする。選択範囲がない場合、行をコピーする
⌘ + P	Ctrl + P		editor.action.clip boardPasteAction	クリップボードの内容をカーソル位置に貼り付ける

なお、短い文言の移動であれば、選択された状態のテキストをマウスでドラッグするだけで移動できます。

このほか、選択範囲に対して以下のキーボードショートカットが使えます。たとえば行の移動は、実装したコードの位置を少し変える場合などに便利です。

macOS	Windows	Linux	コマンド名	機能
Option + ↑ / ↓	Alt + ↑ / ↓		editor.action.moveLineUp Action ／ moveLineDown Action	現在の行、もしくは選択した範囲を1行上／下に移動する
Shift + ⌘ + K	Ctrl + Shift + K		editor.action.deleteLines	行単位で削除する
Option + Back space	Ctrl + Back space		deleteWordLeft	直前の単語を削除する

▶コメントアウト

以下のキーを押すことで、現在カーソルがある行、もしくは選択されている範囲をコメントアウトできます（**図2-18**）。逆に、すでにコメントアウトされている場合は解除できます。また、C言語のように /* */ のようなブロックコメントがサポートされている言語では、ブロックコメントが利用できます。

macOS	Windows	Linux	コマンド名	機能
⌘ + /	Ctrl + /		editor.action.commentLine	ラインコメントの設定、解除
Option + Shift + A	Alt + Shift + A		editor.action.blockComment	ブロックコメントの設定、解除

図2-18：ラインコメント

```
12          method: "POST",
13          body: JSON.stringify(task),
14          // headers: {
15          //     "Content-Type": "application/json",
16          // },
17      });
18      return await res.json();
```

▶インデントの変更

　VS Codeではインデントの種類[注3]を自動的に判別する仕組みを持っています。インデントの種類はステータスバーに表示され、ここをクリックするとインデントの種類を変更できます。

　行を選択した状態で以下のキーを押すことで、インデントの追加や削除ができます。

macOS	Windows	Linux	コマンド名	機能
`Tab` ／ `Shift` + `Tab`	`Tab` ／ `Shift` + `Tab`		tab／outdent	選択した行のインデントを1段深くする／浅くする
`⌘` + `]` ／ `[`	`Ctrl` + `]` ／ `[`		editor.action.indentLine／outdentLine	現在の行、もしくは選択した範囲のインデントを1段階深くする／浅くする

　なお、新しいファイルでのインデントの種類は第9章で解説する設定に従います。

ソースコードの閲覧

　続いて、エディター内でできる検索や定義への移動など、ソースコードを読むときに使う機能を紹介します。

▶ブロックの折り畳み

　VS Codeは、ソースコードの波括弧{ }で囲われる部分や、Markdownのヘッダー要素##など、コードの文法上のまとまりを「ブロック」として自動で認識しています。行番号の部分に表示される折り畳みアイコンをクリックすることで、波括弧{ }やタブで囲まれたコードブロックを折り畳んで表示できます(**図2-19**)。

注3）タブでインデントしているのかスペースでインデントしているのか、スペースであればインデントの1段階が何文字分なのかなどです。

図2-19：ブロックの折り畳み

```
            折り畳みアイコン
                ┌┐
              └┘
折り畳みされた行  3  >  export async function loadTasks(): Promise<Task[]>
              7    }

              8
              9  ∨  export async function postTask(task: Task): Promise
             10        const url = "/api/tasks";
折り畳み可能な行 11  ∨    const res = await fetch(url, {
             12            method: "POST",
             13            body: JSON.stringify(task),
             14  ∨        headers: {
             15                "Content-Type": "application/json",
             16            },
             17        });
             18        return await res.json();
             19    }
```

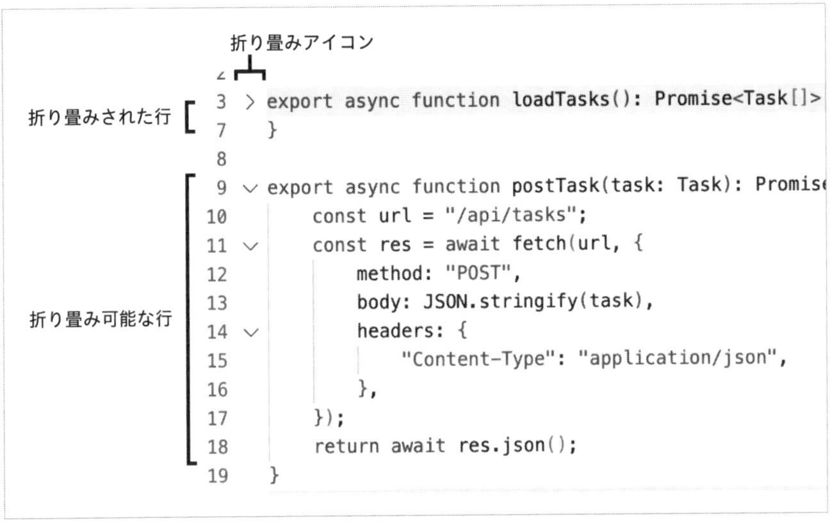

　ブロックの折り畳みは以下のキーボードショートカットでも行えます。この際、折り畳むレベルを指定することもできます。

macOS	Windows	Linux	コマンド名	機能
Ctrl + ⌘ + /	Ctrl + Shift + /		editor.fold／unfold	折り畳む／展開する
⌘ + K ／ ⌘ + 0	Ctrl + K ／ Ctrl + 0		editor.unfoldAll	すべて折り畳む
⌘ + K ／ ⌘ + 1〜7	Ctrl + K ／ Ctrl + 1〜7		editor.foldAll	数値のレベルですべて折り畳む
⌘ + K ／ ⌘ + J	Ctrl + K ／ Ctrl + J	Ctrl + K ／ Ctrl + 4	editor.unfoldAll	すべての折り畳みを展開する

　TypeScriptなどの言語ではブロックの最上位レベルとして名前空間を使い、その次のレベルでクラスを実装することが多いでしょう。その場合、macOS：⌘ + K 1 、Windows／Linux：Ctrl + K 1 で最上位の名前空間単位で折り畳んだり、Ctrl + K 1 の代わりに Ctrl + K 2 を使ってクラス単位で折り畳んだりすることで、ソースコードの見通しをよくできます。

▶ファイル内の文字列の検索

　macOS：⌘ + F 、Windows／Linux：Ctrl + F を押すと、エディターでフォーカスしているファイル内を検索するための検索ボックスが表示されます（図

2-20)。検索ボックスの入力欄にテキストを入力すると、Enterなどを押さなくともただちに検索が行われます。また、テキストを選択中に上記の検索キーを押すと、その選択中のテキストで検索を実行できます。

図2-20：ファイル内の文字列の検索

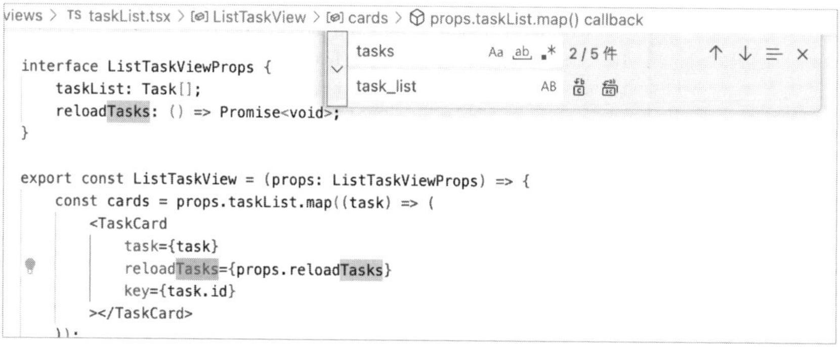
views > TS taskList.tsx > ListTaskView > cards > props.taskList.map() callback
tasks
Aa ab .*
2/5件
task_list
AB
interface ListTaskViewProps {
taskList: Task[];
reloadTasks: () => Promise<void>;
}
export const ListTaskView = (props: ListTaskViewProps) => {
const cards = props.taskList.map((task) => (
<TaskCard
task={task}
reloadTasks={props.reloadTasks}
key={task.id}
></TaskCard>

検索ボックスに表示されるのアイコンの意味はそれぞれ以下のとおりです。大文字小文字を区別する、単語単位で検索する、正規表現を有効にするといった設定や、置換の実行などが可能です。

- Aa：大文字小文字を区別する
- ab：単語の完全一致のみを対象にする
- .*：正規表現を有効にする
- ↑：前の検索結果を表示する
- ↓：次の検索結果を表示する
- ≡：選択範囲を検索する
- ：カーソル位置の検索結果を置換して、次の検索結果を表示する
- ：すべての検索結果を置換する

なお、**図2-21**の方法で選択した範囲の中だけで検索、置換を実行することも可能です。「文章全体は置換したくないけれど、特定の部分を一気に置換したい」といった場合に便利です。

図2-21：選択範囲の中だけを検索

❶ 行番号をドラッグして選択
❷ "選択範囲を検索"ボタンを押す

```
5        taskList: Task[];
6        reloadTasks: () => Promise<void ∨
7    }
8
9    export const ListTaskView = (props: ListTaskViewProps) => {
10       const cards = props.taskList.map((task) => (
11          <TaskCard
12             task={task}
13             reloadTasks={props.reloadTasks}
14             key={task.id}
15          ></TaskCard>
16       ));
17       return <div className="row p-2">{cards}</div>;
18    };
```

task   Aa ab .* 5/13件   ↑ ↓ ≡ ×
single_task   AB

❸ 選択行のみが検索対象になる

```
5        taskList: Task[];
6        reloadTasks: () => Promise<void ∨
7    }
8
9    export const ListTaskView = (props: ListTaskViewProps) => {
10       const cards = props.taskList.map((task) => (
11          <TaskCard
12             task={task}
13             reloadTasks={props.reloadTasks}
14             key={task.id}
15          ></TaskCard>
16       ));
17       return <div className="row p-2">{cards}</div>;
```

task   Aa ab .* 1/4件   ↑ ↓ ≡ ×
single_task   AB

　ファイル内検索に関連したキーボードショートカットには、ほかにも以下の
ようなものがあります。

macOS	Windows	Linux	コマンド名	機能
⌘ + F	Ctrl + F		actions.find	ファイル内検索を表示する。テキストが選択されている場合、そのテキストを検索する
F3 または ⌘ + G ／ Shift + F3 または ⌘ + Shift + G	F3 ／ Shift + F3		editor.action.next MatchFindAction ／ previousMatch FindAction	次／前の検索結果に移動する

▶特定の名前のファイルの検索

　以下のキーボードショートカットで、ワークスペース内のすべてのファイル

を対象に、特定の名前のファイルをあいまい検索できます（**図2-22**）。

macOS	Windows	Linux	コマンド名	機能
⌘ + P	Ctrl + P		workbench.action.quickOpen	ファイル名によるクイック検索を開く

図2-22：特定の名前のファイルの検索

このあいまい検索では、ファイル名やフォルダー名を部分一致で検索できます。ただし、フォルダー名はファイル名の前に入力しなければならないことに注意してください。

▶シンボルへの移動、パンくずリスト

エクスプローラービューのアウトラインビューには、現在開いているソースコードのシンボルが階層構造で表示されます（**図2-23**）。たとえばTypeScriptの場合、名前空間、クラス、プロパティが階層構造で表示されます。それぞれの項目をクリックすることで、指定したシンボルへ移動できます。

図2-23：アウトラインビュー

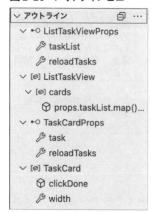

2

　この階層構造は、エディターとタブの間に表示されるパンくずリストでも確認できます。パンくずリストには、ファイルの場所を示すフォルダーと、カーソルの位置のシンボルのリスト(たとえば、TypeScriptのメソッドの場合、名前空間、クラス名、メソッド名など)が表示されます。ファイル内やファイルをまたいだカーソルの移動に合わせてパンくずリストの内容も自動的に変わるため、現在プログラムのどの要素を編集しているかがわかるようになっています。

　また、パンくずリストの各要素をクリックすることで、一覧やジャンプなどの操作を行えます。フォルダーやファイル名にあたる部分をクリックした場合には、そのフォルダーのとなりにある同じ深さのフォルダーやファイル一覧が表示されます。さらに、シンボルにあたる部分をクリックした場合には、そのシンボルと隣り合うシンボル(たとえば、TypeScriptのクラスのメソッドを選択した場合、同じクラスのメソッドなど)が一覧で表示されます(図2-24)。このようにして表示されたリストをクリックすると、そのファイルやシンボルに移動できます。

図2-24：パンくずリストのシンボル一覧表示

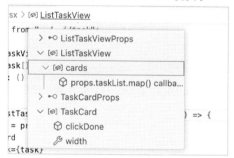

　以下のキーボードショートカットで、ワークスペースのすべてのシンボルに対してあいまい検索を行うこともできます(図2-25)。

macOS	Windows	Linux	コマンド名	機能
⌘ + Shift + O	Ctrl + Shift + O		workbench.action.gotoSymbol	現在開いているファイルのシンボルをあいまい検索する
⌘ + T	Ctrl + T		workbench.action.showAllSymbols	すべてのファイルのシンボルをあいまい検索する

図2-25：シンボル検索

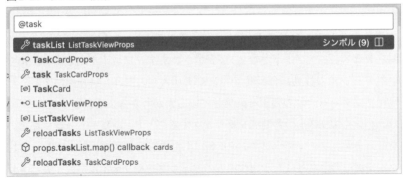

▶定義への移動、参照の表示

　TypeScriptなどで、あるコードが別の場所で宣言されたクラスを参照しているときに、そのクラスの本体が宣言されたコードを「定義」と呼びます。変数の場合には、変数を宣言しているコードを「定義」と呼びます。コーディングやコードレビューの最中に、（ときには別のファイルにある）定義を参照したいことも多いでしょう。

　F12 キーを押すと、変数やオブジェクトなど、カーソルが現在指している対象の定義へ移動できます。macOS：⌘ 、Windows／Linux：Ctrl を押しながらクリックすることでも同様に移動できます。また、移動せず小さなウィンドウに表示させることも可能です。

macOS	Windows Linux	コマンド名	機能
F12	F12	editor.action.revealDefinition	定義へ移動する
Option + F12	Alt + F12	editor.action.peekDefinition	定義を小窓に表示する
⌘ + K ／ F12	Ctrl + K ／ F12	editor.action.revealDefinitionAside	定義を横に表示する
⌘ + F12	Ctrl + F12	editor.action.gotoImplementation	実装へ移動する

　多くの言語では、マウスオーバーでその定義のドキュメント（Pythonのdocstringや、TypeScriptのDoc Comments）が表示されます（**図2-26**）。

図2-26：マウスオーバーでの定義の表示

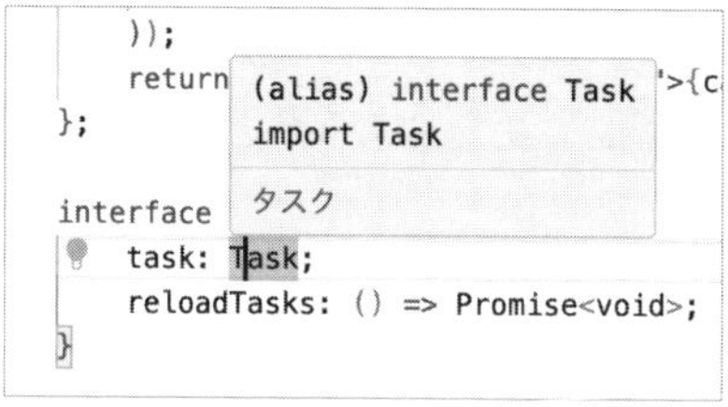

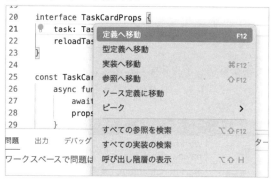

また、シンボルの右クリックメニューにも定義を表示する機能があります（**図 2-27**）。たとえば、右クリックメニューの「ピーク（Peek）→定義をここに表示 （Peek Definition）」を選ぶと、**図2-28**のように（移動するのではなく）ふきだしで参照先のコードの一部が表示されます。このコードを大きく表示したい場合は、ウィンドウ内でダブルクリックします。

図2-27：シンボルの右クリック

図2-28：「定義をここに表示」

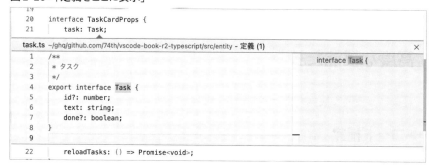

　一方、右クリックメニューの「全ての参照を検索（Find All References）」を選ぶと、参照検索結果ビューが開き、その定義を参照している箇所が一覧で表示されます（**図2-29**）。リファクタリングなどで型に変更を加えるときなど、変更の影響がないかの調査に便利な機能です。

図2-29：参照検索結果ビュー

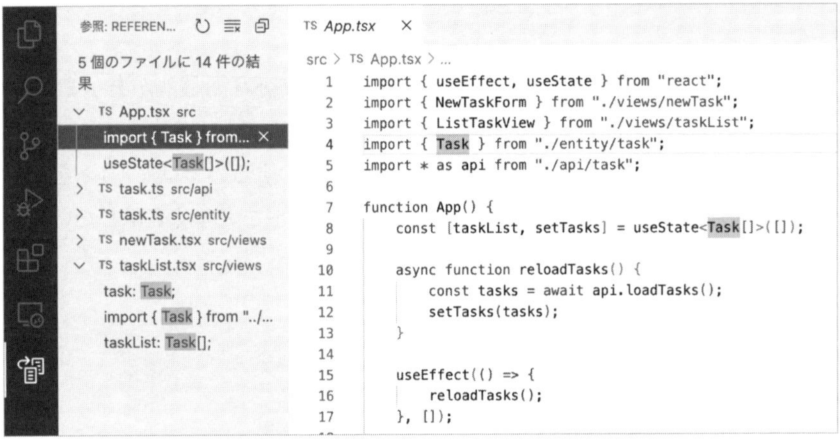

　なお、F12 で定義に移動して異なるファイルを開いたあと、すぐに元のファイルに戻りたい場合には、以下のショートカットが便利です。

macOS	Windows	Linux	コマンド名	機能
Ctrl + −	Alt + ←	Ctrl + Alt + −	workbench.action.navigateBack	前のファイルへ戻る
Ctrl + Shift + −	Alt + →	Ctrl + Shift + \	workbench.action.navigateForward	戻るのをやり直す（進む）

高度な機能たち

最後に、便利な機能をまとめて紹介します。

▶コード補完

現在の入力に対して、使っている言語の構文など「入力したいであろう文字列

の候補」を表示する、コード補完（インテリセンス）が利用できます（**図2-30**）。初期設定では入力と同時にコード補完候補が表示されますが、[Ctrl]+[Space]を押して手動で表示することもできます。矢印キー（もしくは、[Ctrl]+[N]／[Ctrl]+[P]キー）で候補を選択し、[Tab]、もしくは[Enter]キーを押すと、その候補が確定されます。

図2-30：コード補完（インテリセンス）

多数の候補が表示されることもあるでしょうが、続けて文字を入力してあいまい検索を行うことで、候補を絞り込むことができます。たとえば`loadTasks`というメソッドを検索する場合、先頭の`load`だけでなく、途中の文字`Task`であっても絞り込みの対象になります。また`loadTasks`の中の`lt`といった連続しない文字であっても絞り込むための文字列として使うことができます（**図2-31**）。

図2-31：あいまい検索での候補の絞り込み

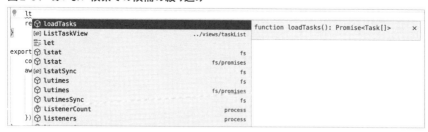

なお、コード補完には、構文のほかにスニペットも表示されます。スニペットの使い方については第6章の「スニペット機能」を参照してください。

▶画面の分割

VS Codeでは、マウスでタブをドラッグすることで、タブの順番を変更する

だけでなく、ひとつの画面を複数のエディターに分割して好きなレイアウトで表示できます(**図2-32、2-33**)。タブは分割したエディターごとに管理されます。そして、個々のタブ群とそのエディター領域を指して「タブグループ」と呼びます。

図2-32：左右に分割

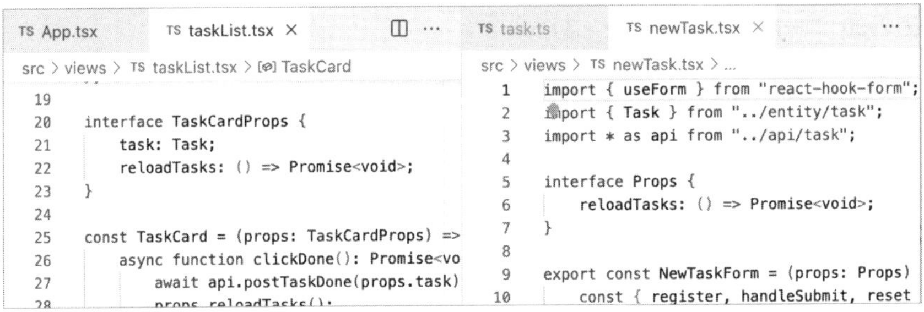

図2-33：上下に分割

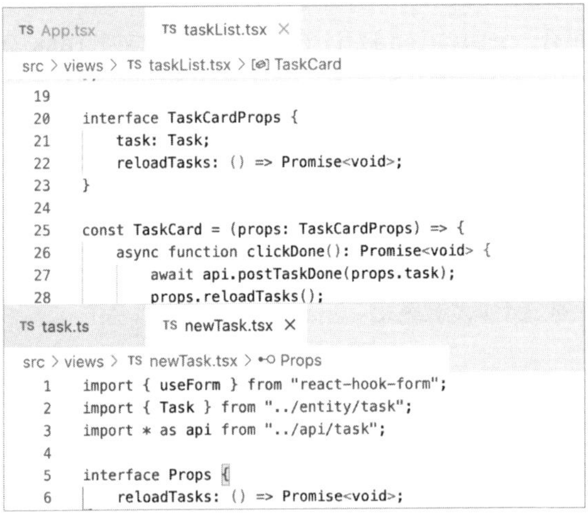

同一のファイルを異なるタブグループで表示することも可能です。たとえば1つのファイルの2箇所を同時に見る場合などに便利です(**図2-34**)。

図2-34：同一ファイルを左右で同時に表示

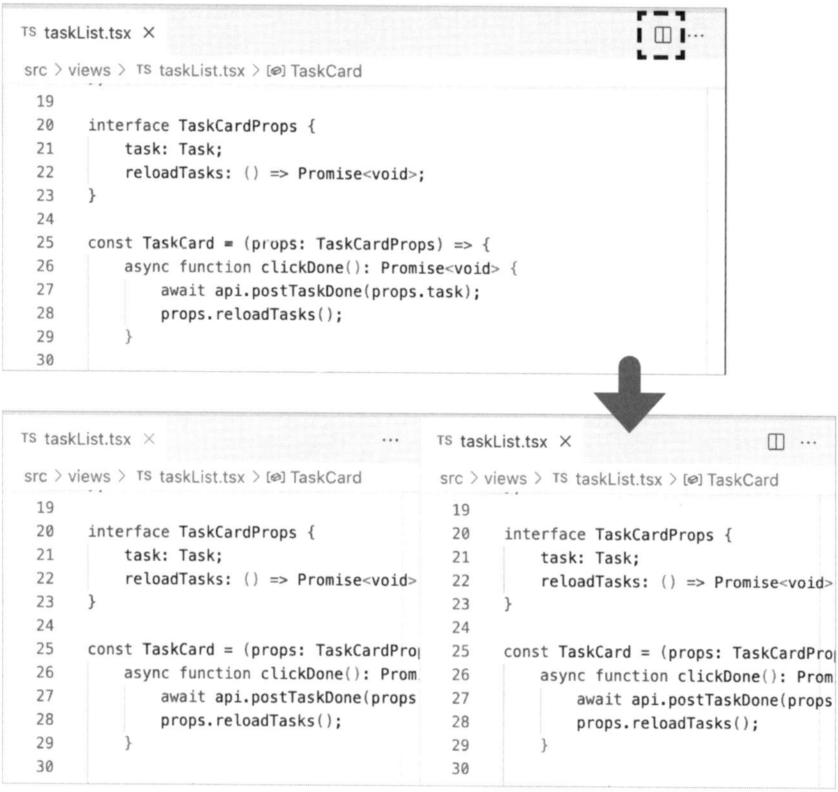

```
TS taskList.tsx  ×

src > views > TS taskList.tsx > [∅] TaskCard
19
20    interface TaskCardProps {
21        task: Task;
22        reloadTasks: () => Promise<void>;
23    }
24
25    const TaskCard = (props: TaskCardProps) => {
26        async function clickDone(): Promise<void> {
27            await api.postTaskDone(props.task);
28            props.reloadTasks();
29        }
30
```

```
TS taskList.tsx  ×                    ···    TS taskList.tsx  ×               ···

src > views > TS taskList.tsx > [∅] TaskCard     src > views > TS taskList.tsx > [∅] TaskCard
19                                               19
20    interface TaskCardProps {                  20    interface TaskCardProps {
21        task: Task;                            21        task: Task;
22        reloadTasks: () => Promise<void>       22        reloadTasks: () => Promise<void>
23    }                                          23    }
24                                               24
25    const TaskCard = (props: TaskCardPro|      25    const TaskCard = (props: TaskCardPro|
26        async function clickDone(): Prom       26        async function clickDone(): Prom
27            await api.postTaskDone(props       27            await api.postTaskDone(props
28            props.reloadTasks();               28            props.reloadTasks();
29        }                                      29        }
30                                               30
```

　また、手動で分割するのではなく、メニューの「表示（View）」→「エディター
レイアウト（Editor Layout）」から、「3列（Three Columns）」「グリッド（2x2）
（Grid (2x2)）」といったあらかじめ用意されたレイアウトを選択することも可能
です（**図2-35、2-36**）。このメニューからはレイアウトの反転（左右分割と上下
分割を入れ替える）も行えます。

図2-35：エディターレイアウトメニュー

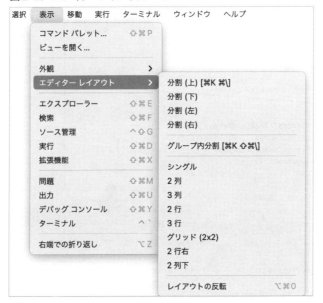

図2-36：2x2のグリッド表示

▶マルチカーソル

リファクタリング時など、同じ語句がファイル中に複数点在していて、それらを一括して変更したいこともあるでしょう。すでに解説した検索／置換機能を使うことで実現できますが、VS Codeでは複数のカーソルを操作する「マルチカーソル」の機能を使うことで、複数の語句を同時に編集できます（**図2-37**）。

図2-37：マルチカーソル

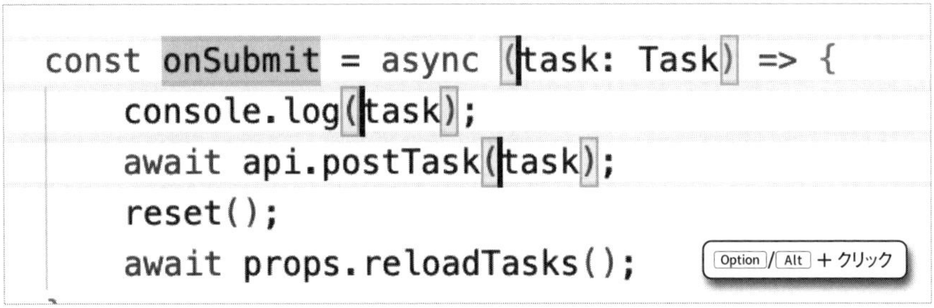

const onSubmit = async (task: Task) => {
console.log(task);
await api.postTask(task);
reset();
await props.reloadTasks();
Option / Alt + クリック

マルチカーソルを置換目的で使う際には、まず置換したい語句を選択し、右クリックメニューから「すべての出現箇所を変更（Change All Occurrences）」をクリックします（**図2-38**）。するとすべての語句が選択され、それぞれの末尾にカーソルが表示された状態になり、同時に編集できるようになります（**図2-39**）。

図2-38：すべての出現箇所を変更

const onSubmit = async (task: Task) => {
console.log(task);
await api.postTask(task
reset();
await props.reloadTasks
};
return (
<form onSubmit={handleS
<div className="row"
<div className="
<div classN
<h4>Tas
<input
定義へ移動 F12
型定義へ移動
実装へ移動 ⌘F12
参照へ移動 ⇧F12
ソース定義に移動
ピーク
すべての参照を検索 ⌥⇧F12
すべての実装の検索
呼び出し階層の表示 ⌥⇧H
シンボルの名前変更 F2
すべての出現箇所を変更 ⌘F2
ドキュメントのフォーマット ⌥⇧F

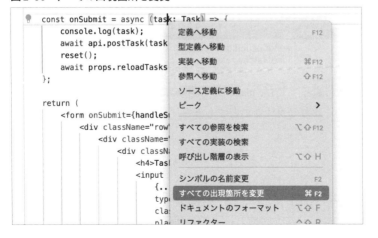

図2-39：複数の語句を同時に変更

```
💡  const onSubmit = async (task: Task) => {
      console.log(task);
      await api.postTask(task);
      reset();
      await props.reloadTasks();
    };
```

　こうして表示された複数のカーソルは通常のカーソルと同様に扱えるので、矢印キーで検索語句の手前や後に移動し、まとめて文字を追加することもできます。

　なお、これらはキーボードでも操作可能です。

macOS	Windows	Linux	コマンド名	機能
⌘ + Shift + L	Ctrl + Shift + L		editor.action.selectAllMatches	選択中の語句を、ドキュメントからすべて選択する
⌘ + F2	Ctrl + F2		editor.action.changeAll	カーソルの語句をすべて選択する

特定の語句のみを対象にする

　先ほど紹介したマルチカーソル操作を行うと、ファイル中のすべての語句を編集してしまいます。同じ語句のうち特定のもののみを編集したい場合は、以下のキーで語句を1つずつ選択に追加できます。

macOS	Windows	Linux	コマンド名	機能
⌘ + D	Ctrl + D		editor.action.addSelectionToNextFindMatch	検索中の項目で次に一致する項目を選択に追加する

　また、単語検索によらずとも、macOS：Option、Windows／Linux：Alt を押しながらその箇所をクリックすることでもカーソルを追加できます(マルチカーソルにできます)。

矩形選択をする

　マルチカーソルの機能を使えば、縦一列にカーソルを並べたり、矩形で選択した範囲を編集することも可能です。macOS：Option + Shift、Windows／Linux：

⌜Alt⌟+⌜Shift⌟を押しながらドラッグすることで矩形選択ができます。**図2-40**のように縦に並んだ変数名をまとめて変更したい場合などに便利です。

図2-40：矩形選択

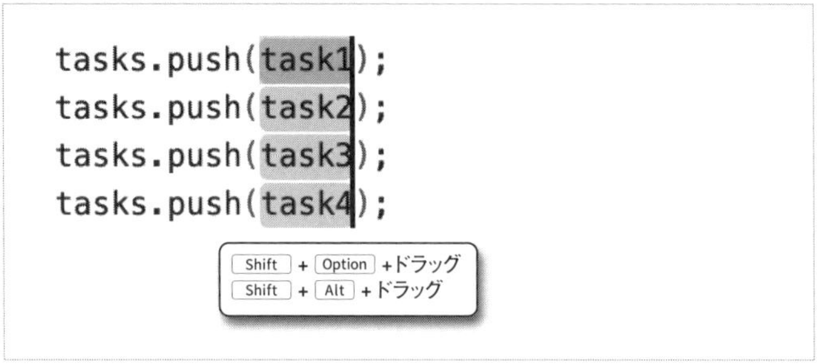

```
tasks.push(task1);
tasks.push(task2);
tasks.push(task3);
tasks.push(task4);
```

⌜Shift⌟ + ⌜Option⌟ +ドラッグ
⌜Shift⌟ + ⌜Alt⌟ +ドラッグ

　また、macOS：⌜Option⌟+⌜⌘⌟+⌜Shift⌟、Windows／Linux：⌜Ctrl⌟+⌜Alt⌟+⌜Shift⌟を押しながらカーソルを動かすことでも矩形選択ができます。

macOS	Windows	Linux	コマンド名	機能
⌜Option⌟+左クリック	⌜Alt⌟+左クリック		-	クリックした箇所にマルチカーソルを追加
⌜Option⌟+⌜Shift⌟+左ドラッグ	⌜Alt⌟+⌜Shift⌟+左ドラッグ		-	矩形に選択
⌜Option⌟+⌜⌘⌟+⌜Shift⌟+⌜↑⌟／⌜↓⌟／⌜←⌟／⌜→⌟	⌜Ctrl⌟+⌜Alt⌟+⌜Shift⌟+⌜↑⌟／⌜↓⌟／⌜←⌟／⌜→⌟		cursorColumnSelectUp／cursorColumnSelectDown／cursorColumnSelectLeft／cursorColumnSelectRight	矩形選択を上／下／左／右に広げる

▶ソースコードのフォーマット

　ソースコードの整形やコーディングスタイルの統一のために、言語ごとに複数のフォーマットツールを使うことがあります。JavaScript、TypeScript、HTMLについてはVS Code自体にフォーマットツールが付属しています。そのほかの言語に対しても拡張機能を導入することで、同様の操作でフォーマットを行えます。言語によっては、VS Codeで設定したインデントの種類や数にもとづいてフォーマットを行えます。

　フォーマットを行うには、以下のショートカットキーを押すか、コマンドパレットからコマンド「ドキュメントのフォーマット（Format Document）」を実行

します。

macOS	Windows	Linux	コマンド名	機能
Option + Shift + F	Alt + Shift + F	Ctrl + Shift + I	editor.action. formatDocument	ソースコード全体をフォーマットする
⌘ + K ⌘ + F	Ctrl + K ／ Ctrl + F		editor.action. formatSelection	選択した部分をフォーマットする

　また、保存したときなどに自動でフォーマットを行うよう設定することもできます。この設定は第9章で紹介していますので、そちらも参照してください。

第3章

ビューとコマンドパレット
いろいろな情報を整理し、簡単に呼び出す

　本章では、サイドバーにある「エクスプローラービュー」「検索ビュー」、および「コマンドパレット」について解説します。

　「エクスプローラービュー」は扱いやすいファイルツリーのUIを持ち、直観的にファイルを操作できます。「検索ビュー」での全文検索は、正規表現をうまく組み合わせれば一括置換などをすばやく行えます。

　VS Code上の操作は多数のコマンドから構成されています。「コマンドパレット」はそのコマンドの一部しか覚えてなくても実行できる、強力なあいまい検索を持つ機能です。

エクスプローラービュー

　まず紹介するのはエクスプローラービューです。エクスプローラービューには、ファイルツリーや、現在エディターで開いているファイル、第2章で紹介したアウトラインなどが表示されます（**図3-1**）。

図3-1：エクスプローラービュー

　エクスプローラービューでは、それぞれのファイルの状態が以下のような小さなアイコンで表示されます。

- **開いているエディターの左側の丸印**：未保存であることを示す
- **ファイル名の色**：Gitのステータスやリントエラーがあることを示す。それぞれ以下を意味する
  - **黄色**：Gitの未コミットの変更がある
  - **緑色**：Gitの未コミットの変更があり、リントの警告が含まれる
  - **赤色**：リントのエラーがある
  - **紫色**：Gitのコンフリクトがある
  - **灰色**：.gitignoreにてコミットに含まれないファイルである
- **数字**：リントエラーの数
- **アルファベット**：Gitのステータス
  - **U**：追加されたファイル（Untracked）
  - **A**：ステージング済みの追加されたファイル（Added）
  - **M**：変更されたファイル（Modified）

▶開いているエディタービュー

「開いているエディター」ビューには、現在開いているすべてのファイルが、タブグループごとに表示されます（**図3-2**）。以下のアイコンを使って、ファイルを閉じたりまとめて保存するといった操作が可能です。

図3-2：開いているエディタービュー

- ✕：閉じる
- ⌸₊：新しい無題のファイルを開く
- ⌸：レイアウトを反転
- ⌸：すべて保存する
- ⌸：すべて閉じる

　また、未保存のファイルを右クリックして表示されるメニューから「保存済みと比較」を選択すると、保存する前に変更点を確認できます。

▶ファイルツリービュー

「ノァイルツリー」ビューには、開いているワークスペースのファイル／フォルダー構成が表示されます（**図3-3**）。こちらも開いているエディタービューと同様にボタンを使ってさまざまな操作が行えます。

図3-3：ファイルツリービュー

- ：ファイルの追加
- ：フォルダーの追加
- ：再読み込み
- ：ツリーをすべて閉じる

　なお、フォルダーに対しても色やマークがついていますが、これはその状態を示すファイルがそのフォルダー配下にあることを示します。

　また、ファイルツリー内の2つのファイルの差分を表示することも可能です。1つのファイルが選択されている状態で、そのファイルと比較したいファイルで右クリックメニューを表示し、「選択項目と比較」を選びます。すると、2つのファイルの差分（diff）が表示されます（**図3-4**）。

図3-4：diff表示

VS Codeのdiff画面の使い方については第4章も参照してください。

▶ファイルツリーのフィルターと検索

ファイルツリーをクリックしたあとにmacOS：⌘+F、Windows／Linux：Ctrl+Fを押すと、ファイル名での検索とフィルターを行うテキストボックスが表示されます（図3-5）。

図3-5：ファイルツリーの検索・フィルターのテキストボックス

テキストボックスに文字列を入力すると、その文字列がファイル名に含まれるファイルに印が付きます（図3-6）。また、🔍を押すと、あいまい検索になります。あいまい検索は、単語が完全一致していなくても対象を抽出できる検索方法です。たとえば入力した文字列が`example.md`であれば、`example_3.md`など文字の順序が一致するファイルを抽出できます。

図3-6：条件にマッチするファイル

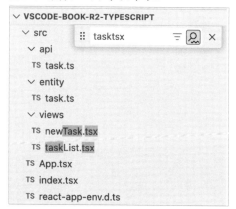

また、このとき≡を押すと、その名前が含まれるフォルダーやファイルのみを表示させることができます。たとえば`.png`などの拡張子を入れればPNGファイルだけをツリーに表示できるなど、活用の場は広いです。

▶タイムラインビュー

　タイムラインビューでは、エディターで開いているファイルのGitの履歴と、ローカルのファイル保存の履歴を時系列順に表示します(**図3-7**)。また、右クリックのメニューから「ファイルと比較(Open Changes)」をクリックすると、diff画面(使い方は第4章を参照)でこの時の差分を確認したり、「コンテンツの復元(Restore Contents)」でそのときの状態を復元したりできます。

図3-7：タイムラインビュー

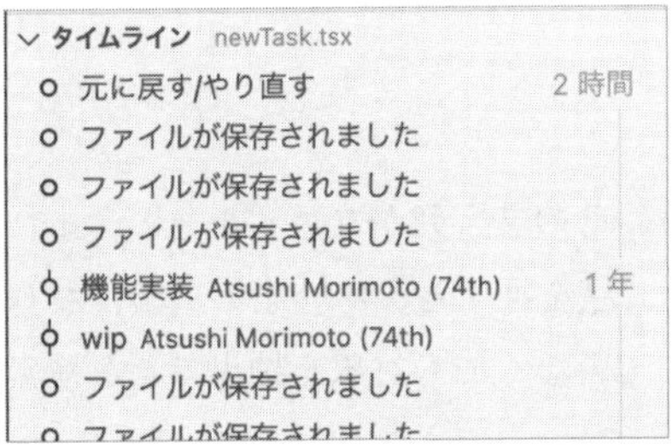

```
∨ タイムライン  newTask.tsx
 ○ 元に戻す/やり直す                    2 時間
 ○ ファイルが保存されました
 ○ ファイルが保存されました
 ○ ファイルが保存されました
 ◇ 機能実装 Atsushi Morimoto (74th)      1 年
 ◇ wip Atsushi Morimoto (74th)
 ○ ファイルが保存されました
 ○ ファイルが保存されました
```

　これはVS Code独自の機能で、ファイルを保存するたびに自動で履歴が記録され、VS Codeを再起動してもその履歴は残ります。Gitで管理していないフォルダーにあるファイルを開いたときにも履歴を見られるため、ちょっとしたテキストの編集にもぜひ活用していきたい機能です。

Column マルチルートワークスペース

　VS Codeでは通常、「1つのワークスペースに対し、1つのフォルダーを
ルートとするファイルツリーを扱う」という構成になっています。しかし、
1つのワークスペースの中で複数のフォルダーをルートとして扱うことも
可能です。この機能を「マルチルートワークスペース」といいます（**図3-a**）。

図3-a：マルチルートワークスペース

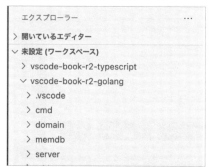

　以下のいずれかの操作で、ワークスペースにフォルダーを追加できます。

- 「ファイル」メニューで「フォルダーをワークスペースに追加...（Add Folder
  to Workspace...）」を選択する
- コマンド「ワークスペース：ワークスペースにフォルダーを追
  加...（Workspaces: Add Folder to Workspace...）」を実行する
- フォルダーをエクスプローラービューのファイルツリーにドラッグする
- code --add vscode-book-typescript のように、code コマンドの --add
  （-a）オプションにフォルダーを指定する

　この機能は「サーバーAPIの実装とクライアントの実装が別リポジトリに
分かれていて、それらを同時に開きたい」といった場合に活用できます。
　また、マルチルートワークスペースの設定は保存でき、次回から同じ構
成でVS Codeを起動することもできます。以下の3つの方法で、ワークス
ペース設定を保存できます。

　「ファイル」メニューで「名前をつけてワークスペースを保存(Save Workspace As...)」を選択する

　コマンド「ワークスペース：名前をつけてワークスペースを保存 (Workspaces: Save Workspace As...)」を実行する

　ワークスペースを保存せずにVS Codeを終了するときに表示されるダイアログで、ワークスペースを保存する(**図3-b**)

図3-b：ワークスペースの保存を確認するダイアログ

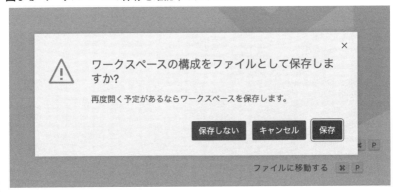

　保存されたワークスペースは、.code-workspaceという拡張子のファイルで管理されます。このファイルをダブルクリックするなどして開く、もしくはcodeコマンドの引数にすることで、このワークスペースを再度開くことができます。

検索ビュー

　続いて紹介するのは検索ビューです。検索ビューでは、ワークスペース内の
すべてのファイルに対して全文検索や一括置換を行えます（**図3-8**）。検索ビュー
のアイコンの意味はそれぞれ以下のとおりです。

図3-8：検索ビュー

- Aa：大文字小文字を区別する
- ⁎：正規表現を有効にする
- ab：単語の完全一致のみを対象にする
- ↻：検索結果の再読み込み
- ≣×：検索結果を閉じる
- ≣／℃：検索結果に表示されるファイルをツリー表示に切り替える
- ⊟：検索結果にファイル名のみを表示
- ☐：（検索に時間がかかっている場合などに）検索を停止する
- ⊞：検索対象をタブで開いているファイルのみに制限する
- ⚙：除外するファイルの設定を有効にする
- ⬚：1箇所置換する

- ╳：検索結果のリストから除外する
- 🔁：検索結果をすべて置換する。ファイル名の右側に表示されているものは、「そのファイル内の」検索結果をすべて置換する

　検索結果のリストをクリックすると、そのファイルがエディターに表示されます。置換の場合は置換前後の差分が表示されます。1箇所ずつ置換する場合は、検索結果のリストの右側の 🔁 をクリックします（**図3-9**）。

図3-9：検索ビューでの置換

　なお、エディター内で文字列を選択した状態で検索ビューを開くと、検索の入力欄にその文字列が入った状態になります。これによりコピーとペーストの手間が省けます。

　検索結果はファイル名ごとに整理されて表示されます。ファイル名にマウスカーソルを持ってきた場合に右側に表示される 🔁 をクリックすると、そのファイル内の検索結果をすべて一括で置換します。また ≡ をクリックして ⊫ に切り替えると新しいファイルのフォルダーがツリー状に表示されます（**図3-10**）。このツリーのフォルダー名にマウスカーソルを合わせ、右側に表示される 🔁 を押すと、フォルダー内のすべてのファイルに対して置換を行うことができます。

図3-10：ツリー表示された検索結果一覧

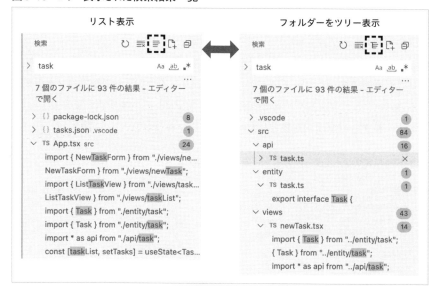

▶特定のファイルのみを置換・検索対象とする

　検索や置換の対象を特定のファイルのみに限定したいときには、以下のようにします。

　検索結果のファイル名をマウスオーバーしたときに表示される✕をクリックすると、そのファイルが一時的に検索結果から外れます(再び検索を行うとまた表示されます)。この機能を使って特定のファイルを検索結果から外したうえで🗃をクリックすると、残ったファイルのみを対象に置換できます。

　また、「含めるファイル」欄は、空欄であればすべてのファイルが検索対象となり、文字列が入力されていればそれに適合するファイルのみが検索の対象になります。ファイル名の代わりにフォルダー名を入力することもできます。この入力欄では、ワイルドカードを含んだ*.mdや、任意の階層のフォルダーを対象とする**/dirといったglobパターンが使えます。

　さらに、除外するファイル名の指定も可能です。「除外するファイル」にそのファイル名を入力します。ここではワイルドカード(*)などのglobパターンが使えます。

　node_modulesフォルダーなど、常に検索の対象から外したい対象がある場合、

設定「Search: Exclude（search.exclude）」を追加し、「除外するファイル」の入力欄の右側にあるアイコン（🖳）を有効にします。設定の編集方法については、第9章を参照してください。

　また、フォルダーを指定して、そのフォルダー内のファイルのみを検索対象にすることも可能です。エクスプローラービューのファイルツリーで対象のフォルダーを右クリックし、「フォルダー内を検索...（Find in Folder...）」を選択します。すると、そのフォルダー内を検索対象とした状態で検索ビューが開きます（**図3-11**）。

図3-11：特定のフォルダー内のみを対象とした検索

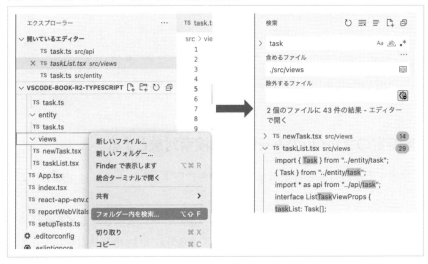

　複数のファイルをエディターで開いている場合、▤をクリックすることで開いているファイルのみを検索対象にできます。開いているファイルに対してのみ一括置換を実行したい場合に便利です。

▶検索エディター

　いままでサイドバー上に検索結果を表示していましたが、サイドバーは広さが限られるため、検索結果が見えにくいかもしれません。「検索エディター」という機能を使えば、エディターのタブと一緒に検索タブを表示できます（**図3-12**）。検索エディターを表示するには、検索ビューのヘッダーの🗁を押します。

図3-12：検索エディター

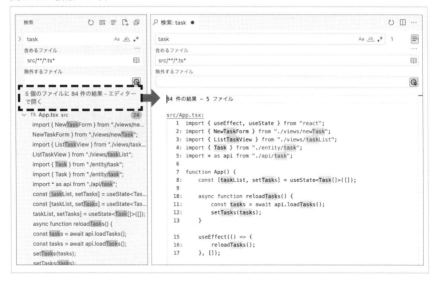

検索エディターの検索条件となる文字列の入力のしかたは、検索ビューと同じです。検索するとヒットする行がすべて表示されます。さらに前後の行も表示したい場合には、☰を押します。アイコンの左には表示したい行数を入力します。

検索結果のテキストは編集できますが、もとのファイルには反映されません。元のファイルを表示したい場合には、検索エディター内のテキストをダブルクリックします。

コマンドパレット

すでに何度か使ってきましたが、VS Codeには、さまざまなコマンドをあいまい検索によって呼び出せるコマンドパレットがあります。コマンドパレットは、以下のキーで呼び出すことができます。

MacOS	Windows	Linux	コマンド名	機能
F1 または ⌘ + Shift + P	F1 または Ctrl + Shift + P		workbench.action.showCommands	コマンドパレットを開く

たとえば、ソースコードの整形（フォーマット）を行いたい場合、「ドキュメン

トのフォーマット（Format Document）」というコマンドを使います。このコマンドをコマンドパレットから呼び出す際には、「format」など語句の一部を入力することで、候補に表示できます（**図3-13**）。

図3-13：コマンドパレットの検索

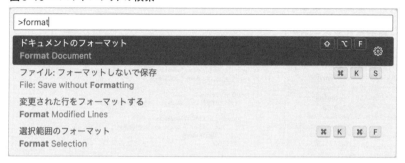

　なお、拡張機能の多くは日本語に対応しておらず、英語で表示されます。翻訳されている場合でも、言語設定が日本語か英語かでコマンドパレットの利便性が異なります。言語の設定や見えかたの違いについては、第1章の「表示言語を日本語に設定する」を参照してください。

　さらに、コマンドにキーボードショートカット（キーバインド）が設定されている場合、右側にそのキーが表示されます。このため、キーボードショートカットを忘れてしまった場合でも、コマンドパレットからコマンドを検索して確認できます。また、キーボードショートカットを設定したい場合、項目にマウスカーソルを合わせたときに右側に表される⚙をクリックすると、その場でそのコマンドにキーボードショートカットを設定できます。

　多用するコマンドはコマンドパレットを開いたときに優先的に表示されるようになっているため、そこから選択して実行することもできます。

　コマンドパレットでよく利用するコマンドを以下にいくつか挙げます。

- **拡張機能：拡張機能の更新の確認**（Extensions: Check for Extension Updates）：アップデートのある拡張機能を一覧する
- **基本設定：ユーザー設定を開く**（Preferences: Open User Settings）：ユーザー設定を開く
- **基本設定：ワークスペース設定を開く**（Preferences: Open Workspace

Settings）：ワークスペース設定を開く
- **基本設定**：キーボードショートカットを開く（**Preferences: Open Keyboard Shortcuts**）：キーボードショートカットの一覧を開く
- **タスク**：ビルド／テストタスクの実行（**Tasks: Run Build/Test Task**）：ビルド／テストのタスクを表示する
- **自動修正…**（**Auto fix…**）：クイックフィックスで自動で適用可能な修正を適用する
- **開発者**：ウィンドウの再読み込み（**Developer: Reload Window**）：VS Code を再起動する。拡張機能の更新後や作成時に、VS Code に反映させるために実行するほか、VS Code の調子が悪いときにも実行するとよい

VS Code におけるほとんどの操作はコマンドパレットを使って行うことが可能です。「あの操作ができないかな？」と思ったときには、まずはコマンドパレットで検索してみるのもひとつの手です。

また、コマンドパレットにはコマンドを実行する以外の機能もあります。以降ではそれらを紹介していきます。

▶ファイル名のあいまい検索

macOS：⌘+P、Windows／Linux：Ctrl+P を押すとワークスペース内のファイルをあいまい検索できます（**図3-14**）。あいまい検索なので、ファイル名の部分一致でも検索されます。

図3-14：ファイルのあいまい検索

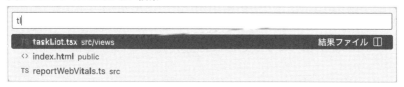

▶シンボルのあいまい検索

macOS：⌘+T、Windows／Linux：Ctrl+T を押すと、ワークスペース内

のシンボル[注1]をあいまい検索し、そのファイルのそのシンボルの場所にジャンプします（図3-15）。こちらもあいまい検索ですので、関数名の一部しか覚えていなくても開くことができます。

図3-15：シンボルのあいまい検索

　なお、先のショートカットはワークスペース全体のシンボル検索ですが、macOS：⌘+Shift+O、Windows／Linux：Ctrl+Shift+Oを押すと、現在開いているファイルのシンボルに絞り込むことができます。ちょっとしたカーソル移動にも便利です。

▶コマンドパレットのその他の機能

　コマンドパレットを見ていて気づいたかもしれませんが、コマンド検索時にはテキスト入力欄の最初に\が、シンボル検索では#が表示されている一方、ファイル名の検索の際にはこれらの記号は表示されていません。このように、コマンドパレットは最初の記号や文字によって機能が変わるようになっています。

　この一覧を表示するには、ファイル名のあいまい検索を開始して?を入力します。すると、図3-16のように文字列の先頭と機能の一覧が表示されます。

注1）　ソースコードであればクラス名や関数名、Markdownであれば見出しなど、拡張機能がテキストの構造として抽出した文字列のこと。

図3-16：コマンドパレットの機能一覧

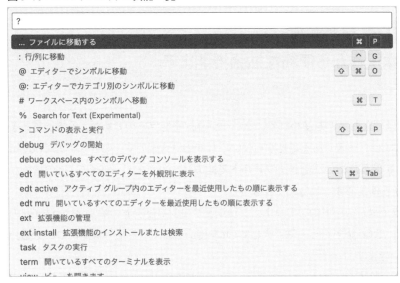

　また、ここでは紹介しませんでしたが、開いているファイルの一覧から表示するファイルを切り替える機能（**edt**）など、隠れた機能もありますので、この機能の一覧から入力して試してみてください。

## 第4章

Gitとの連携
基本操作から便利な拡張機能まで

Gitは現在もっとも使われているバージョン管理ツールですが、多機能であることやCLIベースであることから使いこなすのは大変です。しかし、VS CodeにはGitを使うための機能がデフォルトで組み込まれており、多くのGitの機能がGUIから使えるようになっています。

本章では、コードのコミット、プッシュやコンフリクトの解決といったGitの操作をVS Codeで行う方法、そしてGitを使いやすくする拡張機能について紹介していきます。

なお、VS CodeではGit以外のソースコード管理ツールもサポートしていますが、本書ではGitのみを扱います。また、本書はGitの用語や概念については解説しませんので、必要に応じて他のGitの解説書を参照してください。

Gitの基本的な操作

VS Codeでは、Gitリポジトリとなっているフォルダー（.gitが含まれるフォルダー）をワークスペースとして開くだけで、ソースコントロールビューでのGitに関する操作が可能になります。本節では、Gitを用いた開発でよく使われる操作について説明します。なお、VS Code上では実行できないGitの操作もありますので、それらを行いたい場合にはターミナル上でGitのコマンドを実行する必要があることに注意してください。

なお、既存のリポジトリを開くだけでなく、Gitリポジトリをクローンしたり、現在のワークスペースをGitリポジトリとして初期化することも可能です。そのためには以下のコマンドを使います。

- **Git：クローン（Git: Clone）**：GitリポジトリのURLを指定して、リポジトリ
  をコピーする
- **Git：リポジトリの初期化（Git: Initialize Repository）**：Gitリポジトリを初期
  化する

すでにリモートにあるGitリポジトリを使う場合には、コマンド「Git：クロー
ン（Git: Clone）」を実行します。するとGitリポジトリの場所を入力を求められ
るので、GitHubなどリモートにあるGitリポジトリのURLを入力します（**図
4-1**）。

図4-1：「Git：クローン」でのGitリポジトリの入力

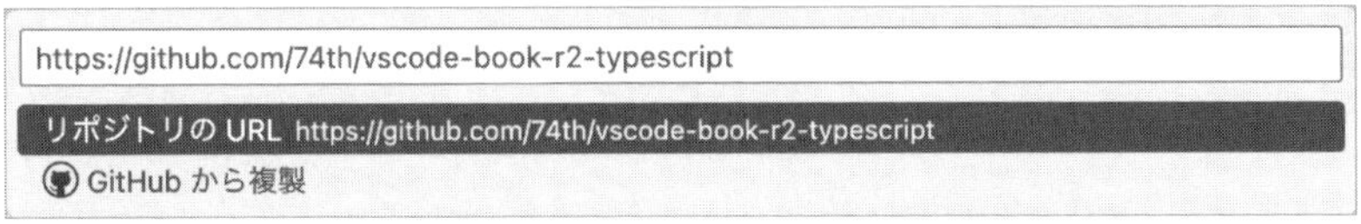

```
https://github.com/74th/vscode-book-r2-typescript

リポジトリのURL https://github.com/74th/vscode-book-r2-typescript
 GitHub から複製
```

▶ステージング

Gitではコミットの対象としてファイルの変更が選択された状態を「ステージ
ングされている」といいます。まずはステージングの前に変更されたファイルを
確認する方法を説明します。

ソースコントロールビューには、まだコミットされていない変更のあるファ
イルが「変更」と「ステージされている変更」に分かれてリスト化されています（**図
4-2**）。ファイル名の右側のアイコンをクリックすることで、ステージングされ
ている変更にしたり（`git add`の操作）、ステージングされている変更を元に戻
すこと（`git reset`の操作）も可能です。

図4-2：ソースコントロールビュー

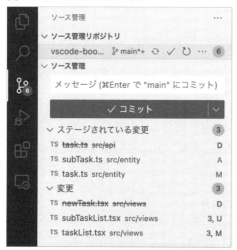

　ファイル名（およびそれに続くファイルパス）の横に表示されるアイコンはそのファイルに対する操作を、アルファベットはファイルの状態を意味し、それぞれの意味は次のとおりです。

・**アイコン**：ファイルに対する操作
  ・ⅰ：ファイルをエディターで開く
  ・＋：変更をステージングに追加する（git add）
  ・一：変更をステージングから戻す（git reset）
  ・つ：変更を元に戻す（git checkout）
・**アルファベット**：ファイルの状態
  ・**U**：Gitの管理下にないファイル（untracked）
  ・**A**：今までのコミットに含まれておらず、新しくステージングされたファイル（added）
  ・**M**：変更されたファイル（modified）
  ・**D**：削除されたファイル（deleted）
  ・**R**：リネームされたファイル（renamed）
  ・**C**：競合したファイル（conflict）

また、ビューのタイトルの横のアイコンを使うと、一括でステージングの追加や取り消しを行えるようになっています。これらを駆使して、必要なファイルをステージングするとよいでしょう（**図4-3**）。

図4-3：ステージング操作

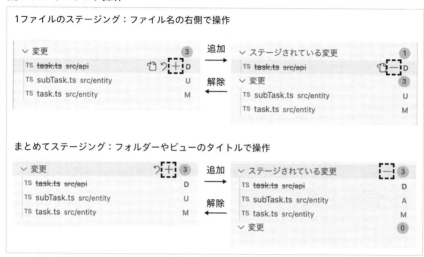

なお、それぞれのファイルはデフォルトでフォルダー名をもとに並べられており、☰ ☷で表示方法を切り替えられます（**図4-4**）。

図4-4：ファイルツリーでの表示

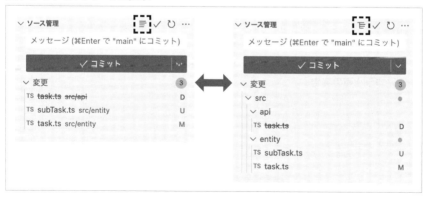

ステージングの前にdiffで変更点を確認したり、部分的にステージングする

（`git add -p`）方法については次節で紹介します。

▶コミット

　ソースコントロールビュー上部のテキストボックスには、コミットメッセージを入力できます（**図4-5**）。メッセージを入力後にコミットボタンを押す、もしくはmacOS：⌘＋Enter、Windows／Linux：Ctrl＋Enter を押すと、コミットが行われます。

図4-5：コミットメッセージ

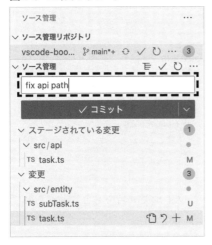

　なお、ステージングされている変更がない状態でコミットを行おうとすると、警告が表示されます（**図4-6**）。ここで「はい」を選択するとすべての変更をコミットできます。

図4-6：コミット時の警告

▶ブランチとタグの操作

特定のブランチをチェックアウトするには、ステータスバーでGitのブランチが表示されている部分をクリックします（**図4-7**）。ローカルおよびリモートのブランチとタグの一覧が表示されるので、目的のブランチもしくはタグを選択すると、そのブランチがチェックアウトされます（**図4-8**）。

図4-7：ステータスバーのブランチの表示

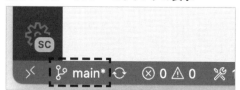

図4-8：チェックアウトするブランチの選択

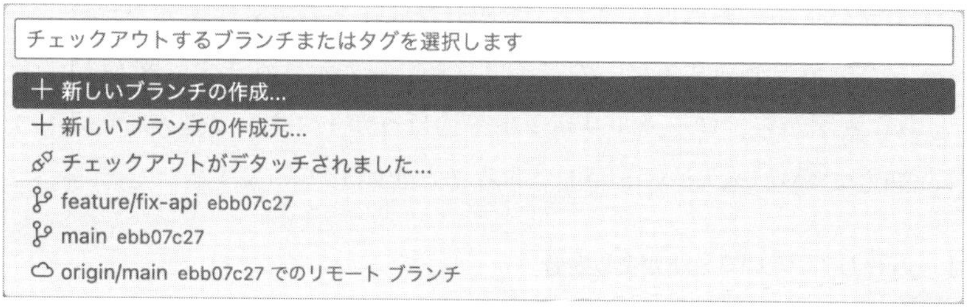

チェックアウトするブランチまたはタグを選択します
＋ 新しいブランチの作成...
＋ 新しいブランチの作成元...
⌥ チェックアウトがデタッチされました...
⑂ feature/fix-api ebb07c27
⑂ main ebb07c27
◠ origin/main ebb07c27 でのリモート ブランチ

また、新しいブランチを作成する場合には、図4-7のステータスバーから表示できるブランチ一覧で「新しいブランチの作成...（Create new branch...）」を選択し、次にブランチの名前を入力します（**図4-9**）。新しいブランチを作成すると、すぐにそのブランチがチェックアウトされた状態になります。

図4-9：新しいブランチの名前の入力

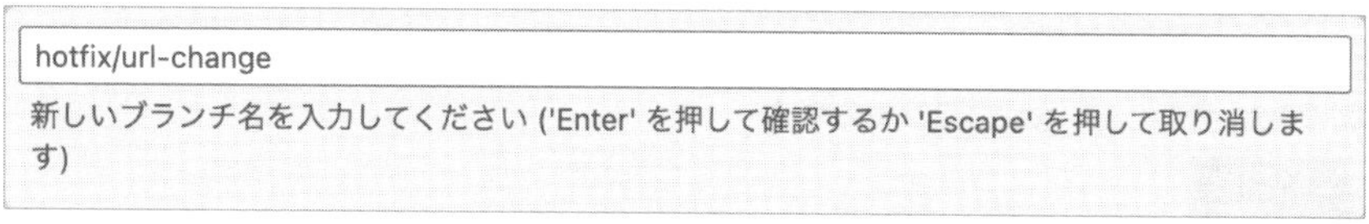

hotfix/url-change
新しいブランチ名を入力してください ('Enter' を押して確認するか 'Escape' を押して取り消します)

チェックアウトされているものとは異なるブランチをもとにブランチを作成する場合、図4-8で「新しいブランチの作成元...（Create new branch from...）」を

選択し、もとにするブランチを選択します(**図4-10**)。

図4-10：もとにするブランチの選択

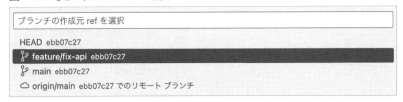

　現在のリビジョンにタグを設定するには、コマンドパレットのコマンド「Git：タグを作成(Git: Create Tag)」を実行します。

▶プッシュ、プル、同期

　VS Codeではリモートリポジトリのフェッチ(`git fetch`)を定期的に自動で行います。フェッチしたあとにリモートリポジトリとの差分があった場合、そのコミットの数がステータスバーのアイコンとして表示されます。**図4-11**では「1↑」という表示から、ローカルリポジトリのほうが1コミット進んでいる、すなわちpushしていないコミットが1つあることを示しています。

図4-11：pushしていないコミットがある場合

　リモートと同期していないブランチの場合も、ステータスバーのアイコンで見分けることができます(**図4-12**)。

図4-12：同期していないブランチの場合

このステータスバーの部分をクリックすることで、プル(`git pull`)とプッシュ(`git push`)を同時に実行できます。

プルとプッシュを個別に行いたい場合には、ソースコントロールビューのオプションメニューから、プルまたはプッシュを選択します(**図4-13**)。この際、デフォルトの追従先(`upstream`)として設定されているリモートリポジトリに対してこれらの操作が行われます。リモートリポジトリを指定してプル、プッシュを行う場合は後述のコマンドを使う必要があります。

図4-13:ソースコントロールビューのオプションメニュー

これらの操作は、コマンドパレットからも行うことができます。

- **Git**:同期(Git: Sync):リモートブランチとのプルとプッシュを同時に行う
- **Git**:プル(Git: Pull):リモートブランチからプルを行う
- **Git**:プッシュ(Git: Push):リモートブランチへプッシュする
- **Git**:プッシュ(タグをフォロー)(Git: Push (Follow Tags)):リモートブランチへプッシュし、このブランチに紐付くタグもプッシュする
- **Git**:指定元からプル(Git: Pull from...):リモート先を指定してプルを行う

- **Git**：プッシュ先（Git: Push to...）：リモート先を指定してプッシュする
- **Git**：すべてのリモートからフェッチ（Git: Fetch From All Remotes）：すべてのリモートからフェッチする

▶サブモジュール

リポジトリにサブモジュールがある場合、ソースコントロールビューの「ソース管理リポジトリ」に複数のリポジトリが表示されます（**図4-14**）。このリポジトリ名の行を選択することで、サブモジュールに対する操作ができます。

図4-14：サブモジュールがある場合のリポジトリ

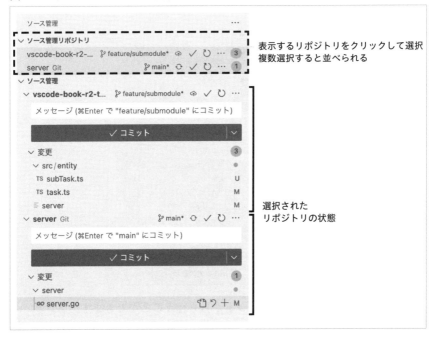

なお、サブモジュールの追加や削除はVS Codeから行うことができません。サブモジュールの追加や削除は、シェルからGitコマンドを使って行う必要があります。

▶スタッシュ

スタッシュ（一時待避）の作成（`git stash`）は、コマンドパレット、または図

4-13のソースコントロールビューのオプションメニューから実行できます。

コマンドパレットで実行できるスタッシュ関連のコマンドは以下のとおりです。

- **Git：スタッシュ（未追跡ファイルを含む）（Git: Stash (Include Untracked)）**：未追跡ファイルを含むすべての変更をスタッシュにする
- **Git：スタッシュ（Git: Stash）**：コミットされていない変更をすべてスタッシュにする
- **Git：最新のスタッシュをポップ（Git: Pop Latest Stash）**：もっとも新しいスタッシュを適用し、そのスタッシュを削除する（git stash pop）
- **Git：スタッシュをポップ...（Git: Pop Stash...）**：スタッシュをリストから選択して適用し、そのスタッシュを消去する
- **Git：最新のスタッシュを適用（Git: Apply Latest Stash）**：最新のスタッシュを適用する。スタッシュは削除しない
- **Git：スタッシュを適用...（Git: Apply Stash...）**：スタッシュをリストから選択して適用する

　たとえば、コマンド「Git：スタッシュ（Git: Stash）」を実行すると、スタッシュの名前（スタッシュメッセージ）を設定してスタッシュを作成できます（**図4-15**）。スタッシュに名前を設定しない場合、そのまま Enter を押します。

図4-15：スタッシュメッセージの入力

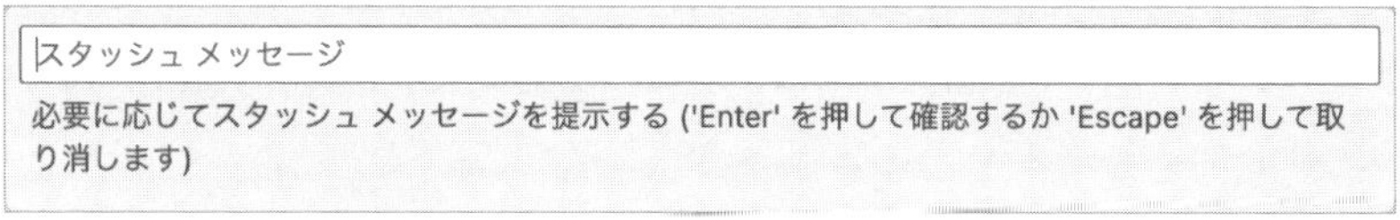

スタッシュ メッセージ

必要に応じてスタッシュ メッセージを提示する ('Enter' を押して確認するか 'Escape' を押して取り消します)

　なお、VS Codeにはスタッシュを削除するコマンドや、スタッシュの中身を確認するコマンドは提供されていませんが、「Gitを強化する拡張機能」で紹介するGit Graphを用いてスタッシュの削除や確認が可能です。

▶コマンドでできる応用操作

　空コミットを行う、最後に行ったコミットを取り消すなどの応用的な操作に対しても、コマンドが用意されています。Gitコマンドを覚えていなくても、コ

マンドパレットから「空」や「rebase」など単語の部分一致でコマンドを検索して
利用できますので、試してみるとよいでしょう。

- **Git: プル（リベース）（Git: Pull (Rebase))**：プルと同時にリベースを行う（git rebase）
- **Git: ブランチの削除...（Git: Delete Branch...)**：ブランチを削除する（git branch -D）
- **Git: 空のコミット（Git: Commit Empty)**：空コミット（ファイルの変更がないコミットログだけのコミット）をする（git commit --allow-empty）
- **Git: 前回のコミットをもとに戻す（Git: Undo Last Commit)**：最後に行ったコミットを取り消す（git reset --mixed HEAD~）

diff画面とコンフリクトの解消

　続いて、「ソースコードの変更点」に関連する機能を見ていきます。具体的には、第3章でも簡単に紹介したVS Codeのdiff機能、そしてマージ時などのコンフリクトの解消について説明します。

▶diff画面で変更を確認する

　ステージング前に変更点を確認したい場合、ソースコントロールビューのファイルリストからファイルを選択すれば、現在の変更が表示されます（**図4-16**）。

図4-16：diff画面

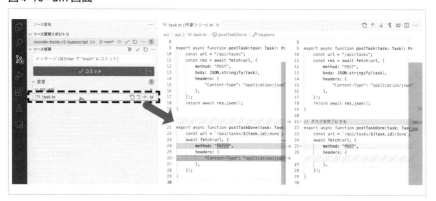

また、この画面で変更箇所を右クリックすることで、`git add -p`を使ったときのように、その部分だけをステージングに追加できます（**図4-17**）。

図4-17　diff画面を使って選択行をステージングに追加する

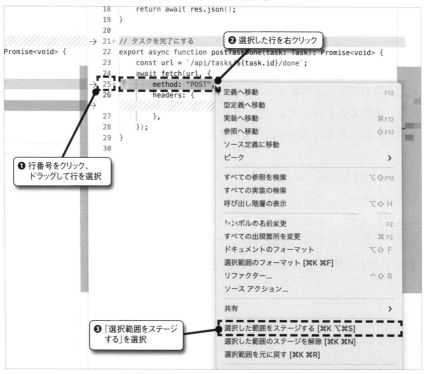

　VS Codeでは、Gitだけではなく置換など多くの画面でdiffが表示されます。
diff画面の表示は**図4-18**のような意味を持ち、さらに変更が行の一部の場合は
その部分が周囲より濃く表示され、差がわかりやすくなっています。

図4-18：diff画面

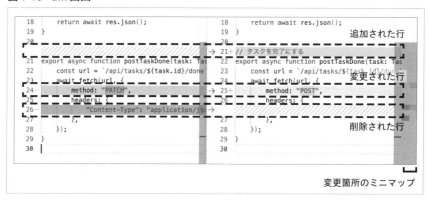

　また、右上に表示されるアイコンは以下のように機能します。

- 📄：ファイルをエディターで開く
- ↓：次の変更を表示する
- ↑：前の変更を表示する
- ¶：先頭と末尾のスペースの違いを無視する

　多くのdiffツールでは、比較する行のインデントの数のみが異なる場合でも、
（タブやスペースが増えているため）差分として表示されてしまいます。VS Code
では、インデントの変更だけでそれ以外の変更がない場合には、diff画面の変
更として表示されません（**図4-19**）。インデントのみの変更を表示したい場合は
¶の「先頭と末尾のスペースの違いを無視する」を有効にします。

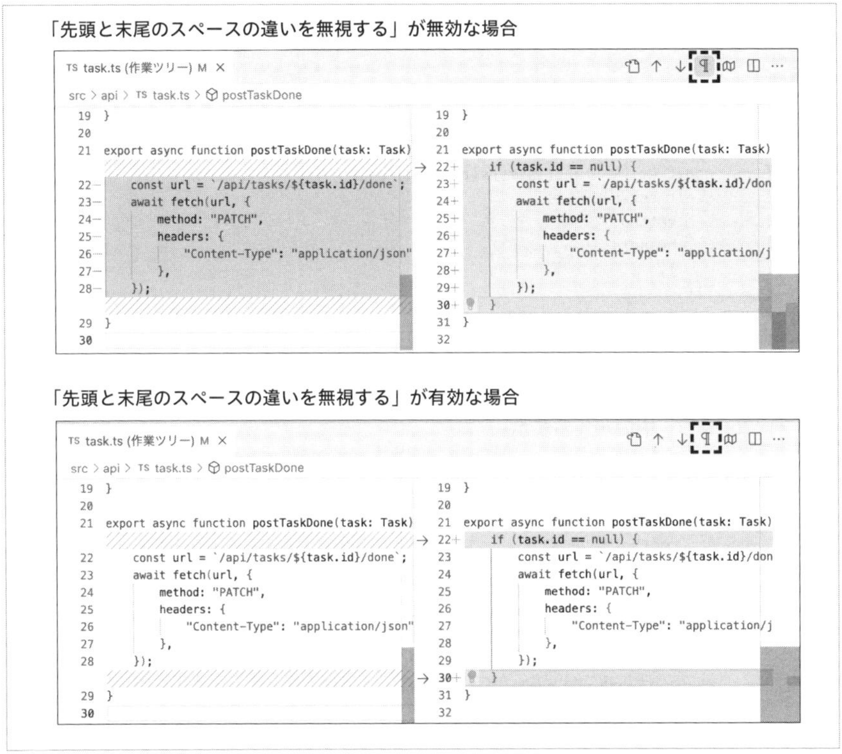

図4-19：先頭と末尾のスペースの違いを無視する表示

　もちろんGit上ではインデントの数の変更もれっきとしたコードの変更ですので、変更したらステージングしてコミットする必要があります。Gitで行を指定してステージングを行うときには、追加のし忘れがないように気をつけてください。

▶エディター上でのdiffのポップアップ

　また、Gitリポジトリ内のファイルを編集しているとき、エディター上では左端に変更箇所が色分けされて表示されます（**図4-20**）。この部分をクリックすると、その差分がエディター上にポップアップで表示されます（**図4-21**）。このポップアップの右上のアイコンから、ステージングに追加したり変更を元に戻したりできます。

図4-20：エディターの変更箇所のインジケータ

```
TS task.ts  M  ×

src > api > TS task.ts > ⦿ postTask
  20
  21    // タスクを完了にする
  22    export async function postTaskDone(task: Task): |
  23        const url = `/api/tasks/${task.id}/done`;
  24        await fetch(url, {
  25            method: "POST",
  26            headers: {
  27            },
  28        });
  29    }
  30
```

図4-21：エディター中のdiffの表示

```
  22     export async function postTaskDone(task: Task): Promise<void> {
  23        const url = `/api/tasks/${task.id}/done`;
  24        await fetch(url, {
  25            method: "POST",
```

task.ts Git ローカル作業の変更 - 2/3 の変更   ＋ ↻ ↓ ↑ ×

```
  21   22  export async function postTaskDone(task: Task): Promise<void> {
  22   23      const url = `/api/tasks/${task.id}/done`;
  23   24      await fetch(url, {
  24              method: "PATCH",
       25          method: "POST",
  25   26          headers: {
  26              "Content-Type": "application/json",
  27   27          },
```

```
  26          headers: {
  27          },
```

それぞれのアイコンの機能は以下のとおりです。

- ＋：変更をステージングに追加する（git add）
- ↻：変更を元に戻す（git checkout）
- ↓：次の変更を表示する
- ↑：前の変更を表示する
- ×：インライン表示を閉じる

▶コンフリクトの解決

　続いて、Gitにつきもののコンフリクトについて説明します。VS Codeでは、以下のような操作でコンフリクトを解決できます。

　まず、プルやマージを行ったときに同一の箇所の変更が行われたなどのコンフリクトがある場合、**図4-22**のようなメッセージが表示されます。このとき、ソースコントロールビューの「変更のマージ」ビューにコンフリクトを起こしているファイルが表示されます（**図4-23**）。

図4-22：コンフリクトのメッセージ

図4-23：コンフリクトしたファイルの表示

　ここで変更が必要な（コンフリクトを起こしている）ファイルをクリックしてエディターで開くと、コンフリクトの箇所が**図4-24**のように表示されます。これを見ると、どちらの変更を取り込むのかをワンクリックで選択できるコードレンズ[注1]がコンフリクト箇所の上部に表示されていることがわかります[注2]。もちろん直接ファイルを編集して解決することも可能ですが、どちらか一方を変更

注1）　ソースコード中に表示されるクリック可能なコマンドのこと。
注2）　この表示が現れない場合、設定「Editor: Code Lens（"`editor.codeLens`"）」が有効（`true`）になっているか確認してください。

せずに取り込むだけであれば、このコードレンズ上のボタンを使えば十分です。

図4-24：コンフリクトしている部分の表示

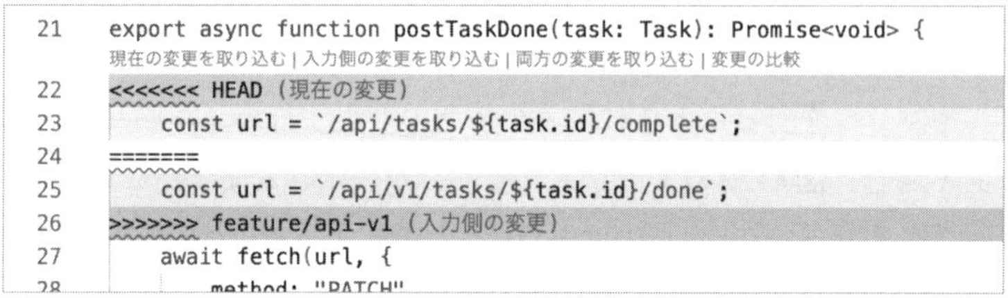

```
21   export async function postTaskDone(task: Task): Promise<void> {
        現在の変更を取り込む | 入力側の変更を取り込む | 両方の変更を取り込む | 変更の比較
22   <<<<<<< HEAD (現在の変更)
23       const url = `/api/tasks/${task.id}/complete`;
24   =======
25       const url = `/api/v1/tasks/${task.id}/done`;
26   >>>>>>> feature/api-v1 (入力側の変更)
27       await fetch(url, {
28         method: "PATCH"
```

また、1つのファイルの複数のコンフリクトに対してどちらのユーザーが一括で変更を適用する場合、「変更のマージ（Merge Changes）」ビューのファイルの右クリックメニューから行うことができます（**図4-25**）。

図4-25：コンフリクトが発生しているファイルの右クリックメニュー

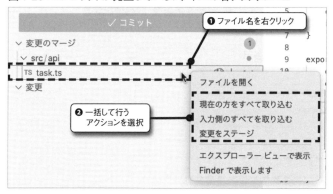

すべてのコンフリクトを解消したら、ファイルをステージングに追加します。もし解決していないコンフリクトがある場合は、**図4-26**のメッセージが表示されます。誤ってコンフリクトを残したままステージングしないように気をつけてください。

図4-26：解決していないコンフリクトがあるファイルをステージングしたときの確認

コンフリクトを解決したコミットにはマージを示すコミットコメントが自動で入ります。

▶（3ウェイ）マージエディター

3ウェイマージとは、2つのブランチの変更と、変更後のファイルを見比べながらマージをすることです。VS Codeには、この3ウェイマージを行うためのマージエディターの機能があります。初期設定では有効になっていませんが、設定「Git: Merge Editor（git.mergeEditor）」を有効にすることで、diffビューの代わりにマージエディターが表示されます（**図4-27**）。

図4-27：マージエディター

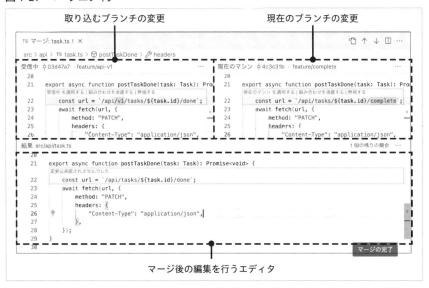

　マージエディターには3つのエディターが表示されます。上部に2つ並んでいるのは2つのブランチそれぞれのファイルの内容です。一方、下部に表示されているのが編集するファイルです。上部のエディターを見比べて、採用するほうの変更にチェックマークを付けると、下部のエディターに反映されます（**図4-28**）。いずれのブランチとも異なる変更が必要な場合は、直接下部のエディターを編集します。

図4-28：マージエディターの操作

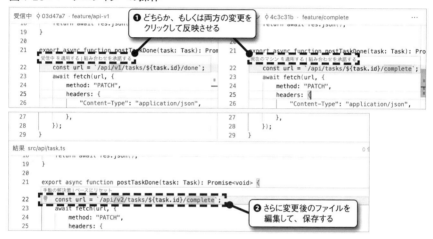

　diff画面によるコンフリクトの解消と同様に、すべての変更が済んだらファイルを保存し、そのファイルをステージングすれば作業は完了です。

Column Gitのエディターとして Visual Studio Code を使う

すでに述べたとおり、サブモジュールの追加などのいくつかの操作は、シェルで直接Gitコマンドを使って操作する必要があります。また、Gitはコマンドラインで操作したいという方も多いでしょう。

このようにシェルからGitコマンドを使う際のコミットメッセージの編集や、diffの表示に使うツールは「設定」で変更できます。Gitコマンドの各種機能のためにツールとしてVS Codeを使う方法もドキュメント中に紹介されています[注a]。

設定の手順は以下のとおりです。

1. codeコマンドをインストールする（第1章を参照）
2. シェル上で git config --global -e を実行し、Gitの設定ファイルを編集・保存する

VS Code を Gitコマンドの標準のコメント入力ツールにする場合は、以下のように設定を記述します。

```
[core]
    editor = code --wait
```

また、Gitのdiffを表示するための**difftool**としてVS Codeを使う場合は以下のように記述します。

```
[diff]
    tool = default-difftool
[difftool "default-difftool"]
    cmd = code --wait --diff $LOCAL $REMOTE
```

これにより、シェル上で**git commit**実行してコミットコメントを入力するときや、**git diff**の代わりに**git difftool**を使った場合に、VS Codeが起動します。

注a）https://code.visualstudio.com/docs/sourcecontrol/overview#_vs-code-as-git-editor

Gitを強化する拡張機能

本節では、Gitを強化する拡張機能を2つ紹介します。拡張機能についての詳細は第9章で解説しますので、そちらも参照してください。

▶ GitLens

はじめに、ブランチの管理や、コードレンズでコミットメッセージを表示する拡張機能「GitLens」を紹介します。

インストールは拡張機能ビューから「gitlens」で検索し、GitLensのインストールボタンを押すだけで完了です（**図4-29**）。

図4-29：GitLensのページ

なお、GitLensには、サブスクリプションで提供される有償の機能があります。本書では無償版で提供されている機能のみを紹介しますが、もしGitLensが気に入った場合には、GitLensのWebサイト[注3]で有償版の追加機能も確認してみるとよいでしょう。

行ごとのコミットログの表示

GitLensを導入すると、カーソルのある行を最後に変更した際のコミットメッセージが、コードの右側に表示されるようになります（**図4-30**）。また、エディターの最初の行には、そのファイルが最後に変更された時期が表示されます。

注3）https://www.gitkraken.com/gitlens

図4-30：コードレンズで右側に表示されるコミットログ

```
20
21    export async function postTaskDone(task: Task): Promise<void> {
22        const url = `/api/tasks/${task.id}/done`;        You, 9 か月前 • debugging frontend
23        await fetch(url, {
24            method: "PATCH",
25            headers: {
26                "Content-Type": "application/json",
27            },
28        });
29    }
```

エディターの右上に表示されるGitのアイコン（**図4-31**の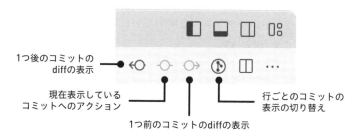をクリックし、表示されるメニューから「Toggle File Blame」を選択すると、コードの左側に行ごとのコミットログが表示されるようになります（**図4-32**）。このとき、カーソルの行と同一コミットで変更された行はハイライトされます。

図4-31：エディター右上のボタン

1つ後のコミットの
diffの表示

現在表示している
コミットへのアクション

1つ前のコミットのdiffの表示

行ごとのコミットの
表示の切り替え

図4-32：行ごとのコミットログの表示

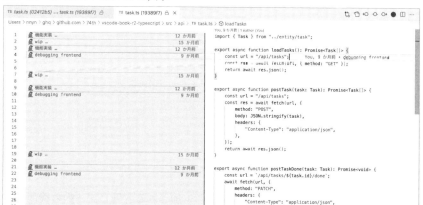

コミットごとのdiffの表示

　エディターの右上には、先ほど紹介した以外のアイコンも並んでいます。た とえば、矢印アイコン（図4-31の◆O O❯）は過去のコミットでの変更点をすばや く表示する機能を持っています。アイコンが表示されない場合には、表示する アイコンが多すぎて省略されている場合があります。⋮をクリックし、目的の 機能のテキストを選択するか、この箇所を右クリックして表示されるエディター アクションに表示する機能の選択メニューから不要な機能を解除してください

　最初に左側の矢印をクリックすると、現在の変更（index）と最新のコミットと のdiffが表示されます。もう一度クリックするとその最新コミットでの変更箇 所がdiffで表示され、さらにクリックを繰り返すと古いコミットへと順番にさ かのぼっていくことができます。逆に、右側の矢印をクリックした場合は新し いコミットへ移動します。

　また、矢印の間にある╺O╸をクリックすると、コミットIDのコピーや現在の ファイルとのdiffの表示、別ブランチを開いていた場合のコミットの適用など、 複数の機能が使えます（**図4-33**）。

図4-33：GitLensのコミットへのアクション

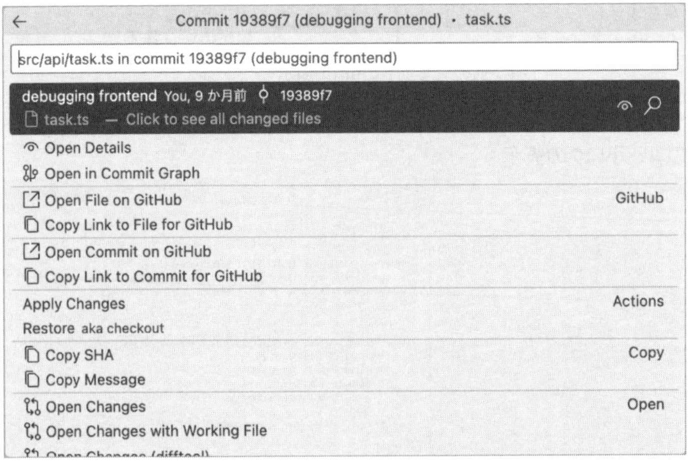

リポジトリの状態の表示

　続いて、GitLensをインストールすると追加される各種ビュー内の機能につ いて紹介します。

　ソースコントロールビュー中に表示されるRepositoriesビューには、リポジトリの状態がツリー状に表示されます（**図4-34**）。ブランチの一覧（Branches）のツリーを開くとそのブランチのコミットが一覧で表示され、さらに特定のコミットを開くと、そのコミットで変更されたファイルが表示されます。表示されない場合には、ソースコントロールビューのタイトル右にある•••をクリックし、ビューに表示する機能の選択メニューから、「Repositories」にチェックを入れてください。

図4-34：Repositoriesビュー

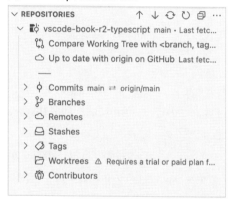

　Repositoriesビューには、以下の情報が表示されます。

- ⨎：現在のブランチのコミットの一覧
- ⌂：リモートブランチとの差分コミットの一覧
- ⇄：現在のブランチとほかのブランチを比較する
- **Branches**：ローカルブランチの一覧
- **Contributors**：コントリビュータごとのコミットの一覧
- **Remotes**：リモートブランチの一覧
- **Stashes**：スタッシュの一覧
- **Tags**：タグの一覧

　さらに、ツリーの各行には複数のアイコンが表示され、以下のような操作が可能です。

- ブランチ、タグのチェックアウト
- スタッシュの追加、適用、削除
- 追従するリモートへのプッシュ、プル
- リモートブランチと現在のワークスペースとの比較の表示
- ローカルブランチ、タグと現在のワークスペースとの比較の表示
- ブランチやコミットのGitHubのページを表示

　また、右クリックで表示されるメニューからもコミットや、ブランチにもとづくさまざまな操作ができます。

ファイルや行の履歴の表示

　GitLensをインストールすると、アクティビティーバーにGitLensのアイコンが追加され、GitLensビューが表示できます。このビューの中にあるFile HistoryビューおよびLine Historyビューには、エディターで表示しているソースコードやカーソルの位置にもとづいて、そのファイル、その行のコミットのログが表示されます（**図4-35**）。この機能はファイル単位のコミットログを追う場合に便利です。

図4-35：File History、Line Historyビュー

　また、コミットログをクリックすると、そのコミットの変更がエディター中

にdiffとして表示されます。

ブランチどうしの比較

　ブランチをマージするとき、マージの前にブランチ間の差分を確認したい場合があるでしょう。Repositoryビューの中のブランチを右クリックして表示されるメニューから「Compare with Head」を選択すると、Search & Compareビューが表示され、チェックアウトしなくても2つのブランチの差分を表示できます（図4-36）。

図4-36：ブランチとの差分の表示

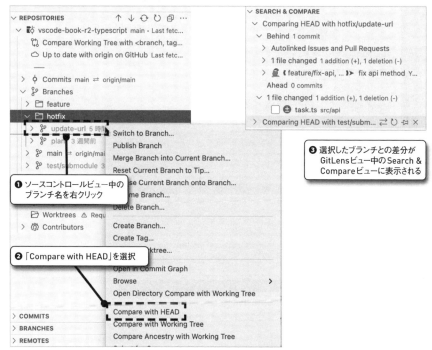

　たとえば、Search & Compareビューで任意のブランチを選択すると、選択したブランチ間の差分のファイル一覧が表示されます[注4]。

　現在チェックアウトされたブランチとの比較であれば、前述のRepositories

注4）　なお、現在のワーキングツリーとの比較であればRepositoriesビューのブランチを右クリックして「Compare with Working Tree」を選択することによっても表示できます。

ビュー、File History、Line History ビュー中のコミットのアイコンをクリック
することで、Serach & Compare ビューに表示されます。

コミットログの検索

GitLens ビュー中の Search & Compare ビューでは、作者、コミット ID、ファ
イル名などで、コミットを検索できます（**図4-37**）。検索項目をクリックすると、
検索対象とキーワードの入力を求められ、入力したキーワードでの検索結果が
ビュー中に表示されます。

図4-37：検索ビュー

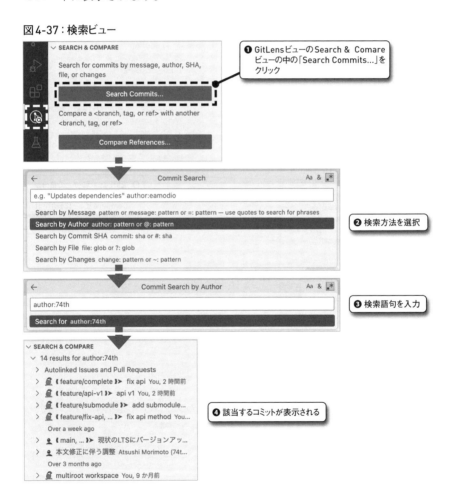

▶ Git Graph

続いて紹介する拡張機能「Git Graph」は、`git log --graph`に近いUIを提供する拡張機能です。各ブランチがどのコミットから分岐し、またはマージされたかどうかを確認できます（**図4-38**）。コミットを選択すると、そのコミットで変更されたファイルが表示されて、変更を追うことができます。

図4-38：Git Graph

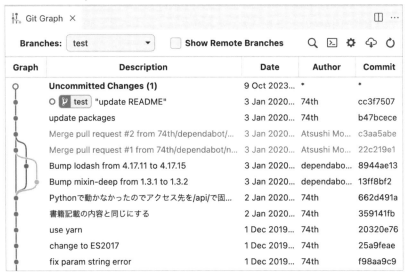

拡張機能ビューで「gitgraph」を検索するとGit Graphが上位に出てくるので、そこからインストールするとよいでしょう（**図4-39**）。

図4-39：Git Graphのページ

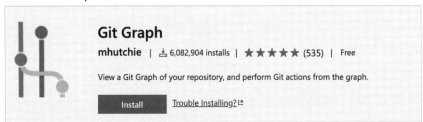

　Git Graphを開くには、ステータスバーに追加されるGit Graphボタンを押します。

　各コミットの行には、ブランチ名のマークが表示されます。リモートブランチの場合には「origin/master」のように、リモートリポジトリの名前とブランチ名とをスラッシュでつなげる形となります。ブランチをチェックアウトするには、このブランチ名のマークをダブルクリックします。ブランチをコミットを確認しながらチェックアウトできます。

　コミットの行をクリックすると、そのコミットで変更したファイルの一覧が表示されます（**図4-40**）。このファイル名をクリックすると、diffエディターが開き、変更内容を確認できます。

図4-40：コミットの変更一覧の表示

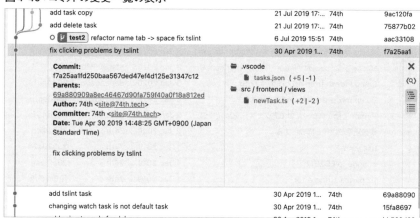

　筆者がよく使う操作はチェリーピックです。チェリーピックとは、別のブランチのコミットを、現在のブランチに追加する操作です。Git Graphを使ってチェリーピックを行うには、チェリーピックしたいコミットの行を右クリックします。すると「Cherry Pick ...」という項目が表示されるので、それを選択します（**図4-41**）。

図4-41：チェリーピックの操作

　以上、VS CodeでGitをさらに便利にする2つの拡張機能を紹介しました。GitLensもGitGraphも、複雑なGitの操作を手軽に行えるようにしてくれます。ぜひ活用してみてください。

## 第5章

デバッグ機能
さまざまな言語のデバッグを直感的なUIで行う

　VS Codeの特徴のひとつは、多くのプログラミング言語で使えるデバッグ機能を持っていることです。

　デバッグ機能は非常に便利です。たとえばソースコード中にプログラムの実行を中断させるブレークポイントを設定すると、その行でプログラムを一時停止させられます。また、一時停止した際のプログラムの変数の中身を確認したり、1行ずつ実行するステップ実行も可能です。これにより、プログラムがプログラマーの意図と異なる動きをする原因を突き止められます。

　VS Codeでは異なるプログラミング言語であっても共通のUIでデバッグを行うことができます。デバッグの設定も、.vscode/launch.jsonという設定ファイルで統一的に記述できます。ただし、プログラミング言語によってはサポートしていない機能があるので気をつけてください。

　本章ではデバッグ機能の使い方と設定について解説します。

Visual Studio Codeのデバッグの仕組み

　VS Codeはさまざまな言語のランタイムをデバッグ実行する仕組みを持っていますが、デバッグ実行に必要なすべての機能がVS Codeの内部に備わっているわけではありません。gdbやChrome Developer Toolsなど、言語やプラットフォーム特有のデバッガーがVS Codeの内部で実行されます。

　こうしたデバッガーとVS Codeとを仲介するプログラムをデバッグアダプタと呼びます。そして、デバッグアダプタとVS Codeの間には、デバッグアダプタプロトコル（DAP）という仕様が定められています[注1]。

注1） https://microsoft.github.io/debug-adapter-protocol/

　各言語の拡張機能がこのプロトコルに従うデバッグアダプタを提供すれば、その言語のプログラムをデバッグできるようになります（**図5-1**）。この仕組みを用いることで、VS Codeでは言語やプラットフォーム特有のデバッガーを意識することなくデバッグ機能が利用できるようになっています。

図5-1：デバッグの仕組み

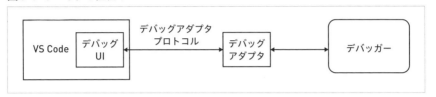

　VS Codeにはデバッグのための機能が多くありますが、デバッグアダプタプロトコルの実装状況は拡張機能によってまちまちです。本書で紹介するデバッグ機能が、すべての言語、プラットフォームにおいて利用できるわけではないことに注意してください。

　なお、各言語、プラットフォームでの実装状況や、設定方法について、筆者は以下のサイトにまとめています。

🔗 https://vscode-debug-specs.github.io

　また、筆者が上記の情報を日本語でまとめた技術同人誌[注2]もあります。本書に記載していない言語でのデバッグが必要になった場合に参考にしていただければと思います。

デバッグの流れ

　デバッグを実行する流れは以下のとおりです。

1. デバッグ設定のテンプレートを選択し、.vscode/launch.json を作成・編集する
2. ソースコードからブレークポイントを設定する

注2）『VS Codeデバッグ技術 2nd Edition』2021年

3. デバッグビューからデバッグ設定の名前を選択し、デバッグを開始する

4. VS Codeがデバッグモードになってプログラムが開始され、デバッグビューとステップ実行のボタンが表示される

5. ブレークポイントでプログラムが停止するので、デバッグビューでブレークポイントにおける変数などを確認する

6. ステップ実行のボタン「ステップイン」「ステップオーバー」を使い、プログラムを1行ずつ実行する

7. ステップ実行の「続行」のボタンを使い、次のブレークポイントまでプログラムを実行する（5.に戻る）

8. プログラムが終了すると、デバッグモードが解除される

　VS Codeのデバッグ機能は、デバッグの開始方法ひとつとっても、ユニットテストを実行するもの、プログラムを走らせるもの、起動済みのプロセスにアタッチするものなど複数あります。そして、環境変数、引数などの設定も必要になります。VS Codeでは、こうしたデバッグの設定をプロジェクトルートにある.vscode/launch.jsonに記述し、設定の名前を指定してデバッグを起動します。

　本節では、デバッグ全体の流れについて簡単に説明します。各種ボタンなどのデバッグビューのUIやブレークポイントについては次節で、launch.jsonについてはその次の「デバッグの設定」で解説しますので、まずは大まかな流れをつかんでください。

▶launch.jsonの作成と編集

　.vscode/launch.jsonを作成する際には、デフォルトで用意されている言語ごとのテンプレートを利用するとよいでしょう。デバッグビュー内にある「launch.jsonファイルを作成します（crate a launch.json file.）」の文字を最初にクリックしたときに、利用するデバッガを選択するポップアップが表示されるので、目的のものを選択してください（**図5-2**）

図5-2：利用するデバッガの選択

```
デバッガーの選択
Go
Node.js
Python
Web アプリ (Chrome)
Web アプリ (Edge)
拡張機能をインストールする...
```

なお、このポップアップは.vscode/launch.jsonが作られていない場合のみ表示されるため、意図しない言語を選択してしまった場合は、誤って作成した.vscode/launch.jsonを削除する必要があります。また、拡張機能をインストールしたにもかかわらず目的の言語が項目に表示されない場合は、一度その言語のソースコードを開いたあとに再度操作してみてください[注3]。

launch.jsonの記述方法は、プログラミング言語、プラットフォームによって異なります。したがって、プログラミング言語ごとの具体的な内容は拡張機能のREADMEやドキュメントを読みながら進める必要があります。ただ、1つのソースコードで完結するデバッグであれば、このテンプレートだけでデバッグができることも多いです。

launch.jsonの記述方法のうち、プラットフォーム共通の内容は本章の後半で説明します。また、個別のプログラミング言語のうちJavaScript/TypeScript、Python、Goでの記述方法については第2部で解説しますので、そちらも参照してください。

▶ブレークポイントの設定

launch.jsonを編集したあとは、ソースコードにブレークポイントを設定します。ブレークポイントとは、デバッガーによってプログラムの進行を特定の箇所で一時停止させるソースコードの位置のことです。

ブレークポイントを設定するには、ソースコード中で F9 キーを押すか、ソースコードの左端をクリックします（**図5-3**）。ブレークポイントには複数の種類

注3) ソースコードを表示したときに拡張機能が起動されるよう遅延実行の仕組みにより、まだ拡張機能が起動していない可能性があります。

があり、それについては次節で説明します。

図5-3：ブレークポイント

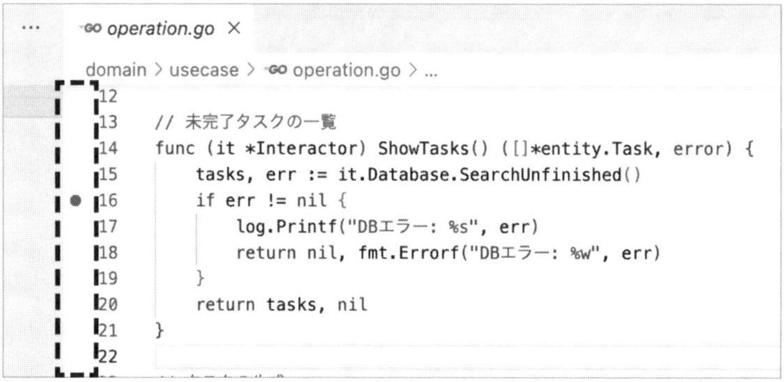

```
···    ∞ operation.go  ×
       domain > usecase > ∞ operation.go > ...
    12
    13     // 未完了タスクの一覧
    14    func (it *Interactor) ShowTasks() ([]*entity.Task, error) {
    15        tasks, err := it.Database.SearchUnfinished()
 ● 16        if err != nil {
    17            log.Printf("DBエラー: %s", err)
    18            return nil, fmt.Errorf("DBエラー: %w", err)
    19        }
    20        return tasks, nil
    21    }
    22
```

▶デバッグの開始

デバッグを開始するときは、デバッグビューのデバッグの設定の名前をプルダウンから選択し、開始ボタンを押します(**図5-4**)。

図5-4：デバッグ設定の名前と、開始ボタン

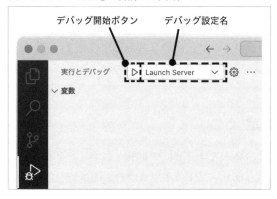

また、プログラミング言語やプラットフォームによっては、ユニットテストを行う関数をソースコードから抽出し、コードレンズによってデバッグ開始ボタンをソースコード中に表示するものもあります(**図5-5**)。

図5-5：コードレンズによるデバッグ開始ボタン

```
   15    }
   16

         run test ┆ debug test
   17    func TestCreateTask(t *testing.T) {
   18        it := newInteractor()
   19

   20        tasks, err := it.ShowTasks()
   21        if err != nil {
   22            t.Error("エラーが返らないこと")
   23            return
   24        }
```

▶ステップ実行、変数の参照

デバッグを開始すると、ステップ実行を行うボタンが表示され、デバッグモードであることがわかるようにステータスバーの色が変わります（**図5-6**）。

図5-6：デバッグ実行中

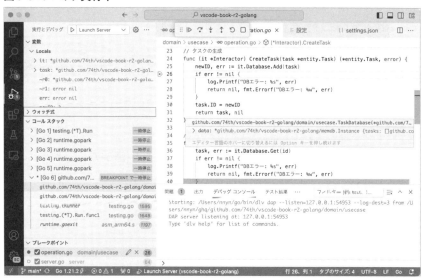

ブレークポイントでプログラムが停止すると、左側のデバッグビューに変数やスタックトレースなどの情報が表示され、ステップ実行のボタンが使えるようになります。 ステップ実行とは、次の行に進む「ステップオーバー」や、その

行の関数の中に進む「ステップイン」を繰り返して、プログラムを1行ずつ実行させることです。このステップ実行を繰り返し、変数を参照しながら、プログラムが意図と異なる動作をしている原因を探ります。このとき、必要に応じて別のブレークポイントを設定することも可能です。

　また、パネルのデバッグコンソールタブに実行中のプログラムのログが出力されます。これらデバッグモード中に使うデバッグUIについては、次節で説明します。

　なお、デバッグの実行中にはコードを修正できません。プログラムが終了したり、ステップ実行のボタンの「切断」を押すと、デバッグモードが終了します。

デバッグUI

　ここまででデバッグを開始してデバッグモードになり、デバッグモードが終了するまでの基本の流れを説明しました。本節では、デバッグモードのときに使えるすべてのデバッグUIを紹介します。

　繰り返しますが、これらの機能がすべてのプログラミング言語、プラットフォームで利用できるわけではありませんので注意してください。

▶画面構成

　デバッグ機能のためのUIは、サイドバーのデバッグビューだけではなく、エディターやデバッグコンソールパネルにも存在します（**図5-7**）。それぞれのデバッグUIは以下ような機能や表示内容を持っています。

図5-7：デバッグUIの画面構成

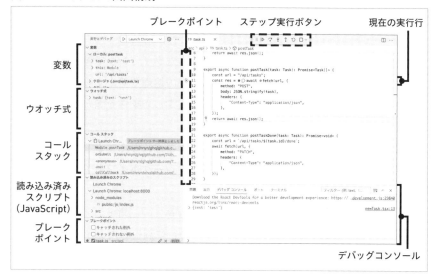

- **ステップ実行ボタン**：ステップ実行を行う
- **エディター**
  - **ブレークポイントマーク**：コードにブレークポイントを設定する
  - **行のハイライト**：ステップ実行で停止している行を表示する
  - **コード上の変数のポップアップ**：現在の変数の値を表示する
- **デバッグビュー**
  - **変数**：現在の変数の値を表示する
  - **ウォッチ式**：ステップ実行毎に評価式を実行して、その結果を表示する
  - **コールスタック**：ステップ実行で関数を呼び出しているもとの関数をリストで表示する
  - **読み込み済みスクリプト**：デバッガーが読み込んでいるスクリプトを表示する
  - **ブレークポイント**：設定したブレークポイントをリスト表示する
- **デバッグコンソールタブ**：ログを表示する。また、評価式を実行する

▶ブレークポイント

まずは行番号の左側や、ブレークポイントパネルに表示されるブレークポイ

ントについて説明します。VS Codeで使えるブレークポイントには、以下の5種類があります。

- **通常のブレークポイント**：処理が行に到達したタイミングで停止する
- **インラインブレークポイント**：行の中の一部の処理で停止する
- **条件付きブレークポイント**：変数や状態が指定した条件を満たした場合に停止する
- **関数ブレークポイント**：関数が呼び出されたときに停止する
- **そのほか、「すべての例外」など言語特有のブレークポイント**

　通常のブレークポイントは、エディターの行番号の左側をクリックすることで設定できます（**図5-8**）。これは、処理がその行に到達したタイミングで処理を止めるためのブレークポイントです。

図5-8：行のブレークポイント

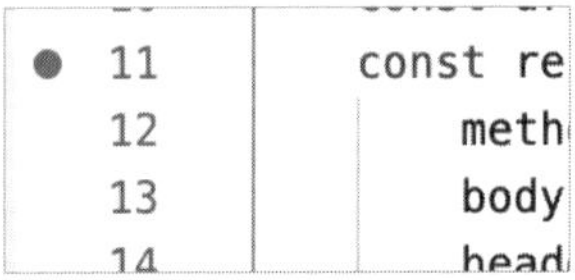

　また、入れ子になった関数や;で区切られたC言語のfor文など、1行に複数の処理が記述されている場合に、その一部の処理につけるブレークポイントをインラインブレークポイントといいます。これを設定するには、設定したい場所にカーソルを当てた状態で「 Shift + F9 」を押すか、メニューから「デバッグ」→「新しいブレークポイント」→「インラインブレークポイント」を選択します（**図5-9**）。もしくは、デバッグ実行中にソースコードの該当箇所を右クリックして、「インラインブレークポイントの追加（Add Inline Breakpoint）」を選択することでも設定できます。そして、インラインブレークポイントを解除する場合は F9 を押します。

図5-9：インラインブレークポイント

```
  9    export async function postTask(task: Task): Prom
 10        const url = "/api/tasks";
●11        const res = ● await ● fetch(url, {
 12            method: "POST",
 13            body: JSON.stringify(task),
 14            headers: {
 15                "Content-Type": "application/json",
 16            },
 17        });
```

　ブレークポイントの中でも、変数が特定の値になったときや、指定した回数通過したときに停止させるブレークポイントを、条件付きブレークポイントといいます。条件付きブレークポイントを設定するには、エディターのブレークポイントを設定するエリアで右クリックメニューを呼び出し、「条件付きブレークポイントの追加」を選択します（**図5-10**）。

図5-10：ブレークポイントを右クリックして表示されるメニュー

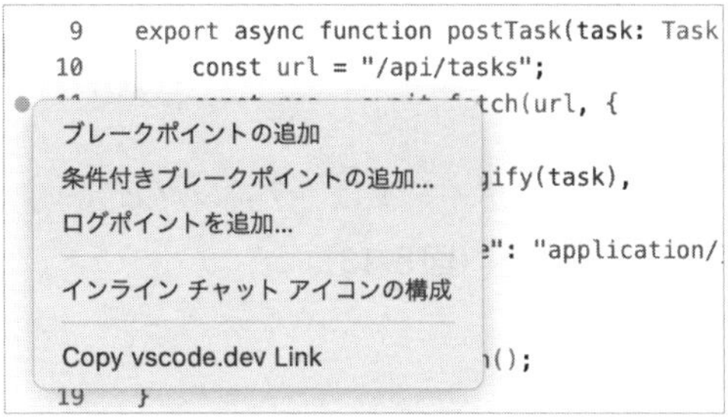

```
  9    export async function postTask(task: Task
 10        const url = "/api/tasks";
●11        const res = await fetch(url, {
     ブレークポイントの追加
     条件付きブレークポイントの追加...        ify(task),
     ログポイントを追加...
                              ": "application/
     インライン チャット アイコンの構成

     Copy vscode.dev Link                ();
 19    }
```

　条件付きブレークポイントには、評価式とヒットカウントの2種類の条件が設定できます。ポップアップで表示される左端のドロップダウンリストで、評価式とヒットカウントを切り替えられます。

　評価式を使った条件付きブレークポイントでは、if文に記述するような評価式をコード中の変数を使って設定します（**図5-11**）。そうすると、評価式が満たされる（trueになる）場合のみ、この行で停止するようになります。

図5-11：評価式を使った条件付きブレークポイントの設定

```
   20
   21    export async function postTaskDone(t
●  22        const url = ● `/api/tasks/${task
┌──────────────┐
│ 式      ∨    │  task.id == 2
└──────────────┘
   23        await fetch(url, {
   24            method: "PATCH"
```

　ヒットカウントの条件付きブレークポイントでは、数値を指定して、プログラムのその行が数値の回数だけ実行された場合に停止するようにできます（**図5-12**）。for文で、2回目の実行のときや最後の実行のときに、プログラムを停止させたい場合に利用できます。

図5-12：ヒットカウントの条件付きブレークポイントの設定

```
   27        result := []*entity.Task{}
   28        for _, task := range s.tasks {
●  29            if !task.Done {
┌──────────────┐
│ 式      ∨    │  10
└──────────────┘
   30                result = append(result, ta
```

　このようにエディター内で設定したブレークポイントは、デバッグビュー内のブレークポイントビューに一覧で表示されます（**図5-13**）。

図5-13：ブレークポイントビュー

　ブレークポイントビューでは、ブレークポイントの一覧が表示されるほか、Pythonであれば「キャッチされない例外（Uncaught Exception）」ブレークポイントなど、言語特有のブレークポイントが設定できます。また、対応している拡張機能に限り、特定の関数名をブレークポイントにする関数ブレークポイントを設定することもできます。

　以下にブレークポイントビューに表示されるアイコンの機能を挙げます。

- ・十：関数ブレークポイントの追加
- ・●：ブレークポイントの一括有効化／無効化
- ・🗙：ブレークポイントの一括削除

▶ステップ実行

デバッグを開始すると、エディターの上部にステップ実行のボタンが表示されます。プログラムがブレークポイントで停止した状態で、次にステップ実行する処理をボタンで指示できます。

それぞれのアイコンの機能は以下のとおりです。キーボードショートカットでも操作できますので、必要に応じて使ってみてください。

アイコン	キーボードショートカット	機能名	機能
▷	`F5`	続行	次のブレークポイントで停止するまで処理を継続する
↷	`F10`	ステップオーバー	現在の行の処理を実行し、次の行で停止する
↓	`F11`	ステップイン	現在の行の実行が関数の場合、その関数の中でのステップ実行に進む
↑	`Shift`+`F11`	ステップアウト	現在実行中の関数を終わるまで進め、呼び出し元の関数で停止する
‖	`Shift`+`F5`	中断	ブレークポイントで停止していない状態のときに、現在実行中の処理をブレークポイントと同様に中断させる
↺	macOS：`⌘`+`Shift`+`F5`、Windows／Linux：`Ctrl`+`Shift`+`F5`	再起動	デバッグ実行しているプログラムを再起動する
□	`Shift`+`F5`	停止	デバッグ実行しているプログラムを停止する
⚡		切断	アタッチしているデバッグを切断する

複数のデバッグを同時に実行している場合、ステップ実行のボタンの右側にデバッグ設定の名前が表示されます（**図5-14**）。これらを切り替えることで、各ビューに表示されるデータインスペクションの情報を切り替えられます。

図5-14：複数のデバッグを実行している場合のステップ実行のボタン

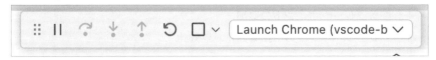

▶データインスペクション

　ブレークポイントやステップ実行でプログラムが停止しているときに、各変数の値を確認したり更新したりすることを、データインスペクションといいます。ブレークポイントでプログラムが停止するまでは何も表示されていませんが、ブレークポイントに到達してプログラムが停止すると、その時点の変数や呼び出している関数の一覧が表示されます。VS Codeには複数のデータインスペクションの機能があります。

　まず、デバッグビュー内に表示される変数ビューでは、ブレークポイントに到達したときのローカル変数やグローバル変数の値が表示されます（**図5-15**）。

図5-15：変数ビュー

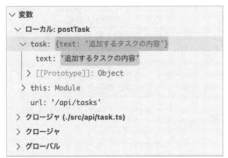

　デバッグビュー内にあるコールスタックビューでは、その時点で呼び出している関数の階層が一覧できます。このコールスタックの行を選択すると、変数ビュー、ウォッチ式のローカル変数などのコンテキストが、そのコールスタックの関数によるものに変わります。

　また、言語によっては、変数ビューの変数の値をクリックして、変数を直接書き換えられます（**図5-16**）。

図5-16：変数ビューの値を書き換える

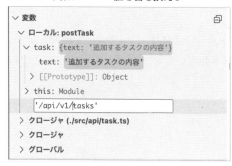

さらにデバッグビューには「ウォッチ式」ビューという機能もあり、これには任意の評価式が入力でき、その評価式の結果を見ることができます（**図5-17**）。

図5-17：ウォッチ式ビュー

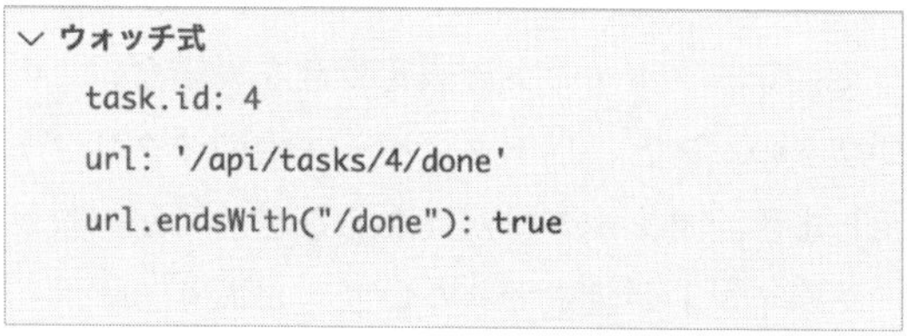

```
∨ ウォッチ式
    task.id: 4
    url: '/api/tasks/4/done'
    url.endsWith("/done"): true
```

以上はデバッグビューの機能でしたが、データインスペクションの機能はエディターの中にもあります。データインスペクションが可能なブレークポイントでの停止中にソースコード中の変数にポインタを合わせると、その変数の値がポップアップで表示されます（**図5-18**）。この値は、ステップ実行でその行を通過したときの値ではなく、現在その変数に格納されている値となります。

図5-18：ソースコード中のデータインスペクション

```
15                content-type : application/json ,
16        },
17    });                        {id: 4, text: '追加するタスクの内容'}
18    return await res.json();       id: 4
19 }                                 text: '追加するタスクの内容'
20                              > [[Prototype]]: Object
21 export async function postTask  エディター言語のホバーに切り替えるには Option キーを押し続けます
22    const url = `/api/tasks/${task.id}/done`;
23    ▷ await ●fetch(url, {
24          method: "PATCH",
```

109

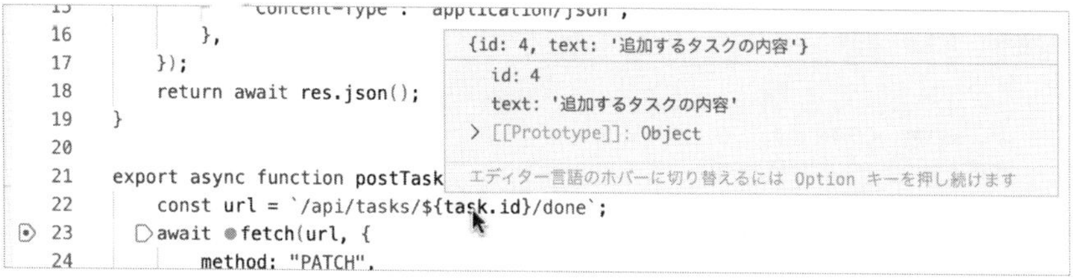

▶読み込み済みのスクリプト

　続いてデバッグビュー内の「読み込み済みのスクリプト」ビューを紹介します。ここには、現在のデバッグ実行で展開されているスクリプトがツリー形式で表示されます（**図5-19**）。

図5-19：読み込み済みスクリプトビュー

　あるスクリプトに対して正しくブレークポイントを設定できない場合、このビューに表示されているスクリプトのパスと、ワークスペース内のスクリプトのパスが一致しているかを確認します。フォルダーが異なるなどパスが一致しない場合、それが原因でブレークポイントが設定できないことがあります。

▶デバッグコンソールタブ

　デバッグ実行時には、プログラムの出力がパネルのデバッグコンソールタブに表示されます。デバッグコンソールには評価式を入力する箇所があり、変数やコード上と同じような命令文である評価式を実行することで任意の変数の中身を確認したり、関数を実行したりできます（**図5-20**）。

図5-20：パネルのデバッグコンソールタブ

この評価式によるログの出力を、指定した行で毎回行うようにもできます（**図5-21**）。エディター内の行番号の左側を右クリックし、「ログポイントを追加...」を選択して評価式を入力します。この機能を使えば、ログの出力のためにプログラムにプリント文を追加する必要がありません。

図5-21：ログポイントのログ

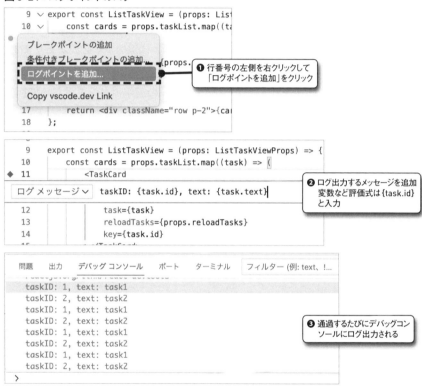

デバッグの設定

前節ではデバッグ実行中の操作を解説しました。本節ではそのための準備である設定ファイルのlaunch.jsonについて説明します。ただし、ここで解説する

のは、プラットフォーム共通の設定のみです。個別のプログラミング言語のうち JavaScript/TypeScript、Python、Go での記述方法については第2部で解説しますので、そちらも参照してください。

　デバッグとひとくちにいっても、プログラムを実行するもの、プロセスにアタッチするものなど、さまざまなケースがあります。launch.json はそれらのさまざまなデバッグ設定に対応できるようになっています。

▶デバッグ設定の基本

　デバッグの設定ファイルは、ワークスペースごとに追加する必要があります。その設定は、.vscode/launch.json という JSON ファイルに記述します。

　本章の最初に説明したとおり、デバッグビューの設定ボタンをはじめて押したとき、テンプレートを使って最初の launch.json を作成できます。このテンプレートには、選択した言語の代表的なデバッグ方法の設定がすでに記述されています。これをもとに、プロジェクトに合わせて設定を変更したり、新しい設定を追加したりします。

　では、サーバーサイド JavaScript ランタイムである Node.js のプログラムのデバッグを例に、プラットフォーム共通の記述方法を説明します。以下のコードを見てください。

```
// .vscode/launch.json
{
  "version": "0.2.0",
  "configurations": [
    {
      // サーバーの起動
      "name": "Launch Program",
      "type": "node",
      "request": "launch",
      "program": "${workspaceFolder}/bin/server.js",
      "args": []
    },
    {
      // ユニットテスト
      "name": "Mocha Tests",
      "type": "node",
      "request": "launch",
      "program": "${workspaceFolder}/node_modules/mocha/bin/_mocha",
      "args": [
        "-u",
        "tdd",
```

```
    "--timeout",
    "999999",
    "--colors",
    "${workspaceFolder}/out/tests/model/task/repository_test.js"
  ],
  "env": {
    "NODE_PATH": "${workspaceFolder}/out",
  },
}
 ]
}
```

　launch.jsonには、"configurations"内のJSONオブジェクトの配列という
形で複数のデバッグ設定を記述できます。この例では、サーバープログラムbin/
server.jsを実行する設定と、JavaScriptのユニットテストフレームワークであ
るMochaを実行する設定の2つがデバッグの対象として記述されています。ま
た、このJSON中にはJavaScriptのコメントを記述できます。

　それぞれの設定項目について見ていきましょう。

　まず、デバッグ設定の名前を"name"に記述します。これは、デバッグビュー
のデバッグ開始ボタンの右に表示されるデバッグ設定の名前として使われます。

　デバッグに用いる拡張機能が指定する名称を"type"に記述します。Node.js
の場合には"node"を使います。ここで使う名称は、拡張機能のREADMEを参
照したり、テンプレートや後述するスニペットから流用したりします。

　"request"には、プログラムを起動する場合に"launch"を、すでにあるプ
ロセスに接続する(アタッチするという)場合に"attach"を指定します。ただ
し拡張機能によっては、アタッチする場合でも"launch"を指定することがあ
ります。詳しくは各拡張機能の説明を確認してください。

　"program"には、起動するプログラムを記述します。プログラムといっても、
Node.jsのnodeのようにランタイムプログラムを記述するのではなく、ランタイ
ムプログラムで実行するソースコードを指定することに注意してください。多く
のケースではワークスペース内のソースコードを参照することになるでしょう。

　なお、デバッグ設定では相対パスではなく、必ず絶対パスで記述する必要があ
ります。その場合、パスの指定にはワークスペースのフォルダーのパスに置換さ
れる変数である${workspaceFolder}を使うことができます。たとえば、ワーク
スペース内にあるbin/server.jsを実行したい場合、"${workspaceFolder}/bin/
server.js"と記述します。

　さて、Mochaの例に注目してください。この "program" には、Mochaで実行するテストコードではなく、ランタイムプログラムnodeで実行するMochaのエントリープログラムである "${workspaceFolder}/node_modules/mocha/bin/_mocha" を指定しています。そして、Mochaを実行するときに指定する引数を "args" に記述します。Mochaの場合、テストするソースコードは引数で指定します。

　また、実行時に環境変数を指定する必要がある場合には、"env" に記述します。Mochaの例では "NODE_PATH" を追加しています。一方、環境変数の設定ファイルとして使われるdotenvと呼ばれるファイルを使うこともできます。dotenvファイルとは、以下のような "環境変数名=値" の形式で記述したテキストファイルです。

```
AWS_ACCESS_KEY_ID=XXXXXXXXXXXXXXXXXXXXX
AWS_SECRET_ACCESS_KEY=XXXXXXXXXXXXXXXXXXXXXXXXXXXXXXXXXXXXXXXXX
AWS_DEFAULT_REGION=ap-northeast
```

　このファイルをファイル名を .env としてワークスペース内に配置し、ファイルのパスを "envFile" に記述します。この方法はクレデンシャルなどの秘匿情報をlaunch.jsonに記述せずにすむためよく使われます。

▶デバッグ設定のスニペットとコード補完

　このようなデバッグ設定をlaunch.jsonに書いていくのはそれなりに大変です。launch.jsonには、本章の最初に述べたテンプレートのほかに、記述を楽にしてくれるスニペットが提供されています(**図5-22**)。このスニペットの呼び出し方は、launch.jsonの編集画面で「構成の追加(Add Configuraton...)」ボタンを選択し、表示されるスニペットの一覧から目的のスニペットを選択するだけです。デバッグの設定には、タイプごとに必須項目があります。設定を追加する場合には、スニペットでデバッグ実行の種類を選択し、それから必要な項目を書き換えるとよいでしょう。

図5-22：デバッグ設定のスニペット

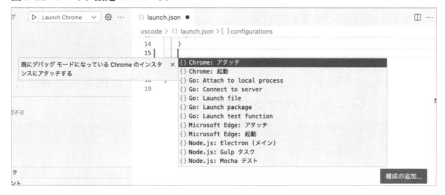

また、launch.jsonで設定すべき項目は、使用する拡張機能によって異なります。typeで使用する拡張機能を指定したあとは、コード補完のキー（ Ctrl + Space ）を押せば拡張機能に応じた候補が表示されます。

さらに、設定項目をマウスオーバーすると、その項目のヘルプが表示されます。拡張機能のREADME、もしくはこうしたマウスオーバーのヘルプなどをもとに、設定を記述していきます。

▶launch.jsonでよく使われる項目と変数

最後に、よく使われる設定項目について、箇条書きでまとめます。本章ではこのうちの一部しか紹介していませんが、第2部の具体例で使っている項目もあるので、必要に応じて再びここを参照してください。

- **"name"**：設定の名称。デバッグビュー中のドロップダウンリストに、起動するデバッグ設定の名前として表示される
- **"type"**：デバッグする言語、環境の種類。使う拡張機能が指定する名称を記述する
- **"request"**：デバッグ開始時にプロセスを起動する "launch" か、起動中のプロセスにデバッガーを接続する "attach" のどちらかを選択する。拡張機能によっては、"launch" を指定してプロセスへのアタッチを行うものもあるため、どちらを指定するかは拡張機能のREADMEに従う必要がある
- **"program"**：実行するプログラム。ここでは "python" と言ったランタイムで

115

はなく、"script.py" といったプログラムを指定する

- **"args"**：プログラム実行の引数
- **"cwd"**：プログラムを実行するときの作業フォルダー
- **"env"**：環境変数。null を指定した場合、その環境変数は削除される
- **"windows"** ／ **"osx"** ／ **"linux"**：OS ご と の 設 定。既 存 の 設 定 を 上 書 き す る。"args" に限り、既存の設定の後ろに追加される
- **"useWSL"**：Windows で、かつ Windows Subsystem for Linux 上で実行する場合、true を設定する
- **"console"**：デバッグをどのコンソール上で起動するか
  - **"internalConsole"**：パネルのデバッグコンソールタブで実行される（デフォルト値）
  - **"integratedTerminal"**：パネルのターミナルタブのターミナルで実行される
  - **"externalTerminal"**：外部ターミナルで実行される。実行するターミナルは設定ファイル（settings.json）の "terminal.external.osxExec"、"terminal.external.windowsExec"、"terminal.external.linuxExec" で設定できる
- **"internalConsoleOption"**：デバッグ開始時にパネルをデバッグコンソールタブに切り替えるかどうか
- **"preLaunchTask"**：デバッグ実行の前に実行するタスク。ビルドのタスクなどを指定する
- **"postDebugTask"**：デバッグ実行の終了時に実行するタスク

また、launch.json では次の変数を使うことができます。

- **ワークスペースのフォルダーに関する変数**
  - **${workspaceFolder}**：絶対パス
  - **${workspaceFolderBasename}**：ディレクトリー名
- **現在エディターで開いているファイルに関する変数**
  - **${file}**：絶対パス
  - **${relativeFile}**：ワークスペースからの相対パス
  - **${fileBasename}**：ファイル名
  - **${fileBasenameNoExtension}**：ファイル名から拡張子を除いたもの

- **${fileDirname}**：ディレクトリー名
- **${fileExtname}**：拡張子
- **そのほかの変数**
  - **${cwd}**：事前実行のタスクの起動したディレクトリー
  - **${lineNumber}**：デバッグを実行した行番号
  - **${env.NAME}**：任意の環境変数（NAMEは必ずすべて大文字とする必要がある）
  - **${config:Name}**：settings.json内の「Name」の設定値

　本章の冒頭で紹介した、筆者がメンテナンスしているサイトと書籍には多くの言語でのデバッグの実例を掲載しているため、デバッグの設定で困った場合にはそちらも参考にしてもらえればと思います。

---

column　現在開いているファイルをデバッグする

　現在開いているファイルが実行可能なファイルであったり、ユニットテストであったりする場合、そのファイルに対してデバッグを実行したいこともあるでしょう。

　たとえばJavaScriptのユニットテストフレームワークであるMochaの場合、launch.json内に以下のような設定を加えることで、開いているユニットテストのファイルを直接実行してデバッグできます。

```
{
  "name": "Mocha Tests",
  "type": "node",
  "request": "launch",
  "program": "${workspaceFolder}/node_modules/mocha/bin/_mocha",
  "args": [
    "${file}"
  ],
}
```

　ここで、"args"内において、開いているファイルを変数${file}で参照していることに注目してください。これは、引数に現在開いているファイル名を指定してMochaを実行することに対応しています。

第6章

そのほかの機能
タスク、リント、スニペット、ターミナル

　本章では、ここまで紹介してこなかった標準機能である「タスク」「リント（静的解析）」「スニペット」「ターミナル」について解説します。

　タスク機能によって、ビルドやテスト、リントの実行をVS Code内から実行できます。また、スニペットにはよく使う構文を登録すると、短いキーワードで瞬時に構文が呼び出せるようになります。シェルで実行する開発ツールと親和性の高いターミナルについても使いこなせるようになるとよいでしょう。

タスク機能

　ソフトウェアの開発では、複数のソースコードからなる依存関係のあるプログラムをビルドするために、その関係に沿った順序でビルドする必要があります。このような依存関係の解決には、Makeなどのタスクランナーが用いられています。また、ビルド以外にも、リントやユニットテスト、試験環境へのデプロイなどにおいても、異なる複数のツールを実行をとりまとめるために、Gulpやnpm scriptなどのタスクランナーが使われています。

　VS Codeには、macOS、Windows、Linuxのいずれの環境でも実行できるタスクランナーが備わっています。VS Codeのタスクランナーの特徴は主に次のとおりです。

- npm script、Gulpなど既存のタスクランナーをすでにワークスペースに含んでいる場合、タスクを検出して実行できる
- .vscode/tasks.jsonにシェルコマンドを記述して、バックグラウンドで実行できる
- 複数人でもタスクを記述でき、タスク間の依存関係を記述できる
- macOS、Windows、Linuxの環境ごとにコマンドを設定でき、macOS／Windows／Linuxの3環境を1つの設定ファイルで記述できる

- リントツールなどのエラー時の出力から、ソースコードのエラー箇所を示す記述を抽出し、ソースコード中やパネルの問題タブに列挙できる
- タスクをビルド、テストの2つのグループにグルーピングでき、それぞれのグループを実行するコマンドがある
- ソースコードの変更をウォッチするビルドツールなど、プロセスとして動作するタスクも記述できる

VS Code は npm script、Gulp、Make といったタスクランナーを検知して、VS Code上でタスクとして実行できるようにする機能(タスクプロバイダ)を持っています。対応するタスクプロバイダは、拡張機能によって増やすことができます。VS Code がすでにシェルコマンドで動作するタスクランナーを導入しているならば、そのタスクランナーのタスクプロバイダを持つ拡張機能をインストールすれば、VS Code からタスクランナーを呼び出せます。

▶タスク機能の使いどころ

対応するタスクプロバイダがない場合などでも、VS Code にあるターミナル機能を使って、そのタスクランナーのコマンドを実行できます。もしそれで十分であれば、新しくVS Code でタスク機能を使う必要はありません。別のタスクランナーからVS Code のタスク機能に移行するとすれば、その動機は以下のようなものでしょう。

- ソースコードの変更をウォッチするビルドツールがあり、バックグラウンドで実行したい
- コードのリントツールなど、ソースコードを保存したときに即座に実行したいタスクがあり、そのエラーをソースコード中に表示したい
- 複数のツールにまたがるタスクの依存関係を解決したい
- Windows、macOS など異なる OS での開発が必要であり、1つのタスクランナーで両者を管理したい

あまり高性能とはいえないタスク機能ですが、コードを記述しながら何度も実行したいリントや、ユニットテストの実行、バックグラウンドで動作するツールを自動的に実行することには適しています。

　それでも以下のような複雑さをもつタスクを実行したい場合には、VS Code のタスク機能では不十分です。

- CIサーバーなど、VS Code を実行しない環境でも実行したい場合
  - VS Codeのタスクは VS Code なしには実行できないため
- 1つのコマンドの出力をパイプでつなぎ、別のコマンドを実行したい場合
- 複数のタスクに依存関係があり、（Makeのように）成果物を管理したり、条件によりスキップしたいタスクがある場合
  - VS Codeのタスク機能が成果物の管理や実行条件の設定ができないため

　これらの場合には、別のタスクランナーを採用するか、シェルスクリプトに記述して、それをタスクとして呼び出すようにすることをおすすめします。

▶タスク機能の使い方

　タスク機能の使い方は簡単です。コマンド「タスク：タスクを実行（Task: Run Task）」を実行すると、自動認識するタスクランナーの一覧（および、設定ファイル tasks.jsonで構成されたタスク）が一覧で表示されるので、そこからタスクを選択するだけで実行できます（**図6-1**）。

図6-1：検出されたタスクランナーの一覧とその実行方法

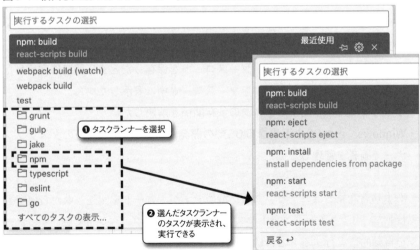

　タスクを選択すると、パネルのターミナルタブの中でタスクのコマンドが実行され、タスク実行の出力（結果）が表示されます（**図6-2**）。また、問題マッチャーという機能を使うと、コマンドの出力からエラーを検出し、パネルの問題タブやソースコード中にエラーが表示されます。問題マッチャーについては、次節で詳しく解説します。

図6-2：タスクの出力

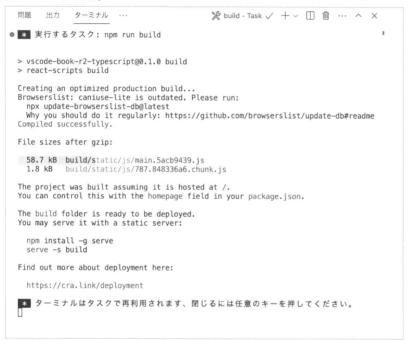

　なお、タスクの実行が継続しているときには、ステータスバーに実行中のタスクの数が表示されます（**図6-3**）。このアイコンをクリックすると、実行中のタスクの一覧が表示されます。

図6-3：ステータスバーのタスク表示

　常駐型のタスクやビジーとなったタスクを終了させるには「タスク：タスクの終了（Task: Terminate Task）」を実行します。なお、すでに実行中のタスクを実行しようとしたときにも、まず実行中のタスクを終了させるかを確認するダイアログが表示されます（**図6-4**）。

図6-4：タスクがすでに実行中である場合

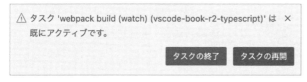

　自動認識されたタスクを使うだけであれば以上の機能で十分です。とはいえ、コマンドの引数や実行方法を調整したり、新たなタスクを追加したりしたいこともあるでしょう。ここからは、タスクを手動で構成する方法を解説していきます。

▶タスク構成の基本

　プロジェクトルートの.vscode/tasks.jsonを編集することでタスクを構成できます。いちから記述する必要はなく、自動認識されたタスクをもとに構成できます。

　自動認識されたタスクをもとに設定を編集するには、コマンド「タスク：タスクの構成（Tasks: Configure Task）」を実行します。このとき、npmやTypeScriptなどがワークスペース内で構成されている場合、自動認識されたタスクの結果が表示されます（**図6-5**）。自動認識されたタスクを選択すると、そのタスクの設定がtasks.jsonに追加されます。

図6-5：自動認識されたタスクのリスト

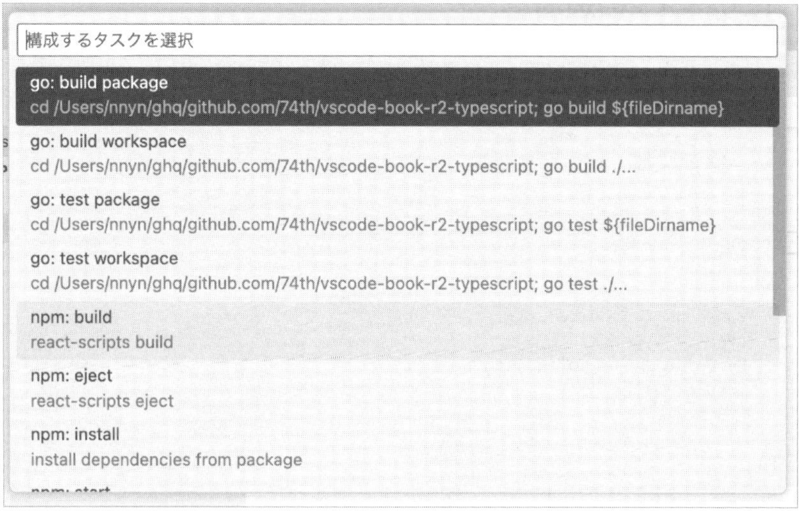

```
構成するタスクを選択

go: build package
cd /Users/nnyn/ghq/github.com/74th/vscode-book-r2-typescript; go build ${fileDirname}

go: build workspace
cd /Users/nnyn/ghq/github.com/74th/vscode-book-r2-typescript; go build ./...

go: test package
cd /Users/nnyn/ghq/github.com/74th/vscode-book-r2-typescript; go test ${fileDirname}

go: test workspace
cd /Users/nnyn/ghq/github.com/74th/vscode-book-r2-typescript; go test ./...

npm: build
react-scripts build

npm: eject
react-scripts eject

npm: install
install dependencies from package
```

　たとえば、以下はTypeScriptのビルドを行う「tsc: ビルド - tsconfig.json」を選択した場合のtasks.jsonの例です。これを編集することで、ビルドを行うタスクの内容を微調整できます。

```json
{
  "version": "2.0.0",
  "tasks": [
    {
      "type": "typescript",
      "tsconfig": "tsconfig.json",
      "problemMatcher": [
        "$tsc"
      ]
    }
  ]
}
```

　なお、ここには実行されるtscコマンドが書かれていないため混乱するかもしれませんが、これはTypeScriptの拡張機能のタスクプロバイダを介して実行するよう"type": "typescript"が指定されており、タスクプロバイダがコマンドを組み立てます。詳しい設定項目についてはのちほど解説しますので、まずは新しいタスクを追加してみます。

▶新しいタスクの追加

　例として、ESLintのコマンドを(タスクプロバイダを介さず)シェルで実行するタスクを追加します。以下の"eslint"という"label"のついた項目に注目してください。

```json
{
  "version": "2.0.0",
  "tasks": [
    {
      "label": "tsc build",
      "type": "typescript",
      "tsconfig": "tsconfig.json",
      "problemMatcher": [
        "$tsc"
      ]
    },
    {
      "label": "eslint",
      "type": "shell",
      "command": "npx",
      "args": ["eslint", "."],
      "problemMatcher": ["$eslint-stylish"]
    }
  ]
}
```

　まず、"label"にタスクの名前を記述します。複数のタスクが存在することになるので、先ほどのTypeScriptのタスクにもあわせて名前をつけました。ここでは、追加したタスクを「eslint」と名づけています。この値が「タスク : タスクの実行(Tasks: Run Task)」で表示される名前になります。

　シェル上でコマンドを実行するタスクの場合は、"type": "shell"としたうえで、"command"と"args"にコマンドと引数を設定します。npxコマンドでESLintを呼び出して、ESLintを現在のディレクトリに対して行うコマンドはnpx eslint .です。したがって、"command"に"npx"、"args"に["eslint", "."]と記述します。

　ここで、「タスク : タスクの実行(Tasks: Run Task)」を実行し、先ほど設定したタスク「eslint」を選択してみます。すると「スキャンするタスク出力のエラーと警告の種類を選択」というリストが出てきます(**図6-6**)。これは次節で解説する問題マッチャーに関する設定を求めるものですが、ここでは問題マッチャー

を使わない「タスクの出力をスキャンせずに続行」を選択しておきます。

図6-6：スキャンするタスク出力のエラーと警告の種類を選択

これでタスクが実行され、実行時の出力がパネルのターミナルタブに表示されます。

▶タスクの設定項目

続いて、タスクの設定ファイルである.vscode/tasks.jsonで設定できる項目について説明します。

まずはトップレベルの項目です。

- **"type"**：実行方法の種類（必須）
- **"label"**：タスクの名称
- **"command"**：実行コマンド
- **"args"**：コマンドに渡される引数のリスト
- **"option"**：タスク実行時の環境を指定するオプション項目
- **"osx"**／**"windows"**／**"linux"**：OSごとのcommand、args、optionを個別に設定する際に使う
- **"runOption"**：実行時の詳細設定

- **"problemMatcher"**：タスクの出力と問題マッチャーとの対応の設定。詳しくは次節を参照
- **"group"**：タスクの一覧を表示する際のグループ。デフォルト値は "none"
- **"dependsOn"**：依存するタスク、すなわち事前に実行すべきタスクを列挙する
- **"isBackground"**：問題マッチャーをバックグラウンドで実行させ続けるかどうか。デフォルト値は false
- **"promptOnClose"**：タスクの実行中に VS Code を閉じるときにユーザーにダイアログを表示するかどうか。デフォルト値は false
- **"presentation"**：タスクの表示に関する設定

　"type" には、"shell"、"process"、あるいは拡張機能が指定する名称（多くはタスクランナーの名称）が入ります。"shell"、"process" の場合には、"command" と "args" を使ってコマンドが実行されます。"shell" と "process" の違いは、タスク中断時のシグナルをシェルとプロセスのどちらに送るかです。通常は "shell" を使用します。

　"option" には、シェルでコマンドを実行する際の環境を JSON オブジェクトで指定します。使える項目は以下のとおりです。

- **"shell"**：コマンドを実行するシェル
- **"env"**：環境変数
- **"cwd"**：実行時のカレントフォルダー

　なお、"shell" を指定しなかった場合、macOS、Linux の場合は bash が、Windows の場合は PowerShell が使用されます。また、シェルの実行コマンドを文字列として指定するほかに、JSON オブジェクトで {"executable": "bash", "args":["--norc"]} のように引数を設定することもできます。

　"osx"、"windows"、"linux" の項目は、OS ごとに異なる "command"、"args"、"option" の項目を設定したい場合に使用します。この OS ごとに設定した項目は、"command"、"option" の場合は設定した値で上書きされますが、"args" の場合は既存の "args" の後ろに追加されます。

　"runOption" にはタスク実行時の詳細設定を JSON オブジェクトで指定しま

す。使える項目は以下のとおりです。

- **"reevaluateOnRerun"**：タスクを再実行するとき、${file}などの変数を再評価するかどうか。デフォルト値はtrue
- **"runOn"**："folderOpen"を設定して、コマンド「タスク：自動タスクの管理（Tasks: Manage Automatic Task）」で自動実行を許可した場合、ワークスペースを開いた時点で自動で実行される。指定しない場合または"default"を設定した場合は手動で実行する必要がある

"group"を使うことでタスクをグルーピングできます。といっても、使うことのできるグループの名前は"build"、"test"の2種類のみで、それぞれ「タスク：ビルドタスクの実行（Tasks: Run Build Task）」「タスク：テストタスクの実行（Tasks: Run Test Task）」に表示される設定となっています。グループに複数のタスクがある場合には、コマンドの実行時にタスクの選択が求められます。

　各グループで特定のタスクをデフォルトで選択されるようにしたい場合、そのタスクに{"kind": "build", "isDefault": true}というJSONオブジェクトを記述します。"isDefault"にtrueが設定されたタスク(fales)が1つだけある場合、そのタスクが自動で選ばれます。"isDefault"にtrueが設定されたタスク以外のタスクを実行するためには、「タスク：タスクの実行（Tasks: Run Task）」を選ぶ必要があります。そのとき、ビルド、テストのグループ名が"label"の設定値とともに表示されます。

　"presentation"にはタスクの表示に関する設定をJSONオブジェクトで指定します。使える項目は以下のとおりです。

- **"echo"**：実行したコマンドをターミナルに表示するかどうか。デフォルト値はtrue
- **"reveal"**：タスク実行時にターミナルを表示するかどうか。以下の値から指定する。デフォルト値は"always"
  - **"always"**：タスクを開始したときに表示する
  - **"silent"**：エラーになったときのみ表示する
  - **"never"**：エラーになってもターミナルタブを表示しない

- **"focus"**：実行時にパネルのターミナルタブを開くかどうか。デフォルト値は false
- **"panel"**：タスク間でパネルのターミナルタブ内のターミナルを共有するか。以下の値から指定する。デフォルト値は "shared"
  - **"shared"**：複数のタスクでターミナルを共有する
  - **"dedicated"**：同一のタスクの再実行のときにはターミナルを共有する
  - **"new"**：タスクを実行するたびにターミナルを開始する

以上、ひととおりの設定項目を紹介しました。なかなかイメージしづらいところもあると思いますので、TypeScript や Go での具体的な例を紹介している第2部も参照してみてください。

リント（静的解析）機能

ソースコードに対して、プログラミング言語の文法が正しいか、コンパイルが可能かどうかなどの最低限必要なエラーチェック以外にも、フォーマットのチェックや適切なネーミングが行われているかのチェックといったさまざまな解析（リント）をすることは、いまでは当たり前になっています。

本節では、解析ツールを動かしたり、その結果を表示するためのリント機能を解説します。

▶リントとは

実際にプログラムを動かすときやコンパイルするときではなく、ソースコードや抽象構文木から事前に文法エラーの有無を解析したり型チェックを行ったりすることを、静的解析といいます。その中でも、ソースコードがコーディング規約にそっているかどうかなど、文法チェック以上に厳密にルールを満たしているかどうかを解析するツールをリントと呼びます。VS Code には、入力時やファイルを保存したとき、またはタスクを実行したときにこれらのチェックを自動的に行い、エラーの件数と場所を示す機能があります。VS Code では、たとえば次のようなリントがデフォルトで有効になっています。

- JavaScriptのソースコードを編集しているとき、タイピングをしている間に随時文法エラーのチェックが行われる。このときのエラーは赤の波線で表示される
- JSONファイルを編集するときに行ってしまうミスとして、1つのオブジェクト内に同一名称の項目を記述してしまうことがある。このようなJSONの項目の重複が入力時にチェックされ、警告として黄色の波線で表示される

公開されている拡張機能には、このリントを使うためのものが多くあります。たとえばJavaScriptとTypeScriptのリントを行うESLintの場合、拡張機能「ESLint」が公開されていて、拡張機能をインストールすると自動的にESLintのエラーが表示されるようになります。使いたいリントの拡張機能が公開されているかどうかは、まずマーケットプレイスで探してみるとよいでしょう。マーケットプレイスでの拡張機能の検索とインストールの手順については第10章で解説します。

▶リントのエラーの表示

リントのエラーのレベルは、「エラー」「警告」「情報」の3つに分けられます。これらが発見されたとき、ソースコード上の該当箇所に、エラーなら赤、警告なら黄、情報なら青の波線が表示されます。また、下線のついた箇所をマウスオーバーすることで、そのエラーの内容が表示されます（図6-7）。

図6-7：ソースコード中のエラーの表示

```
 7     }
 8
 9   export const NewTas     'tasks' という名前は見つかりません。'task' ですか? ts(2552)
10       const { registe     newTask.tsx(12, 29): 'task' はここで宣言されています。
11
12       const onSubmit      any
13           console.log     問題の表示 (⌥F8)   クイック フィックス... (⌘.)
14           await api.postTask(tasks);
15           reset();
16           await props.reloadTasks();
17       };
18
```

さらに、ソースコード上だけでなく、スクロールバーの右側にも同じ色の印がついたり（図6-8）、ワークスペース内のエラー、警告、情報の件数がステータスバーに表示されたりもします（図6-9）。

図6-8：スクロールバーでのエラーの表示（右端）

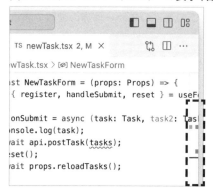

図6-9：ステータスバーでのエラー件数の表示

　ステータスバーのアイコンをクリックすると、パネルの問題タブが表示されます（**図6-10**）。このパネルにはすべてのリントのエラーが一覧で表示されます。

図6-10：パネルの問題タブ

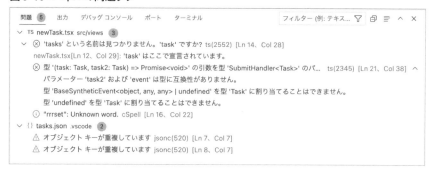

　この中の項目を選択すると、ソースコード上の該当箇所にジャンプします。パネルの問題タブに表示される情報は、左から順に以下のとおりです。

- エラーレベルを示すアイコン
- エラーコメント
- リントツールの名称
- エラー箇所（行数、文字数）

　ただし、膨大な数のエラーがある場合には表示が省略されることがあります。
　また、問題タブの初期表示はエラー箇所のファイル名ごとにツリー形式で表示されます。この表示が複数のエラーの行数をまとめて確認したりする場合に見づらいことがあります。その時には、問題タブ右上にある☰ボタンを押すと、ツリー表示とテーブル表示を切り替えることができます。
　また、問題タブにはフィルタリング機能がついています（**図6-11**）。フィルタリングには、ファイル名、コメントの内容、解析ツールの名称を使うことができます（フォルダー名は使えません）。フィルタの際にANDで条件を指定したい場合には「,」で区切ります。逆に特定の項目を取り除きたい場合は、「!」を入力の最初につけます。

図6-11：問題タブのフィルター

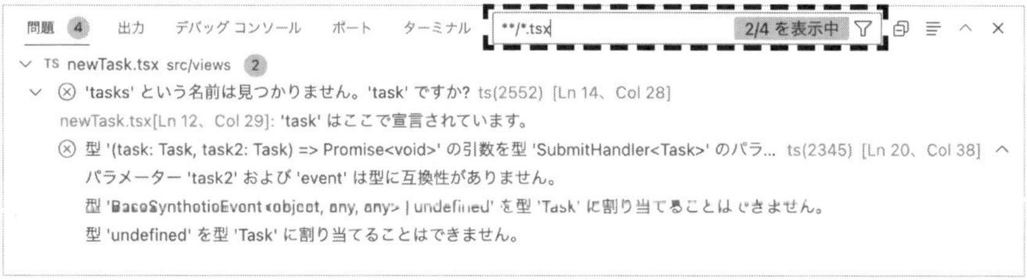

　また、▽をクリックして「除外されたファイルを非表示にする（Hide Excluded Files）」を適用すると、設定の`files.exclude`にマッチするファイルのエラーが表示されなくなります。

▶リントエラーのクイックフィックス

リントエラーの内容によっては、自動で修正可能であったり、修正のしかたに複数の候補がある場合があります。そういった場合には、エラー箇所に入力カーソルを移動すると、💡、💡が表示されます。このアイコンをクリックすると、修正の候補がメニューとして表示され、その中の項目を選択することでエラーが修正されます（**図6-12**）。この機能をクイックフィックスと呼びます。

図6-12：クイックフィックスの選択

なお、このアイコンを表示するには、マウスカーソルをエラー箇所に持っていくだけではなく、入力カーソルがエラーの位置にある必要があります。問題タブのエラーを選択すると、入力カーソルが自動的にエラー箇所に移動するため、エラー箇所の選択には問題タブを使うようにするとよいでしょう。また、問題タブのエラーを右クリックしても、クイックフィックスの選択肢が表示されます。

▶タスク機能でリントを実行する

本節の最初に述べたとおり、拡張機能には多数のリントツールが提供されており、多くの場合にはその拡張機能をインストールするだけで機能します。一

方、拡張機能にないリントツールを実行したい場合や、指定したパラメータを使ってリントツールを実行したい場合、前節で解説したタスク機能を使ってリント設定を行う必要があります。

　また、リントエラーをソースコード上に表示したり、エラーの数を数えたりしたい場合には、タスクの「問題マッチャー」という機能を使います。問題マッチャーとは、タスク実行の標準出力、標準エラー出力から、ソースコード中のエラーの箇所や、エラーの内容を示すテキストを抽出する機能です。

　TypeScriptのリントツールのプラグインをもつESLintの場合、拡張機能「ESLint」をインストールすることで、ESLintの問題マッチャーを使うことができます。

　以下はESLintをタスクで実行する場合の.vscode/tasks.jsonの設定例です。"problemMatcher"の項目には問題マッチャーの名前を記述します。使用できる問題マッチャーの名前は、コード補完（macOS／Windows／Linux：Ctrl＋Space）で入力可能です（図6-13）。

```json
{
  "version": "2.0.0",
  "tasks": [
    {
      "label":"eslint",
      "command":"npx",
      "args": ["eslint", "--format=compact", "."],
      "type": "shell",
      "group": "test",
      "problemMatcher": ["$eslint-compact"]
    }
  ]
}
```

図6-13：問題マッチャーの選択

```
{} tasks.json M ●
.vscode > {} tasks.json > [ ] tasks > {} 2 > [ ] problemMatcher
18        "problemMatcher": ["$tsc"],
19        "presentation": {      "$eslint-compact"
20          "reveal": "silent    "$eslint-stylish"
21        },                     "$go"
22        "runOptions": {        "$gulp-tsc"
23          "runOn": "folderO    "$jshint"
24        }                      "$jshint-stylish"
25      },                       "$lessc"
26      {                        "$lessCompile"
27        "label": "eslint",     "$msCompile"
28        "type": "shell",       "$node-sass"
29        "command": "npx",      "$nvcc"
30        "args": ["eslint",     "$tsc"
31        "problemMatcher": []
32      }
33    ]
34  }
```

　この設定を済ませれば、タスクを実行した際にソースコード中やパネルの問題タブにエラーの内容が表示されるようになります（**図6-14**）。

図6-14：タスクのリントエラーの表示

▶問題マッチャーを作成する

　リントツールに対応した適切な問題マッチャーがない場合、タスクの設定の中で問題マッチャーを作成する必要があります。ここではESLintを例に、問題マッチャーの作成のしかたを紹介します。

　ESLintの実行結果は以下のように出力されます。先ほどの `$eslint-compact` はこの出力をパースしてくれていたのです。

```
/vscode-book-r2-typescript/src/api/task.ts: line 11, col 9, Error - ↵
'res' is never reassigned. Use 'const' instead. (prefer-const)
```

　問題マッチャーを自作するのであれば、それに合わせて、ファイルパス、行番号、文字数番号、エラーレベルを抽出する正規表現を記述します。この問題マッチャーは tasks.json の `problemMatcher` の部分（先ほどのコードで [`"$eslint-compact"`] となっていた箇所）に以下のように記述します。

6

そのほかの機能

```
{
    // 設定名
    "owner": "typescript-lint",
    // 表示名
    "source": "typescript-lint",
    // ファイルパスの形式
    // absolute: 絶対パス
    // relative: 相対パス
    "fileLocation": "absolute",
    // パターン
    "pattern": [
        {
            // 正規表現
            "regexp": ⏎
"^(.+):\\sline\\s(\\d+),\\scol\\s(\\d+),\\s(\\S+)\\s-\\s(.+)\\s\\((\\S+)\\)$",
            "file": 1,      // ファイルパス
            "line": 2,      // 行数
            "column": 3,    // その行の文字列番号
            "severity": 4,  // エラーレベル
            "message": 5,   // メッセージ
            "code": 6       // エラーコード
        }
    ]
}
```

　まず、`"owner"` と `"source"` に、このリンターの名前を付けます。`"owner"` は、1度実行して、2回目を実行するときに、1回目のエラーをクリアするのに使われます。`"source"` は問題タブなどに表示されるリンターの名前です。

　`"fileLocation"` に抽出したパスが、絶対パス（`absolute`）か相対パス（`relative`）かを指定します。`relative` の場合、[`"relative"`, `"${workspaceFolder}"`] と記述することで、相対パスの起点になるフォルダーを指定できます。

　`"severity"` には、この問題マッチャーのエラーレベルを指定します。エラーレベルはエラー（`error`）、警告（`warning`）、情報（`info`）の3段階です。

　そして、`"pattern"` の中に ( ) を用いて抽出する部分を正規表現で指定し、さらにその抽出した部分が、ファイルパス、行番号、文字数番号、メッセージのどれであるかを ( ) の順番の番号で指定します。これはJSONの中の文字列であるため、\S などでバックスラッシュを使う場合、\\ とバックスラッシュを2つ

記述する必要があることに注意してください。ここでのエラーコードとは、エラーの種類を示すコードです。リンターの名前とエラーコードでWeb検索するとリンターのドキュメントが見つかるでしょう。

また、エラーレベルの変更のみを行いたい場合など、既存の問題マッチャーを上書きする形で利用する場合には、属性"base"にもとにする問題マッチャーの名前を記述します。その場合には"owner"の設定は、元にする問題マッチャーの設定が使われるので、項目を削除しておきます。

この設定でタスクを実行すると、ソースコードとパネルの問題タブにエラーが表示されるようになります。

問題マッチャーの作成は難しいですが、現在のエラーの件数と場所を的確に把握できるようになるため非常に便利です。

スニペット機能

スニペットとは、プログラミング言語において頻出する構文を登録し、現在タイプしているコードに挿入する機能です。登録したスニペットを使うことで、決まった構文をタイプする回数を減らしたり、構文を覚えていなくても検索から構文を使えるようになります。

本節ではこのスニペット機能の使い方と、自分でスニペットを作成する方法について解説します。

▶スニペットの使い方

スニペットは後述するとおり自分で作成できますが、拡張機能としても多く公開されています。第10章で解説する拡張機能ビューで「@category:snippets」と検索すれば、多くのスニペットを見つけられるでしょう。またこの際、「Bootstrap」や「React」など、フレームワークの名前などで絞り込むと見つけやすいでしょう。

たとえば、Bootstrap 5のスニペットの拡張機能「Bootstrap 5 Quick Snippets」をインストールしたケースを見てみましょう。このスニペットはHTMLファイルの編集時に有効になります(各スニペットが有効になる言語は、拡張機能の

ページを参照してください)。

　HTMLファイル中でスニペットのキーワードの一部を入力すると、コード補完の候補のなかにスニペットが現れます(**図6-15**)。Bootstrap 5のキーワードはすべて「bs5-」で始まっています。たとえば、「bs5-list-button」のキーワードを選択すると、Twitter Bootstrapのボタンリストの構文が挿入されます。

図6-15：Bootstrap 5のスニペット

　スニペットによっては完全な構文ではなく、書き換えるポイントを含むひな形の構文が挿入されることがあります。その場合、[Tab]キーを押すことでスニペット中の書き換えるポイント(これを「プレースホルダー」と呼びます)にカーソルが移動し、任意の名前や値などを入力できます(**図6-16**)。

図6-16：[Tab]キーでのプレースホルダーの移動

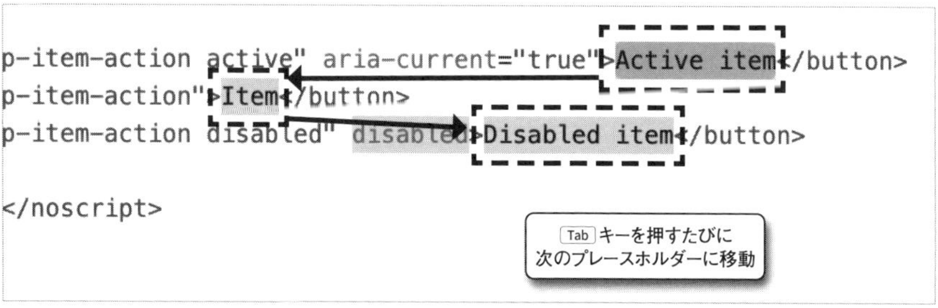

```
p-item-action active" aria-current="true">Active item</button>
p-item-action">Item</button>
p-item-action disabled" disabled>Disabled item</button>

</noscript>
```

> [Tab]キーを押すたびに
> 次のプレースホルダーに移動

　なお、この候補には(第2章で紹介したコード補完など)スニペット以外も含まれます。もしスニペットだけを検索したい場合は、コマンド「スニペット：ス

ニペットの挿入（Snippets: Insert Snippet）」を実行することで、スニペットだけ
を検索するダイアログが表示されます。

▶新しいスニペットを追加する

　もちろんVS Codeのスニペットは自分でも作成できます。ここからは、Go
でCSVを読み込んで1行ごとに処理する以下のコードを例に、スニペットの作
成方法を紹介します。

```go
package main

import (
  "encoding/csv"
  "fmt"
  "os"
)

func main() {
  f, _ := os.Open("some.csv")
  csvReader := csv.NewReader(f)
  for {
    record, err := csvReader.Read()
    if err != nil {
      break
    }
    // 各CSVレコードの処理
    fmt.Print(record)
  }
}
```

　まず、コマンド「スニペット：ユーザースニペットの構成（Snippets: Configure
User Snippets）」を実行します。すると、スニペットの対象にする言語を選択す
るダイアログが表示されるので、「Go」を選択します（**図6-17**）。スニペットの設
定ファイル（snippets/go.json）が表示されるので、これを編集していきます。

図6-17：作成するスニペットの言語の選択

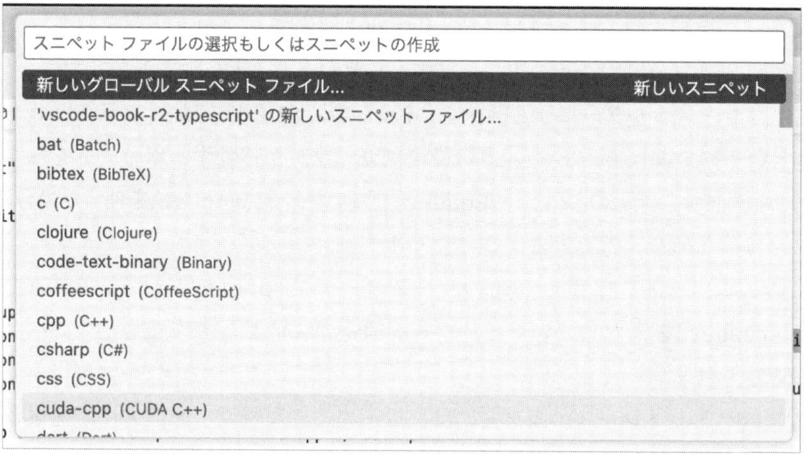

先ほどの `csv.NewReader` と `for` の部分をスニペットにすると、以下のようになります。

```
{
  "CSVリーダー": {
    "description": "CSVリーダーを追加"
    "prefix": "csv-reader",
    "body":[
      "${1:csvReader} := csv.NewReader(${2:reader})",
      "for {",
      "    record, err := $1.Read()",
      "    if err != nil {",
      "        break",
      "    }",
      "    $0",
      "}",
    ],
  },
}
```

"CSVリーダー"の部分はスニペットの管理上の名前になり、複数のスニペットで重複していなければ何でもかまいません。"description"要素でコード補完候補に表示される名称を指定できますが、これを省略した場合、コード補完候補には管理上の名前が表示されます。

"prefix"要素には、コード補完として検索するときのキーワードを入力します。本節の冒頭のBootstrap 5の例でいえば、「b5」にあたる部分です

　そして、"body" 要素に JSON のテキストでコードを行ごとの配列で記述しま
す。今回の例の中にはありませんが、"body" 要素でダブルクオーテーション
(")を使いたい場合は \" とエスケープする必要があることに注意してください。
また、プレースホルダーにする箇所を、1から順に $1 もしくは ${2:デフォルト
値} という形で書き換えます。$0 は最後にカーソルが移動するポイントを示す
特別な番号です。上記の ${1:csvReader} と $1 のように同じ数値を使った場合、
そこには同じ値を入力できるようになります。

　このスニペットを保存し、Go のソースコードで "prefix" として指定した
「csv-reader」を入力していくと、コード補完の候補として作成したスニペッ
トが表示されます。

　スニペットのプレースホルダーには、以下のような特殊な記述方法が提供さ
れています。

選択式にする

　プレースホルダーのデフォルト値を指定する部分に、以下の例のように |(パ
イプ)の間にカンマ区切りで複数の項目を記述しておくと、入力時に選択肢とし
て表示されます。以下の $2 の箇所では、カンマで区切られた3項目の中から選
択できるようになります。

```
os.Open($1, ${2:|os.O_RDWR,os.O_APPEND,os.O_O_RDONLY|})
```

デフォルト値の中にさらにプレースホルダーを置く

　プレースホルダーのデフォルト値としてさらにプレースホルダーを置くこと
で、連なったデフォルト値を用意できます。

　たとえば、Go 言語の os.Open 関数のフラグの引数をプレースホルダーにし
たスニペットを見てみましょう。

```
os.Open(\"${1:filepath}\", ${2:os.O_RDWR${3:|os.O_CREATE}}, 0755)
```

　$2 の箇所では、os.O_RDWR|os.O_CREATE が初期値として選択され、ここで
タブを押すと |os.O_CREATE の部分を編集できる位置にカーソルが移動します。

ファイル名などを引用する

スニペット中に以下の変数を使うと、現在のファイルにもとづく値に変換されて挿入されます。

- **$TM_DIRECTORY**：フォルダー
- **$TM_FILENAME**：ファイル名
- **$TM_FILENAME_BASE**：拡張子を除いたファイル名

このほかの変数は公式ドキュメント[注1]を参照してください。

また、これらの変数の値を正規表現で置換することもできます。たとえばファイル名中の_(アンダースコア)を-(ハイフン)に置き換えて引用するには、`${TM_FILENAME/_/-/g}`とします。

スニペット機能についての解説は以上です。自分がよく使う構文のスニペットを作成していくとコーディングが楽になるため、ぜひ活用してみてください。

▶ワークスペースのスニペットとしてスニペットを共有する

これまでは、個人設定としてのスニペット(ユーザースニペット)を作成する方法を解説してきました。しかし、それでは同じリポジトリを利用する他の開発者と共有することはできません。

VS Codeでは、ワークスペースにスニペットを登録することによって他の開発者とスニペットを共有できます。ワークスペース設定の.vscode/settings.jsonと同様に、.vscode/<言語ID>.code-snippetsというファイル[注2]を作成し、その中にユーザスニペットと同じJSON形式で記述します。TypeScriptの場合は.vscode/typescript.code-snippetsというファイルになります。

ワークスペースのスニペットでも使い方は同じです。「スニペット：スニペットの挿入(Snippets: Insert Snippet)」コマンドを実行するとユーザスニペットと並んで表示されます(**図6-18**)。

注1) https://code.visualstudio.com/docs/editor/userdefinedsnippets#_variables
注2) 言語IDについては、第9章の「言語、拡張子固有の設定」を参照してください。

図6-18：ワークスペーススニペットがある場合

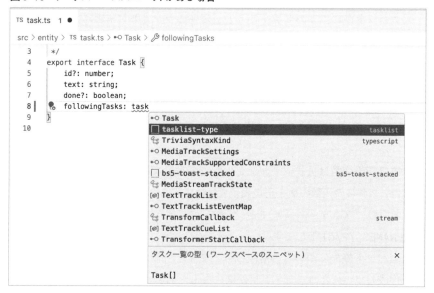

▶不要な拡張機能のスニペットを無効化する

　言語の拡張機能を導入したときに、その拡張機能にスニペットが付属している場合があります。その言語の拡張機能は必要でも付属するスニペットは使わないという場合、そのスニペットが補完の候補に表示されるとコーディングの邪魔になります。あるいは、VS Code自体に付属しているスニペットが邪魔になるという場合もあるでしょう。

　こういったときには、拡張機能「Control Snippets」を使うことで、拡張機能やVS Codeに付属するスニペットを非表示にできます（**図6-19**）。インストールするには、拡張機能ビューから拡張機能名で検索してください。

図6-19：Control Snippets

　この拡張機能を導入したうえで「Control Snippets」コマンドを実行すると、スニペットの一覧がチェックボックスと一緒に表示されます（**図6-20**）。「(built-in)」と書かれたものがVS Codeに付属するスニペットで、「(installed)」と書かれたものが拡張機能に付属するスニペットです。非表示にしたいスニペットのチェックボックスを外し、右上の「OK」を押します。これで、不要なスニペットは表示されなくなります。

図6-20：現在インストールされているスニペットの一覧

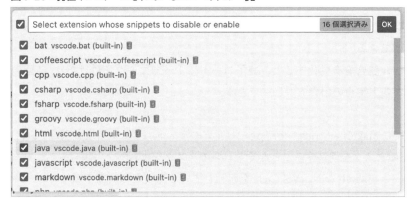

ターミナル

　VS Codeには、Bashなどのシェルと連携できるターミナル機能が付属しています。開発ツールとしてはコマンドラインインターフェイス（CLI）を持つものが多く、それらを実行するにはターミナル機能を利用すると便利です。

▶VS Codeのターミナル機能の特徴

　パネルのターミナルタブを開くと、ワークスペースをカレントディレクトリとしてシェルが起動します。このターミナルは一見VS Code本体と独立しているように見えますが、以下のようにVS Code本体と密接に連携してくれます。

- VS Codeのキーボードショートカットをターミナル上で実行できる[注3]
- 使用中のVS Codeテーマに設定がある場合、ターミナルにもその色が適用される
- シェルで実行したコマンドの出力にあるファイルパスをクリックして、ファイルを開くことができる
- シェルの設定をワークスペースの設定で変更でき、環境変数などを共有できる
- ワークスペースを再度開いたときに、前回のターミナルの内容を履歴として保持する
- 複数の設定となるプロファイルを設定でき、利用するシェルを切り替えることができる
- シェル統合を有効化すると、終了コードによってマークを付けたり、1回のコマンド実行の出力をコピーできる

　すでにMakefileや`npm script`でビルドやテストのタスクを組んでいて、VS Codeのタスクを構築することなくそれらのタスクを実行したい場合や、リモートマシンやWSLなど、VS Codeを起動している環境とは異なる環境のターミナルを使いたい場合などに特に便利な機能といえるでしょう。

▶ターミナルタブの使い方

　VS Codeのターミナル（Integrated Terminal）を使うには、パネルのターミナルタブを開くか、ショートカットキー（macOS：Option+\、Windows／Linux：Ctrl+\）を使います（**図6-21**）。なお、第7章で解説するリモート開発機能を利用している場合には、リモート先のターミナルが立ちがります。

注3）　ターミナル上で打ったキーは通常ターミナルに送られるが、デバッグのキーなどはターミナルで実行されず、VS Codeで処理されます。設定の "terminal.integrated.commandsToSkipShell" 設定でコマンドを追加できます。

図6-21：パネルのターミナルタブ

　ターミナルタブでは、同時に複数のシェルを起動できます。ターミナルを複数起動すると、右側にターミナルの一覧が表示されるようになります（図6-22）。このターミナルの中の行はドラッグすることが可能です。ドラッグして順序を入れ替えたり、ターミナルパネル内で左右に分割することもできます（図6-23）。エディターの領域にドラッグしてエディターのタブとして表示させることもできます（図6-24）。長いログを見る場合などはこの方が見やすいこともあるでしょう。

図6-22：複数のターミナルを開いたとき

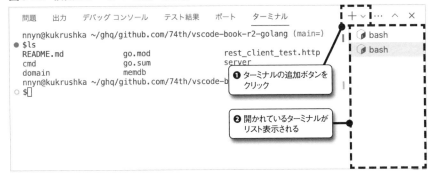

図6-23：ターミナルパネルの縦分割の3つの方法

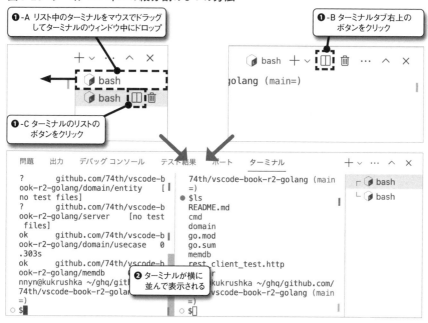

図6-24：ターミナルをエディターのタブにする

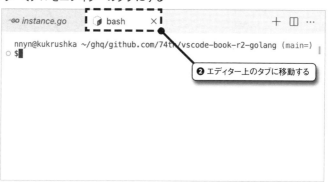

ターミナルタブの右上に表示されるアイコンは、それぞれ以下のような機能を持ちます。

- ＋：新しいターミナルを開く
- 🗑：ターミナルを終了する
- ∧：ターミナルを全画面表示する
- ✕：ターミナルビューを閉じる（シェルは終了しない）

なお、使うシェルやその環境変数は「設定」で変更できます。

▶シェル統合機能

シェル統合機能とは、シェルの終了コードや1回のコマンド実行をVS Codeが認識できるようにし、コマンド履歴や終了コードの表示など使いやすくする機能です。

シェル統合機能は特定のシェルでのみ使うことができます。2023年11月時点で、Windowsではpwsh（パワーシェル）のみ、macOS、Linuxでは、bash、fish、pwsh、zshがサポートされています。このシェル統合機能に対応するシェルを使っている場合、初期設定で有効化され、ターミナル起動時にこの機能を埋め込むスクリプトが実行されます。シェルの設定によっては埋め込みが正常に実行されない場合があり、その時には手動で.bashrcなどに埋め込む必要があります。これを行うスクリプトについては公式のドキュメント[注4]を参照してください。

シェル統合が有効になっていると、ターミナルの画面中のコマンドを入力する行の左側に丸印がつきます（**図6-25**）。コマンド実行前は灰色の丸になっていますが、コマンドを実行すると終了コードに応じた色がつきます。正常時は青色、それ以外の場合には赤色になり、そのコマンドがエラーになったのかどうかが一目でわかるようになっています。

注4）https://code.visualstudio.com/docs/terminal/shell-integration#_manual-installation

図6-25：シェル統合機能の終了コードの表示

正常終了時：青丸印

異常終了時：赤丸とバツ印

　この丸印をクリックするとサブメニューが表示されます（**図6-26**）。ここで「出力をコピー」を選ぶと1回のコマンドの出力だけがクリックボードにコピーされます。

図6-26：終了コードのマークをクリックしたときのメニュー

　このシェル統合を有効にしていると使える2つのコマンドを紹介します。

　1つ目は「ターミナル：最近利用したコマンドを実行する…（Terminal: Run Recent Command…）」というコマンドです。これを利用すると最近実行したコマンドがリスト表示され、これをあいまい検索で絞り込んで選択することで、再度コマンドを実行できます（**図6-27**）。長いコマンドであっても、あいまい検索

ですばやく絞り込むことができ便利です。よく使うコマンドはピン留めしてトップに固定することもできます。このコマンドは、デフォルトではmacOS： [Ctrl]+[Option]+[R]、Windows／Linux：[Ctrl]+[Alt]+[R]で実行できます。

図6-27：コマンド「最近利用したコマンドを実行する」

[Ctrl]+[R]はターミナルでは履歴検索に使われることの多いキーバインドですが、これをVS Codeの上記コマンドと入れ替えて使うと便利です。それには、キーボードショートカットの設定で以下のように設定します。キーボードショートの設定については第9章で詳しく解説します。

```
{
  // 最近利用したコマンドを実行する
  "key": "ctrl+r",
  "command": "workbench.action.terminal.runRecentCommand",
  "when": "terminalFocus"
},
{
  // 本来のターミナルのCtrl+R
  "key": "ctrl+alt+r",
  "command": "workbench.action.terminal.sendSequence",
  "args": { "text": "\u0012"/*^R*/ },
  "when": "terminalFocus"
}
```

もうひとつは「ターミナル：最近使用したディレクトリに移動する（Terminal: Go to Recent Directory）」というコマンドです。このコマンドを実行すると、最近ターミナルで移動したディレクトリのリストが表示され、これをあいまい検索で絞り込んで選択して移動できます（図6-28）。長いパスのディレクトリへの

移動なども簡単に行えるようになります。こちらもよく使うディレクトリをピン留めしておくことができます。

図6-28：コマンド「最近使用したディレクトリに移動する」

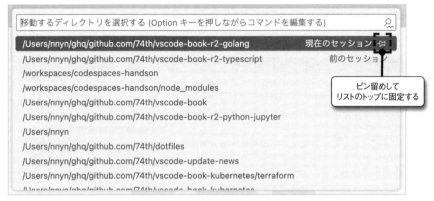

▶プロファイルを使ってシェルを切り替える

プロファイル機能を使うと、複数のシェルを別々に実行できます。このプロファイルはOSごとに管理でき、設定項目の"`terminal.integrated.profiles.<OS名>`"にJSONで記述します（設定について詳しくは第9章を参照してください）。なお、デフォルトで実行するシェルが設定されているのは"`terminal.integrated.defaultProfile.<OS名>`"です。

たとえば、macOSにおいてfishとbashの2つシェルを登録する場合、ユーザ設定のJSONに以下のように記述します。JSONオブジェクトの要素名にあたる"`bash`"、"`zsh`"と書かれている部分には任意の名前を付けられます。"`path`"と"`args`"には実行プログラムのパスと引数を指定します。"`overrideName`"に`true`を指定しておくと、ターミナルのリストに表示される表示名がシェルの実行中のプログラムなどを表示するタイトルと連動するようになります。"`icon`"にはCodicon[注5]のアイコン名を指定します。

注5）https://microsoft.github.io/vscode-codicons/dist/codicon.html

```
{
  // macOS用のターミナルのプロファイル
  "terminal.integrated.profiles.osx": {
    "bash": {
      "overrideName": true,
      "path": "/opt/homebrew/bin/bash",
      "args": ["-l"],
      "icon": "terminal-bash"
    },
    "fish": {
      "overrideName": true,
      "path": "/opt/homebrew/bin/fish",
      "args": ["-l"]
    },
  },
  // デフォルトで利用するプロファイル
  "terminal.integrated.defaultProfile.osx": "fish"
}
```

6
そのほかの機能

　プロファイルを選択して新しくターミナルを作るには、ターミナルタブの右上の＋の右側の∨をクリックします（**図6-29**）。するとプロファイルの一覧が表示されるため、目的のプロファイルを選択します。

図6-29：プロファイルを利用したターミナルの作成

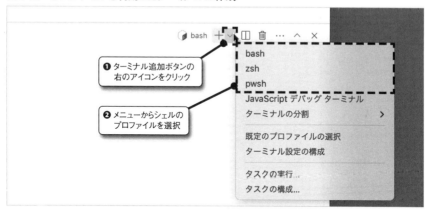

　また、「ターミナル：（プロファイルを使用した）新しいターミナルを作成する（Terminal: Create New Profile (With Profile)）」コマンドを実行しても、プロファイルを選択してターミナルを開くことができます。
　プロファイルは便利ですが、拡張機能によってはbashが実行されていることが前提になっているものもあり、タスクやデバッグはbashで実行しておくのが

無難です。そのため、タスクやデバッグで利用されるターミナルのプロファイルを設定する項目である "terminal.integrated.automationProfile.<OS名>" もあわせて指定しておくとよいでしょう。

```
{
  // タスクやデバッグで利用されるターミナルのプロファイル
  "terminal.integrated.automationProfile.osx": {
    "path": "/opt/homebrew/bin/bash",
    "args": [],
    "icon": "terminal-bash"
  }
}
```

　コマンドラインでの作業は、開発の際にどうしても必要になってきます。VS Code のターミナル機能はシンプルで、VS Code 本体とシェルなどにシームレスに連携できるため便利です。ぜひ活用してみてください。

第7章

リモート開発機能
開発環境と実行環境の差分を埋める新機能

　本章で解説するリモート開発機能は、ユースケースが限られており地味に思えますが、UIとプログラミング言語の機能をLSPで分離させたVS Codeならではの機能です。リモート環境のファイルを参照できることにとどまらず、これまで説明した補完やタスク、リントなどすべての機能をリモート開発機能でも使うことができます。

　また、リモート開発機能をコンテナと連携した開発コンテナ機能も便利です。Dockerコンテナのアプリケーションをコンテナの中で開発する開発コンテナ機能は、開発環境の構築のあり方を一変させました。この開発コンテナ機能は第9章で説明するGitHub Codespacesともつながりがあります。

リモート開発機能とは

　VS Codeのリモート開発機能は拡張機能として提供されています。この拡張機能を使うと、外見上は通常どおりVS Codeが起動しているかのように動作する一方、言語サーバー（Language Server）をはじめとするVS Codeの拡張機能は、SSH接続先やWSL（Windows Subsystem for Linux）上、Dockerコンテナ上といったVS Codeを起動したホストとは異なる環境上で動作します。

　ここで、「言語サーバー」およびVS Codeの拡張機能の仕組みについて補足しておきましょう。

　詳しくは第17章で解説しますが、言語サーバーとはコード補完や定義の参照などの機能を提供するプログラムのことです。そして、VS Codeなどのエディターと言語サーバーとの間のプロトコルをLSP（Language Server Protocol）と呼びます。

　言語サーバーをはじめとする拡張機能とVS Codeの本体とはもともと異なる

プロセスで動作していて、その間の通信にはLSPやVS Code Extension APIを使っています。そのため通信さえ整えば、VS CodeのGUIと拡張機能や言語サーバーはVS Codeを実行しているOSに依存しません。

VS Codeは拡張機能から使えるAPIに制約があるために、APIが整理され、リモート開発機能のようにGUIと拡張機能を動作させるOSとを別にするアプローチを取ることができたといえます。

▶リモート開発機能の利点

さて、リモート開発機能にはどのような利点があるのでしょうか。

まず、最近ではLinuxカーネル機能を使うDockerコンテナや、Linux仮想マシン上でアプリケーションを運用することが多いでしょう。一方で、開発で使うマシンのOSはmacOSとWindowsが主流です。このような場合、本番環境のLinuxとは別にmacOS、Windows上で環境を構築する必要があります。

開発しているアプリケーションがライブラリを使う場合、これまではmacOSやWindowsで動作するライブラリを用意しなければならず、そのための手間と時間が必要でした。もちろん開発で使うマシンとしてLinuxも選択できますが、Microsoft OfficeがLinuxに対応していないことや、開発者がLinuxのデスクトップに慣れていないことなどから、現実的ではありませんでした。

しかし、リモート開発機能を使うことにより、Linux仮想マシンやDockerコンテナ上でアプリケーションを動作させながら、GUIはmacOS、Windows上での開発と同じレベルのものが使えるようになります。

なお、同様に開発環境をLinuxやコンテナに近づけるアプローチとして、Linux仮想マシンを用いるVagrant[注1]や、コンテナ上のアプリケーションのデプロイを繰り返し行うSkaffold[注2]があります。しかしこれらにも、デバッグやコード補完機能の利用まではサポートしていなかったりするなどの弱点があります。一方、VS Codeのリモート開発機能であれば、ローカル開発と同様にほとんどの機能を使うことができます。

さらに、リモート環境はLinuxだけでなく、macOS、Windowsとの間でも相互に接続できます。デスクトップ環境は慣れたOSを使い、開発環境は異なる

注1)　https://www.vagrantup.com/
注2)　https://skaffold.dev/

OSやマシン上で行うことができるのです。

リモートSSH機能

それでは、実際にSSH接続先のリモートマシンで開発する方法を解説していきましょう。以降はVS CodeのGUIを動作させるmacOS／Windowsマシンを「ホストマシン」、拡張機能、言語サーバーを動作させるLinuxマシンを「リモートマシン」と呼びます。

リモートSSH機能は、SSHで接続したリモートマシン上で拡張機能や言語サーバーを動作させるものです。VS CodeのGUIを操作するホストマシンとしてmacOSやWindowsを使いながら、リモートマシンとしてLinux上で開発を行う際に活用できます。また、仮想マシンのLinuxサーバーを使うケースでも有効です。

この機能を使えるホストマシン／リモートマシンには、以下の制約があります。

- ホストマシン／リモートマシンでsshコマンドが使えること
- リモートマシンがインターネットに接続可能であること
  SSH接続後、自動的にリモートSSH機能に必要なリソースがダウンロードされるため
- ソースコードをリモートマシンで管理していること
  git cloneやpushのときに必要な権限はリモートマシンで設定済みにする必要があるため

▶ホストマシンに拡張機能をインストールする

まずはホストマシンに拡張機能をインストールします。拡張機能ビューを開き、「Remote」と入力して検索して出てくる「Remote Development」をインストールします。

インストールが完了すると、ステータスバーのもっとも左側にリモートSSH機能にアクセスするアイコンが追加されます（**図7-1**）。

155

図7-1：リモート開発機能のアイコン

▶リモートマシンに接続する

VS Codeからリモートホストに接続するには、コマンド「Remote-SSH: ホストに接続する ...(Remote-SSH: Connect to Host...)」を実行するか、ステータスバー中のリモート開発機能のアイコンから、このコマンドを選択します。すると、接続先のホストを選択するダイアログが表示されるので、目的のホストを選択、もしくはホスト名を入力します（**図7-2**）。ここで表示されるリモートホストの一覧は、~/.ssh/configにあるsshの設定ファイル[注3]に記述されているホスト名です。

図7-2：接続先ホストの選択

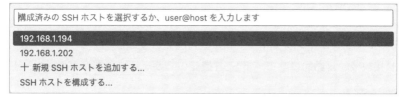

RSA秘密鍵にパスフレーズを設定している場合、ターミナルタブで複数回パスフレーズの入力が求められます（**図7-3**）。接続に成功すると、ステータスバーにリモートマシンのホスト名が表示されます（**図7-4**）。これでリモートマシンに接続できるようになりました。

図7-3：RSA秘密鍵のパスフレーズの入力

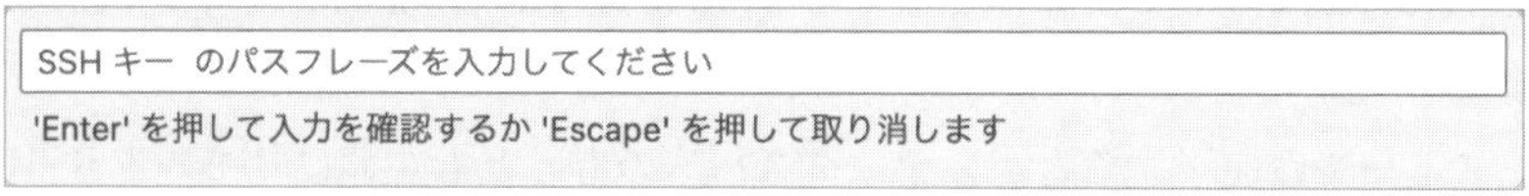

SSH キー　のパスフレーズを入力してください

'Enter' を押して入力を確認するか 'Escape' を押して取り消します

注3）　https://man.openbsd.org/ssh_config

図7-4：SSH接続後の状態

▶リモートマシンに拡張機能を追加する

リモート開発機能でホストマシンと同じ拡張機能を使う場合、リモートマシンにも同じ拡張機能をインストールする必要があります。

リモートマシンに接続した状態で拡張機能ビューを開くと、リモートマシンにインストールされている拡張機能が「SSH: <ホスト名> - インストール済み」ビューに表示されます（**図7-5**）。一方、ホストマシンにインストールされている拡張機能は「Local - インストール済み」に表示され、その拡張機能がリモートマシンにインストールされていない場合は「<ホスト名>にインストール」ボタンが表示されます。

図7-5：リモート接続時の拡張機能ビュー

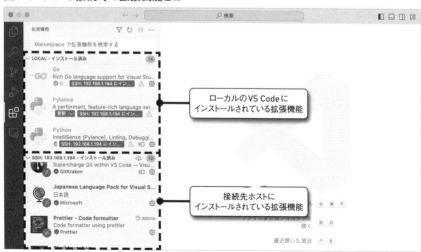

ここでローカルマシン側の「<ホスト名>にインストール」のボタンを押すと、該当の拡張機能がリモートマシンにインストールされます。拡張機能にこのボタンが表示されない場合は、その拡張機能がリモート機能に非対応であるか、

ローカルの拡張機能が最新ではない可能性があります。拡張機能がインストールされると、「SSH:<ホスト名> - インストール済み」ビューに表示されます。

　個別に拡張機能を追加するのに手間がかかる場合は、リモート接続時に指定した拡張機能を自動でインストールするよう設定することもできます。その場合、コマンド「基本設定：設定（JSON）を開く（Preferences: Open settings (JSON)）」を実行し、"remote.SSH.defaultExtensions" に必要な拡張機能の識別子を指定します注4。

```
{
  "remote.SSH.defaultExtensions": [
    "ms-vscode.Go",
    "eamodio.gitlens",
    "donjayamanne.githistory"
  ]
}
```

　ここで指定する拡張機能の識別子は、以下のコマンドで得られるIDを使います。

```
$ code --list-extensions
```

　なお、拡張機能の中で追加のソフトウェアが必要な場合は、別途インストールする必要があります。

▶リモートマシンでの開発

　以上の準備を済ませれば、ホストマシン上での開発やデバッグとほとんど同じようにリモートマシン上で開発やデバッグができるようになります。

　接続直後は、リモートマシンのフォルダーを開く前の状態になっています。フォルダーを開くには、エクスプローラービューから「フォルダーを開く（Open Folder)」ボタンを押すか、「File：開く ...(File: Open...)」コマンドを実行し、開くフォルダーを指定します。

　また、リモート接続中にターミナルタブを開いた場合、そのターミナルはリモートマシン上のターミナルになります（**図7-6**）。

注4）設定を追加する操作については第9章を参照してください。

図7-6：リモートホストのターミナル

```
問題   出力   デバッグ コンソール   ポート ①   コメント   ターミナル   🍱 bash  + ∨  ▢  🗑  …

nnyn@reah ~/ghq/github.com/74th/vscode-book-r2-golang (main=)
$pwd
/home/nnyn/ghq/github.com/74th/vscode-book-r2-golang
nnyn@reah ~/ghq/github.com/74th/vscode-book-r2-golang (main=)
$ip addr show | grep 192.168.1.
    inet 192.168.1.194/24 brd 192.168.1.255 scope global noprefixroute enP4p65s0
nnyn@reah ~/ghq/github.com/74th/vscode-book-r2-golang (main=)
$
```

このとき、リモートのシェルにおいても code コマンドを使うことができます。引数にワークスペースとして表示したいフォルダーを指定してコマンドを実行すると、新しいウィンドウでワークスペースが開きます。

▶リモートマシンでWebアプリをデバッグする

第5章で解説したデバッグ機能は、リモート開発機能の中でも使うこともできます。

ただし、ブラウザで確認が必要なアプリケーションの開発において、Webサーバーがリモートマシンで実行されている場合、そのままではホストマシンのブラウザからアクセスすることはできません。ホストマシンのポートをリモートマシンのポートにつなげる「ポート転送」を使うことでリモートマシンのWebサーバーにアクセスできるようになります。

たとえば第11章で解説するGoのアプリケーションの場合、デバッグ実行を開始すると8000ポートでWebサーバーが立ち上がります。このポートにローカルマシンのポートをつなぐには、下部パネルのポートタブを選択し、「ポート転送」ボタンを押します（図7-7）。すると転送中ポートの表の表示に切り替わり、転送させるポート番号（ここでは8000）を入力します（図7-8）。ローカルで同じポートが空いている場合、そのポート番号に転送し、代わりのポート番号に転送されます（図7-9）。

図7-7：パネルのポートタブのポート転送ボタン

図7-8：転送ポートの入力

図7-9：ローカルポートの確認

　このポート番号のlocalhostのアドレス（http://localhost:12345）にアクセスすると、リモートマシンのポートに繋がります。このローカルポートの表示の箇所にはボタンも設置されており、ボタンを使うことで、URLをコピーしたり、ブラウザで直接開いたりできます（**図7-10**）。

図7-10：ローカルポートのボタン

　なお、リモートマシン上で新しくポートが開いたことをVS Codeが認識できると、自動でポート転送が行われることもあります。

▶リモートエクスプローラービューを使う

　一度接続したホストはリモートエクスプローラービューに表示され、ワンクリックで接続できるようになります。リモートエクスプローラービューは、**図7-11**に示すアクティビティーバーのアイコンからアクセスできます。リモートエクスプローラービューを開いたら、右上のドロップダウンをリモートに変更してください。

図7-11：リモートマシンで開いたワークスペース

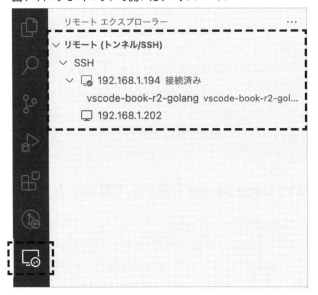

　この中の「SSH」と書かれたツリーの下にホスト名(または設定名)が並び、その中にこれまで開いたワークスペースのフォルダーの一覧が表示されます。これらをクリックすると、そのホストにSSHで接続し、当該フォルダーを開くことができます。

　ぜひこのビューを活用して、リモート環境にすばやくアクセスしてみてください。

WSL、スタンドアロンのVS Code Server

リモート開発機能を使って外部のLinuxシステムに接続する方法は、リモートSSH以外にも複数の手段が用意されています。

▶WSLに接続する

2023年11月時点のWindowsには、Linuxを動かして実行するWindows Subsystem for Linuxが組み込まれています。Microsoft StoreからUbuntuなどのLinuxディストリビューションをインストールすると、Windows上でLinuxアプリケーションを動かせるWindows Subsystem for Linuxを利用できるようになります。WSLが使える状態でコマンド「WSL: WSLへの接続（WSL: Connect to WSL）」を実行するか、ステータスバーのリモート機能ボタンからこのコマンドを選択すると、リモートSSH機能と同様にWSL上でVS Codeを起動できます。

接続後の使い方はリモートSSH機能と同じです。WSLにはポート転送の機能がありませんが、localhostへのアクセスでWSL内のアプリケーションに転送されるため、問題ありません。

▶スタンドアロンのVS Code Serverを起動して接続する

前節のリモートSSHでは、拡張機能はリモートマシン上で実行されると説明しました。このようにリモートマシン上で拡張機能の実行などを担っているプログラムはVS Code Serverと呼ばれます。WSLや次節で説明する開発コンテナ機能であっても、VS Code Serverがその環境の中で動作しています。「VS CodeのUIを動かしているマシンからリモートマシン上で動作するVS Code Serverに接続する」という形をとっているのです。

一方で、クラウド上で独立したVS Code Serverを起動し、そこにVS Codeから接続できる機能も提供されてます。このようなVS Code Serverは「スタンドアロンのVS Code Server」と呼ばれます。この機能の利点は、VS Codeからリモート環境に直接接続する必要がなく、Microsoftが提供するトンネルサービスを介して接続できる点です。なお、このサービスの利用にはGitHubアカウン

トが必要です。

スタンドアロンのVS Code Serverを利用するために必要なCLIツールは、VS Codeのダウンロードページ注5にある「CLI」と書かれたリンクからダウンロードできます(**図7-12**)。第1章でインストールしたcodeコマンドでも同じことができます。

図7-12：VS CodeのダウンロードページのCLIツールのリンク

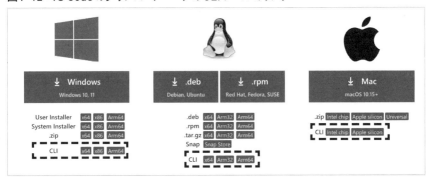

ではまず、リモート環境上でVS Code Serverを起動してみましょう。やり方は簡単で、`code tunnel`というコマンドを実行するだけです。実行すると、`Open This link in browser`というメッセージに続いて接続用のURLが表示されます。

```
$code tunnel
*
* Visual Studio Code Server
*
* By using the software, you agree to
* the Visual Studio Code Server License Terms (https://aka.ms/vscode-server-
license) and
* the Microsoft Privacy Statement (https://privacy.microsoft.com/en-US/priva
cystatement).
*

Open this link in your browser https://vscode.dev/tunnel/exciting-duck/home/
nnyn/ghq/github.com/74th/vscode-book-r2-golang
```

このURLの https://vscode.dev/tunnel/ に続く文字列が接続先の環境名にな

注5）https://code.visualstudio.com/Download

ります。上記の場合は「exciting-duck」です。この名前は自分で指定することも
でき、その場合はコマンドラインの引数--nameに続けて指定します。この環
境名は、一度引数に指定すれば記憶されるため、2回目以降の入力は不要です。

　はじめてこの機能を利用する場合には、上記のURLを開きます。するとGitHub
アカウントでの認証を求められます。認証が終わると、ブラウザ上でVS Code
Serverに接続されたVS Codeが起動します。そのままブラウザのVS Codeを
利用することもできますが、ここではローカルのデスクトップ版のVS Codeか
ら接続してみましょう。

　まず、UIとして利用するVS Codeには拡張機能「Remote - Tunnels」のインス
トールが必要です（**図7-13**）。

図7-13：拡張機能「Remote - Tunnels」

　拡張機能がインストールされたあと、前節でも説明したリモートエクスプロー
ラービューでプルダウンを「リモート」に設定すると、「SSH」と並んで「Tunnels」
という項目が追加されます。最初は**図7-14**のようにGitHubへの認証を求める
表示になりますので、クリックして認証を進めてください。認証すると、VS
Code Serverが起動している環境名がリストに表示されます（**図7-15**）。

図7-14：リモートエクスプローラーのTunnel機能のサインイン前の表示

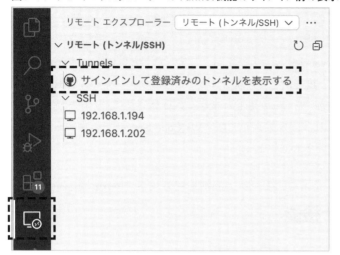

図7-15：リモートエクスプローラーのTunnel機能での表示

　ここで該当する環境名をクリックすると、VS Code Serverに接続されます。最初はフォルダーを開いていない状態になるため「フォルダーを開く」を押すか、ターミナルを開きcodeコマンドを使ってフォルダーを開きます。

　このように一度接続すれば、その環境とワークスペースとして開いたフォルダーがVS Codeに記憶され、リモートエクスプローラービューに表示されるよ

うになります。以降は（すでにVS Code Serverを起動している状態であれば）
このフォルダー名をクリックするだけでそのVS Code Serverに接続できます。

　ここでは直接SSHで接続できない環境であっても手軽に接続できるスタンド
アロンVS Code Serverを使った方法を紹介しました。とはいえ、Microsoftが
提供するトンネルを一度経由して接続されることもあり、リモートSSHと比べ
ると若干処理が遅く感じられるかもしれません。したがって、リモートSSHで
接続できる環境であれば、スタンドアロンVS Code Serverで接続するメリッ
トはそれほどないといえるでしょう。

開発コンテナ機能

　開発コンテナ機能は、開発に使うDockerコンテナの中で拡張機能や言語サー
バー（Language Server）を動かす機能です。

　開発・運用されるアプリケーションは、プログラムバイナリを成果物とする
のではではなく、ライブラリ、ミドルウェアなども含めたDockerコンテナとし
て作られることが多くなっています。こうして作られたDockerコンテナは、
KubernetesやAmazon ECSなど、コンテナオーケストレーションツール上で動
作します。成果物がDockerコンテナであれば、開発に必要なツール自体もDocker
コンテナ内に収めることで、本番環境と同じライブラリ、ミドルウェアを使っ
た開発が可能になります。また、このようにすることで、開発環境構築時に発
生する依存パッケージが別の開発の環境と競合するという問題も解消できます。

　本節では、このような利点を持つ開発コンテナ機能を試していきましょう。

▶開発に使うコンテナ

　開発コンテナ機能では、開発時に使うDockerコンテナを「Dev Container」と
呼びます。Dev Containerでは、本番環境とまったく同じDockerコンテナが使
えるわけではありません。それには、以下のような理由があります。

・Dockerfile内にビルド処理がある場合、開発途中のソースコードがビルドに
　成功しない可能性を考慮する必要があるため

- entrypointで実行されるプログラムの代わりに、VS Codeのプログラムを動かす必要があるため
- Gitなどいくつかのツールをインストールする必要があるため
- 拡張機能を動かすための追加インストール（Goにおけるツールなど）が必要になるため

よって、多くのケースではDev Containerと本番環境のコンテナの作成するDockerfileは分けることになるでしょう。

なお、リモートSSH機能と異なり、Dev Containerの構築時にはワークスペースのすべてをDockerコンテナに入れる必要はありません。Dev Containerではホストマシンとワークスペースが共有されます。

▶Dev Containerの準備

開発コンテナ機能を使うためには、リモートSSH機能と同様に拡張機能「Remote Development」のインストールが必要です。拡張機能のインストール方法は前節で述べたとおりです。また、コンテナランタイムであるDockerを利用できる環境が必要です。macOS、WindowsであればDocker Desktop for MacまたはDocker Desktop for Windowsのインストールが必要になります。Linuxの主要なディストリビューションではパッケージマネージャで簡単にインストールルできます。

ワークスペースを開いた状態で開発コンテナ機能のセットアップを開始するには、「開発コンテナー: 開発コンテナー構成ファイルを追加…（Dev Container: Add Dev Container Configuration File...）」コマンドを実行するか、ステータスバーの中のリモート開発機能のアイコンをクリックして、「開発コンテナー構成ファイルを追加…（Add Dev Container Configuration File...）」を選択します。すると、ベースとするDev Container設定の一覧が表示されるので、その中から目的に近いものを選択します（**図7-16**）。

図7-16：ベースとするDev Container設定の一覧

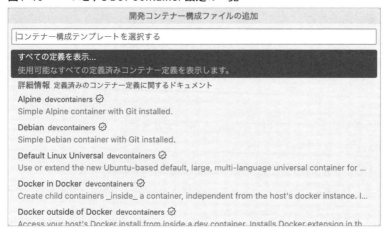

サンプル設定を選んだら、追加するDev Container Featuresを選択します（**図7-17**）。Dev Container Featuresとは、Dev Containerに追加で機能を入れるパッケージマネージャのようなものです。これを使うと、たとえばPythonのパッケージマネージャであるPoetryや、MySQLなどのデータベース、Dockerビルドするための Docker in Dockerツールなどを Dev Container の中に構築できます。特に必要がない場合はチェックを付けずにOKを押します。

図7-17：追加のDev Container Featuresの選択

　Dev Container Featuresを選択している場合は、さらにDev Container Features
に設定を追加するかたずねる選択が表示されます（**図7-18**）。Dev Container Features
では、インストールするツールのバージョンを選択できるなど、設定が可能なもの
があります。詳しくは、Dev Container FeaturesのWebページ[注6]の各Featureにあ
るリンクをクリックして確認してください。多くのFeatureは既定（KeepDefault）を
選択すると最新のツールがインストールされるようにできています。

図7-18：FeaturesにNode（nvm）を選択した場合に表示されるNodeのバージョンの選択

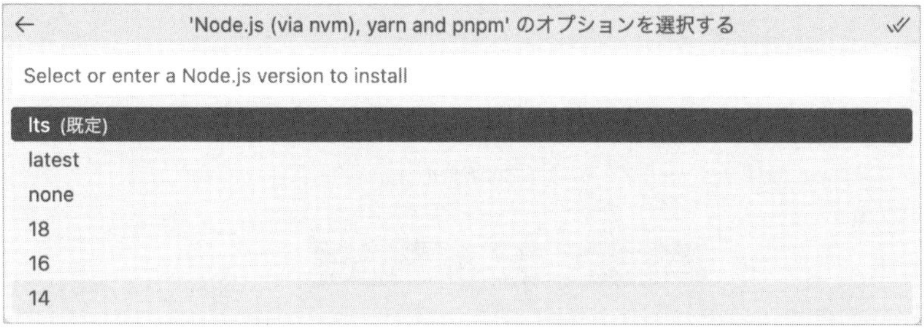

```
←           'Node.js (via nvm), yarn and pnpm' のオプションを選択する        ✅

Select or enter a Node.js version to install

lts (既定)

latest

none

18

16

14
```

　これでワークスペース中に.devcontainerというフォルダーが作成され、Dev
Containerの設定ファイルであるdevcontainer.jsonが格納されます。Go言語で、
MySQLのFeaturesを選択した場合は以下のようになります。

```
// .devcontainer/devcontainer.json
{
  // Dev Containerの名前
    "name": "Go",
  // ベースにするイメージ
    "image": "mcr.microsoft.com/devcontainers/go:0-1-bullseye",
  // Dev Container Features
    "features": {
        "ghcr.io/devcontainers-contrib/features/mysql-homebrew:1": {
            "version": "latest"
        }
    }
}
```

　この設定は書かれたDockerイメージをベースにして、`features`に列挙した
Dev Container Featuresを加えたDockerイメージを作成し、Dev Containerと

注6）https://containers.dev/features

して起動するという設定になります。この設定ファイルの詳細については後述しますので、まずはこのコンテナを起動してみましょう。

▶開発コンテナ機能を有効にする

ここまでに準備した.devcontainerフォルダーがあるフォルダーをワークスペースとして開くと、Dev Container内でワークスペースを開き直すかを確認するダイアログが表示されます（**図7-19**）。「Open in Container」を選択すると、開発コンテナ機能が有効になったVS Codeが再起動します。

図7-19：開発コンテナ機能の確認ダイアログ

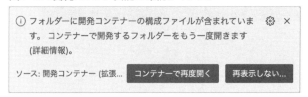

これを手動で行いたい場合は、コマンド「開発コンテナー: コンテナーで再度開く（Dev Containers: Reopen Folder in Container）」を実行するか、ステータスバー中のリモート開発機能のアイコンを押してこのコマンドを選択します。

開発コンテナ機能が有効になると、ステータスバーにコンテナの名前が表示されます（**図7-20**）。

図7-20：開発コンテナ機能が有効になっている状態

開発コンテナ機能が有効なときには、タスクやデバッグ、各拡張機能がDev Containerの中で実行されます。

なお、Dev Containerでは開発コンテナ機能を有効にしたときにイメージのプルもしくはビルドが行われます。開発コンテナ機能が有効になっているときにDev Containerの設定を変更し、再度Dev Containerをビルドし直すには、コマ

ンド「開発コンテナー: コンテナーのリビルド(Dev Containers: Rebuild Container)」を実行します。

▶Dev Containerの設定ファイル

それでは、Dev Containerの設定ファイルを詳しく見ていきましょう。

Dev Containerの起動のしかたには3つのパターンがあり、それぞれdevcontainer.jsonでの設定方法が異なります。

1. 既存のDockerイメージを使い、その1つのコンテナのみを起動して、Dev Container として使う場合
    - "image"にDockerイメージの名前とタグを指定する
2. Dockerfileを使ってビルドしたDockerイメージを使い、その1つのコンテナ のみを起動して、Dev Containerとして使う場合
    - "dockerFile"にDockerfileのパスを指定する
3. 複数のコンテナをDocker Composeで起動し、その1つをDev Container と して使う場合
    - "dockerComposeFile"にDocker Composeの設定ファイルのパスを指定 し、そのうえでDocker Composeのサービスの中でDev Containerとして 使うコンテナのサービス名を"service"に指定する

先ほど例に挙げたdevcontainer.jsonは1番目のパターンです。Microsoftが提供するDev Container設定のイメージとDev Container Featuresだけでは機能が足りない場合や、外部リソースに依存したくない場合には、2番目に挙げたDockerfileを使って自由にDev Containerを構築するパターンを選択できます。また、データベースとアプリケーションなど複数のコンテナを立ち上げる必要がある場合には、複数のDockerコンテナからなるアプリケーションを管理できるDocker Composeを使うとよいでしょう。

以降では使い方ごとに主な機能を説明します。devcontainer.jsonのさらに詳細な書き方については、公式ドキュメント[注7]を確認してください。また、Microsoft

---

注7) https : //code.visualstudio.com/docs/remote/containers#_devcontainerjson-reference

はDev ContainerのサンプルをGitHub[注8]上で配布しているので、そちらも参考になるでしょう。

Dockerfileを使い、1つのコンテナのみを使う場合

まずはDockerfileを使う場合の設定を解説します。通常のDockerfileと同様にコンテナイメージを作ることができますが、少し注意が必要です。

はじめに、以下のように"image"の代わりに"context"と"dockerFile"を指定します。そして、Dev Containerで必要となるいくつかのパッケージをインストールするために、Dev Featuresを追加し、ユーザー名の設定を追加します。

```json
{
  "name": "Go",

  // ビルドするDockerfile
  "context": ".",
  "dockerFile": "./Dockerfile",

  // 追加するFeature
  "features": {
    "ghcr.io/devcontainers/features/common-utils:2": {
      "installZsh": "true",
      "username": "vscode",
      "userUid": "1000",
      "userGid": "1000",
      "upgradePackages": "true"
    },
    "ghcr.io/devcontainers/features/git:1": {
      "version": "latest",
      "ppa": "false"
    }
  },

  // ユーザー名の設定
  "remoteUser": "vscode"
}
```

common-utilsでDev Containerの初期設定を行います。開発コンテナ機能ではワークスペースのフォルダーをDockerコンテナ内にマウントする仕組みがあり、コンテナ内でrootユーザーで書き込みをしてしまうとrootユーザーのままローカルのフォルダーに保存されてしまいます。そこで、コンテナ内では一

注8) https://github.com/microsoft/vscode-dev-containers

一般的に使われるユーザーIDが1000であるユーザーを作成して、それを "`remoteUser`" で指定しています。

なお、"`dockerFile`" および "`context`" は .devcontainer フォルダーからの相対パスで記述する必要があります。たとえば、ワークスペースのルートフォルダーにある Dockerfile を Dev Container のイメージとして使う場合は、以下のような記述になります。

```
{
  // 略

  "context": "..",
  "dockerFile": "../Dockerfile",
}
```

Docker Compose で複数のコンテナを起動する場合

Docker Compose は複数のコンテナを起動する設定を compose.yml に記述し、その設定に従って複数のコンテナを起動できるツールです。この機能を使って、データベース等のコンテナを Dev Container と同時に起動し、起動したコンテナのひとつを Dev Container として利用できます。

たとえば Dev Container と MySQL を同時に実行する場合、compose.yml は以下のようになります。

```
# .devcontainer/compose.yml
version: "3.7"
services:

  # Dev Containerとして使うコンテナの設定
  dev:
    # Dev Containerのコンテナイメージの設定
    build:
      context: .
      dockerfile: Dockerfile
    # MySQLのコンテナのあとに起動させる
    depends_on:
      - mysql

  # Dev Containerの隣で起動する
  # MySQLコンテナの設定
  mysql:
    image: mysql/mysql-server:8.0.27
    environment:
```

```
    - MYSQL_ROOT_HOST=%
    - MYSQL_DATABASE=main
    - MYSQL_ALLOW_EMPTY_PASSWORD=yes
  # Dev Containerからアクセスするポート
  ports:
    - "3306"
```

　ここでは2つのコンテナを記述し、Dev ContainerからアクセスしたいMySQL
のポートを ports で設定しています。Dev Containerには dev というサービス
名を付けました。

　このDocker Composeの設定ファイルを使うDev Containerの設定は以下のよ
うになります。

```
// .devcontainer/devcontainer.json
{
  "name": "docker-compose-pattern",

  // Docker Compose の設定ファイル
  "dockerComposeFile": "./compose.yml",
  // Dev COntainer のサービス名
  "service": "dev",

  // 以下省略
}
```

　"dockerComposeFile" に Docker Composeの設定ファイルを記述しますが、
このとき.devcontainer フォルダーからの相対パスで指定することに注意してく
ださい。また、Dev Containerのサービス名は "service" で指定します。

依存するライブラリをコンテナ起動後にインストールする

　多くのプログラミング言語での開発においては、依存するライブラリをイン
ストールして利用します。Dev Containerで利用するコンテナイメージのビルド
の際に依存するライブラリのインストールを行ってしまうこともできますが、
ライブラリの追加のたびにコンテナイメージを再ビルドするのでは時間がかかっ
てしまうでしょう。そこで、コンテナイメージのビルドとは別にライブラリを
インストールすることをおすすめします。

　とはいえ、開発をスタートするときには依存するライブラリのインストール
が必須であるため、コンテナ起動時に自動で行われるようにすると便利です。
これを実現するには、"postCreateCommand" という設定を利用します。先の

Go言語のDev Container設定にGo Moduleのインストールを追加すると以下のようになります。

```
// .devcontainer/devcontainer.json
{
    "name": "Go",
    "image": "mcr.microsoft.com/devcontainers/go:0-1-bullseye",
    // コンテナ起動後に1度だけ実行されるコマンド
    "postCreateCommand": "go version",
}
```

単一のコマンドですまない場合は、実行したいシェルスクリプトをリポジトリに追加し、そのシェルスクリプトが実行されるように設定するとよいでしょう。

なお、この方法にはひとつ注意点があります。"postCreateCommand"で指定したコマンドはコンテナがはじめて起動したときにしか実行されません。もし、Dev Containerをこのコマンドが終了する前に再起動してしまった場合などには、コンテナの再ビルドからやり直す必要があります。

VS Codeの設定や拡張機能を追加する

開発で利用すべき設定や拡張機能が決まっているのであれば、Dev Containerが立ち上がったときにそれらも自動で設定、インストールされている状態にできると便利です。こうした設定もdevcontainer.jsonに追加できます。利用するツールの絶対パスを設定する必要がある拡張機能でも、そのツールのインストールをDev Containerのイメージのビルドの中に含めたうえで、Dev Containerの設定の中にそのパスの設定を含めることで対応できます。

このような設定は、"costomizations"."vscode"という項目に記述します[注9]。VS Codeの設定を記述する"settings"には、第9章で説明するJSONによる設定と同じように記述します。拡張機能のインストールについては、拡張機能のIDの配列として"extensions"に記述します。

```
{
  "name": "docker-compose-pattern",

  // ... "image"等は省略
```

注9) わざわざ "vscode" という名前の属性があるのは、Dev Containerの設定がVS Code以外のエディタでも使えるように一般化されたためです。

```
// エディタ固有の設定
"customizations": {
  "vscode": {
    // VS Codeの設定
    "settings": {
      "python.defaultInterpreterPath": "/usr/local/bin/python"
    },
    // 拡張機能
    "extensions": ["ms-python.python"]
  }
}
}
```

なお、この設定はユーザー設定、ワークスペース設定の順に上書きされます。

▶Dockerボリュームにリポジトリをチェックアウトする

本節ではリモート開発機能で開くリポジトリがローカルのフォルダーにある前提で解説を進めてきました。このとき、Linux以外のmacOSやWindowsをホストOSして利用している場合は、Dockerコンテナを実行するLinuxのファイルの操作をホストOSのファイルシステムに転送するという処理が行われます。しかし転送しているという都合上、どうしても本来のファイルシステムより負荷がかかり、ファイルの操作が遅くなってしまいます。npm installといった大量のファイルをインストールするような処理を行うと、ホストマシンで行っていたときよりも遅く感じることがあるでしょう。

この問題への対処として、Dockerボリュームにリポジトリをチェックアウトする方法があります。DockerボリュームとはDockerが管理するファイルシステムの領域で、Linux上にあります。ホストのOSからは参照できませんが、VS Codeの開発コンテナ機能でしかアクセスしないのであれば問題ありません。

これを実現するには、「開発コンテナー: コンテナーボリュームにリポジトリを複製(Dev Container: Clone Repository in Container Volume)」コマンドを実行します。図7-21のように今後は確認なしにリポジトリのURLを開くようになるため、セキュリティ警告が表示されますが、「了解(Got It)」を押して進めます。次にチェックアウトするリポジトリの情報が求められます。リポジトリのURLを入力するか、GitHubの場合には直接リポジトリのリストが表示されるため、そこから選ぶこともできます。

図7-21：リポジトリのクローンのセキュリティ警告表示

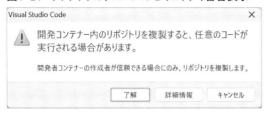

　すると、リポジトリがボリューム上にチェックアウトされ、開発コンテナ機能でVS Codeが起動します。もしホストOSでファイルを利用したい場合には、エクスプローラービューでファイルを選択し、右クリックメニューから「ダウンロード...（Download...）」を押すことで、ホストOSに保存できます。逆に、ホストOSにあるファイルをコンテナの中に持ち込みたい場合は、エクスプローラービュー内にファイルをドラッグするとコピーできます。

　VS Codeを終了したあとでもう一度このワークスペース開くには、まずリモートエクスプローラービューを開き、右上のドロップダウンメニューから「開発コンテナー（Dev Containers）」を選択します。すると開発コンテナ機能のコンテナの一覧が開発コンテナー（Dev Containers）パネルに表示されるので、目的のものをクリックしてください（**図7-22**）。

図7-22：開発コンテナ機能のワークスペースの一覧

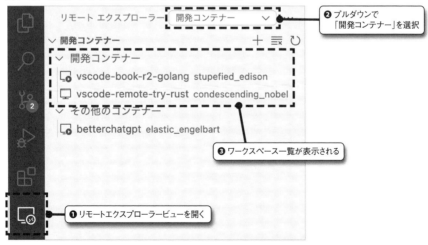

　ここでチェックアウトしたリポジトリはDockerのボリュームにコンテナとは別に保存されており、コンテナの再ビルドなどを行っても消えることはありません。リポジトリのボリュームの削除は、リモートエクスプローラービューの開発ボリュームビューに表示されているボリュームを右クリックして表示されるメニューから行います（**図7-23**）。

図7-23：開発コンテナ機能のリポジトリのボリューム一覧

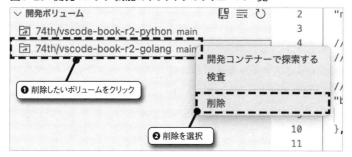

## 第8章

GitHub連携／GitHub Codespaces
GitHubと繋がった開発環境とワークフロー

　GitHubはMicrosoft傘下のGitHub社が提供する、Gitリポジトリのホスティングサービスです。現在、おもだったオープンソースプロジェクトのプログラムコードはGitHubによってホスティングされており、企業でも幅広く利用されるようになってきています。

　GitHubで特筆すべきは、フォークとプルリクエストをもとにしたコードレビュー機能です。自分のものではないリポジトリに対して、フォークによってGitリポジトリのコピーを持ち、コミットを加えて、その差分をプルリクエストとしてコードレビューに出します。リポジトリオーナーやレビューアーは、そのコミットを加えてもよいかをプルリクエスト上で議論したり、コードレビューを行ったりします。このプルリクエストの仕組みにより、GitHubはオープンソースプロジェクトで主流になるだけではなく、クローズドで開発されているプロジェクトでも使われるようになり、GitHubを中心とした開発ワークフローも整備されるようになったのです。

　VS Codeを開発するMicrosoftとGitHub社は関連企業であり、VS CodeからGitHubを効率よく使うための拡張機能が公式に提供されています。プルリクエストのコードレビューはWebブラウザ上で行うのが一般的ですが、VS Codeを使うと「定義へ飛ぶ」などのコード解析機能が使えるようになり、コードレビューが一段と便利になります。

　さらには、機能制限はあるもののVS CodeをWebブラウザ上で実行できるVS Code for Webや、VS CodeのUI以外の機能をクラウドマシン上で実行するGitHub Codespacesも、GitHub上で提供されています。

　本章では、GitHubの開発ワークフローを、VS Code上で効率的に使うための機能を紹介します。

Webブラウザ上でVS Codeを利用できる VS Code for Web

　これまで紹介してきたVS Codeは、デスクトップで立ち上げて利用するプログラムでした。そこでは、Webブラウザの技術でデスクトッププログラムを構築するためのフレームワークであるElectronが使われています。

　そして、このようにWebブラウザの技術によって実装されていることを活かし、VS Code自体をWebブラウザで立ち上げる「VS Code for Web」が提供されるようになりました。本節ではこのVS Code for Webの使い方を紹介します。

▶VS Code for Webとは、その制約とは

　VS Code for Webは、Webブラウザ上で動作するVS CodeのWebアプリです。

　デスクトップアプリのVS Codeでコードを読み書きする場合、ローカルマシンにそのコードをダウンロードして、それを開くことになります。この際、ダウンロードしたリポジトリ内にコンピューターウイルスのプログラムが含まれていたらどうでしょう。VS Codeでそのコードを開いたりプログラムを実行したりすることをを通してウイルスの悪影響を受けてしまうかもしれません。第2章で紹介したワークスペーストラストの機能で承認しないという方法もありますが、使える機能に大きな制限が生じてしまいます。そんなとき、ブラウザのサンドボックス環境で実行されるVS Code fo Webを利用すれば、安全にリポジトリを開くことができます。ほかにも、一時的に参照するリポジトリの閲覧や、VS Codeをインストールできない環境での利用に適しています。

　VS Code for Webの見た目は通常のVS Codeとほぼ変わりません。しかし、利用にあたりいくつか制約があります。

　1つ目は、拡張機能を十分に利用できるとは限らないことです。拡張機能をVS Code for Webに対応させるためには、すべての処理をブラウザ上のJavaScriptとして動作させる必要があります。そのため、外部プログラムとしてLanguage Serverを使った拡張機能などは動作しません。VS Code for Webで利用できない拡張機能はサイドバーの拡張機能ビュー上ではグレーアウトして表示され、インストールできないようになっています。また、インストールできても機能に制限がある場合もあります。

2つ目は、ターミナルを使えないことです。VS Code for Webではターミナルで実行されるタスクやデバッグ実行は機能しません。プログラミング言語のランタイムを活用する環境が必要な場合はVS Code for Webを利用できないと考えてください。

3つ目は、第2章で紹介した検索ビューを利用する際にインデックスのダウンロードが必要であり、即応性に欠けることです。デスクトップのVS Codeの検索ビューでは、とくに待つことなくワークスペース内のすべてのファイルを対象に検索できます。一方のVS Code for Webでは、検索ビューで初めて検索したときにまずインデックスがダウンロードされてようやく詳細な検索が可能になるため、デスクトップのVS Codeと比べて時間がかかります。とはいえ、よほど大きなリポジトリでなければ問題を感じないでしょう。

4つ目は、一部のキーボードショートカットがブラウザと競合することです。たとえば、エディターのタブを閉じるショートカット（macOS：⌘+W、Windows／Linux：Ctrl+W）はブラウザ自体のタブを閉じるキーと競合します。これを回避するには、ブラウザの操作と競合しないようにキーボードショートカットをカスタマイズする必要があります。

このようにいくつかの制約はありますが、前述のメリットを享受したいシーンでは便利であるといえるでしょう。

▶ GitHubと連携したgithub.dev

VS Code for Webの環境は2種類のURLで提供されています。GitHub上で使えるgithub.devと、GitHub以外のリポジトリでも使えるvscode.devの2つです。

まずはgithub.devを紹介します。GitHubリポジトリをブラウザで表示した状態、つまりブラウザのURLが https://github.com/{user}/{repository} となっているときに .（ドット）キー を押すと、URL が https://github.dev/{user}/{repository} に切り替わり、当該リポジトリを開いた状態のVS Code for Webがブラウザに表示されます（図8-1）。このGitHub版VS Code for Webでは、ローカルマシンにクローンしたリポジトリをデスクトップのVS Codeで開いたときと同じように使うことができます。GitHubリポジトリをもとにVS Code for Webを使いたい場合は、この方法がよいでしょう。ただし、GitHubにサインインした状態でないと使うことはできません。

図8-1：ブラウザに表示されたVS Code for Web

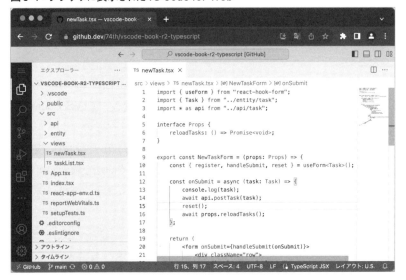

　また、.（ドット）キーを押した際に特定のブランチやタグを開いた状態であれば、そのブランチやタグがチェックアウトした状態でVS Code for Webが表示されます。あるいは、プルリクエストを開いているときに.（ドット）キーを押したのであれば、プルリクエストのコードレビュー機能を有効にした状態でVS Code for Webが表示されます。

　なお、github.devのVS Code for Webを使う場合には、Gitの使い勝手がデスクトップのVS Codeと異なることに注意してください。デスクトップのVS Codeでは、ローカルのリポジトリにコミットしただけではGitHub上のリポジトリにそのコミットは反映されません。プッシュ、同期を行ってはじめて反映されます。一方github.devの場合には、コミットした時点でプッシュしたのと同じ状態になります。GitHubのリポジトリを直接編集しているような状態であると思っておくとよいでしょう。書き込み権限のある共有リポジトリを開いて、気づかずコミットしてまわないように注意してください。

▶ローカルファイルも開ける vscode.dev

　次にvscode.devを紹介します。vscode.devでは、ローカルのディレクトリを開くこともできます。https://vscode.dev を開いて（**図8-2**）、エクスプローラー

ビューにある「フォルダーを開く（Open Folder）」ボタンを押すと、ローカルフォ
ルダの選択画面が表示されます。ここでローカルのフォルダーを選択すると、
初回のみブラウザにアクセス権限を与えてよいかを確認するダイアログが表示
されます（**図8-3**）。

図8-2：vscode.devの初期画面

図8-3：アクセス権限の確認ダイアログ

　ローカルのファイルを編集する以外にも、特殊なURLを使うことで外部リポ
ジトリを開くことができます。2023年11月時点では、AzureリポジトリとGitHub
リポジトリを、以下のURLで開くことができます。

- **Azure リポジトリ**：https://vscode.dev/azurerepos/{organization}/{project}/{repo}
- **GitHub**：https://vscode.dev/github/{user}/{repo}

プルリクエストとの連携

本章の冒頭で、GitHubを使った開発ワークフローのなかで重要な位置を占める機能にプルリクエストがあると説明しました。本節では、このプルリクエストをVS Codeから使いやすくする公式の拡張機能を紹介します。拡張機能ビューで「GitHub」などと入力するとすぐに見つかるでしょう（**図8-4**）。なお、github.devではこの拡張機能が最初から有効化されています。

図8-4：GitHub Pull Requests and Issues

この拡張機能をインストールすると、GitHubのアイコンがアクティビティーバーに追加されます（**図8-5**）。このアイコンをクリックすると、後ほど説明するプルリクエストビューとIssueビューが表示されます。

図8-5：アクティビティーバーのGitHubのアイコン

▶ GitHubへのサインイン

この拡張機能はGitHubにアクセスするため、利用の前にVS CodeでGitHubにサインインしておく必要があります[注1]。まだGitHubにサインインしていない場合、アクティビティーバーのGitHubボタンを押すと、サイドバーに**図8-6**の

注1）　github.devでははじめから認証されているため、サインインする必要はありません。

ようなメッセージが表示されます。

図8-6: GitHubへのサインインを促すメッセージ

ここで「サインイン（Sign In）」ボタンを押すとブラウザが立ち上がり、GitHubへのアクセス権を与えてよいかの確認が表示されます（**図8-7**）。「Authorize Visual-Studio-Code」をクリックしてください。するとデスクトップアプリのVS Codeをブラウザから起動してよいかどうか確認されるため、こちらも許可してください。

図8-7：GitHubの認証画面

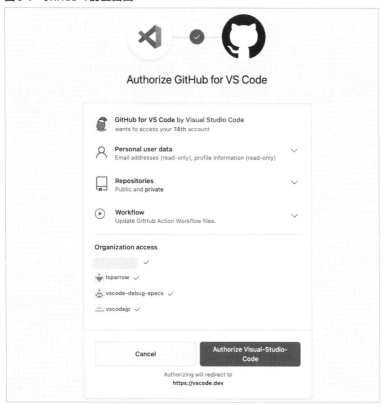

　なお、GitHubにサインインした状態を解除するには、アクティビティーバーの左下から2番目のアカウントボタンから行います（**図8-8**）。

図8-8：アクティビティーバーのアカウントボタンとサインアウト

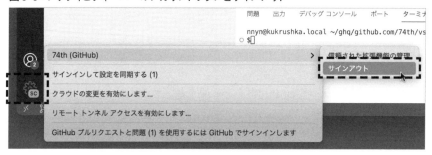

▶プルリクエストビュー

　拡張機能を導入してGitHubにサインインできていれば、GitHubリポジトリをクローンしたディレクトリをワークスペースとして開いた際に、そのリポジトリのプルリクエストおよびIssueを一覧できるようになります。

　このうちPull Requestsビュー（本書では「プルリクエスト一覧ビュー」と呼びます）では、自分がレビューアーに指定されているプルリクエストなど、さまざまなものがツリー形式で表示されます（**図8-9**）。

図8-9：プルリクエスト一覧ビュー

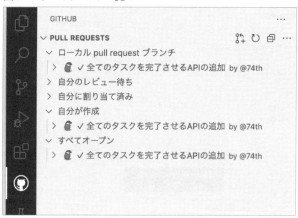

　また、プルリクエストで変更したファイルの差分の一覧も見ることができます。Descriptionをクリックすると、エディター画面にプルリクエストの内容が表示されます。ここでプルリクエストにコメントを書くことも可能です。さらに、ツリーにあるプルリクエストを右クリックして表示されるメニューから「既定のブランチをチェックアウト（Checkout Pull Request）」を選択すると、そのプルリクエストのブランチがローカルにチェックアウトされます。

▶プルリクエストレビュービューを使ったレビューの進め方

　この拡張機能を活用したレビューの進め方を紹介しましょう。プルリクエストのブランチがチェックアウトされていると、アクティビティーバーに「GitHub Pull Request」が追加されます（**図8-10**）。ここに表示されるGithub Pull Requestビューを、本書では「プルリクエストレビュービュー」と呼びます。

図8-10：アクティビティーバーのプルリクエストレビュービュー

　このプルリクエストレビュービューには、ファイル差分のファイルツリーと、ApproveやChange Requestを選択できるコメント欄が表示されます（**図8-11**）。

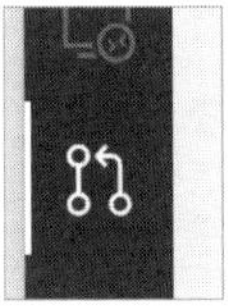

図8-11：プルリクエストレビュービュー

　Webサイトのgithub.comでのプルリクエストのレビューでは、変更した差分を確認してコメントを付け、レビューの最後に「承認(Approve)」「変更の要求(Change Request)」「コメントのみ(Comment)」を選択して、コメントを投稿します。また、変更したファイルにそれぞれチェック済みマークをつける機能もあります。

　VS Codeのプルリクエストビューでもこれらの一連の作業を行うことが可能です。

　まず、ツリーからファイルを選択すると、差分がdiff画面で表示されます。このdiff画面には、左端にコメントをするためのボタンが付いています。このボタンを押すと該当行にコメントを追加できます。

　このとき、コメント欄のボタンには、レビュー開始時には「レビューを開始する(Start Review)」ボタンが、その後は「レビューコメントの追加(Add Review Comment)」が表示されます。Webサイトの時と同様に、コメントには保留中と

表示され、レビューを終了するまでは他者には見えない状態になります。また、レビューの開始とせずにいますぐコメントを追加する「コメントの追加(Add Comment)」もあります(**図8-12**)。

図8-12：コメントを追加するボタン

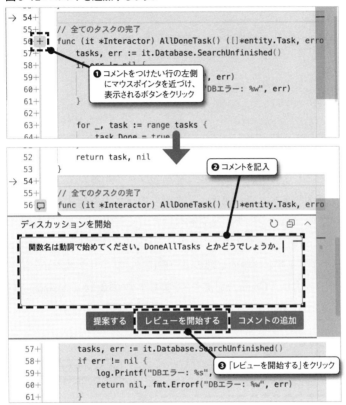

また、「提案する(Make Suggestion)」では変更内容を提案できます。プルリクエスト上ではこの提案を適用するボタンが表示されるようになります(**図8-13**)。さらに、このプルリクエストですでにコメントされている内容も、このビューに表示されます。

図8-13：Make Suggestionで提案した変更

差分の確認を終えたところで、ファイルツリーのファイル名の左端のチェックボックスをクリックします。これがチェック済みのファイルを見分ける目印となります。すべてのファイルにチェックをつけていく形でレビューを続けていきます。

最後に、プルリクエストビュー中の下部の入力欄にて、プルリクエスト全体へのレビューコメントを入力し、「Comment」ボタンを押します（**図8-14**）。「Comment」以外にもプルダウンから「Approve」「Request Changes」も選択できます。

図8-14：コメントを追加する

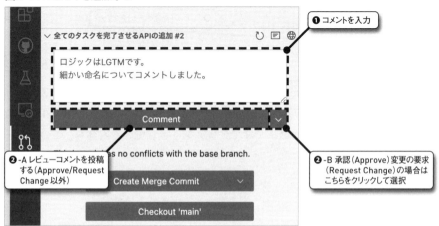

なお、この機能を使うにあたって注意すべき点があります。github.comに機能が追加されても、VS Codeの拡張機能の更新が追い付いていないケースがあるかもしれないことです。それでもプルリクエストを拡張機能でのコメントとViewedのチェックマークの状態はgithub.com上のプルリクエスト画面と同期していますので、必要に応じてWebサイトのgithub.comと併用するとよいでしょう。

▶ Commentパネル

プルリクエストのブランチをチェックアウトアウトしている状態では、プルリクエストビューだけでなく、下部パネルにCommentsパネルが追加されます（**図8-15**）。

図8-15：Commentsパネル

Commentsパネルでは、このプルリクエストのコードに紐付けられたコメントを一覧できます。コメントをクリックすると、そのコメントが付けられたコードがエディター上に表示されます。もちろん、他の人がすでに付けているコメントを見ることも可能です。

▶ Issueビュー

Issueビューでは Issue を一覧で表示できます。自分にアサインされている Issue の確認に使えます。

ただし、2023年11月時点では、Issueの中身をVS Code上で表示できません。Issueの右側の⊕をクリックすることで、ブラウザでそのIssueを開くことができます。

GitHub Codespaces

　ここまではGitHubと結びついたVS Codeの機能を多数紹介してきましたが、本節では視点を変え、クラウド上の計算資源を利用して開発できるGitHub Codespaces（以下Codespaces）を紹介します。

▶GitHub Codespacesとは

　プログラムの開発においては、多くのメモリやコア数の多いCPUを搭載したマシンを使うほうが効率がよいとされています。しかし、そういったマシンは高価ですし、より高いスペックを要求する状況が一時的なものにすぎなかったり、いますぐ必要なのにすぐには購入できなかったりする場合もあります。そんなときCodespacesというサービスを使えば、VS Code上で実行されるソフトウェアの解析やコンパイル等の多くの操作をクラウド上で実行できるため、手元のマシンが非力なものであったとしても作業を効率化できます。

　VS Codeをコンテナ上で実行できる「開発コンテナ機能」を第7章で紹介しました。開発コンテナ機能では、Docker DesktopなどのローカルのDockerサービス、もしくはSSH接続先のDockerサービスを利用できます。この開発コンテナ機能におけるコンテナの実行をクラウド上の計算機インスタンスで行うためのサービスがCodespacesです。このインスタンスの利用料金は、使用した時間単位とストレージの利用量単位で計算されます。

　開発コンテナ機能とCodespacesのメリットはスペックだけにとどまりません。開発コンテナ機能を使えばあらかじめ整えておいた開発環境を複数人で利用できるため、チームの誰かが構築した環境をチーム全員がクラウド上で利用する、といった開発形態も実現できます。Dockerコンテナの開発環境を用意するには多少の手間がかかりますが、一度構築できれば開発者1人ずつにかかっていた開発環境構築の時間は不要になります。

　また、Codespacesの実行インスタンスは「リポジトリごとに構築する」ことが基本です。並行する複数のプロジェクトごとに必要な開発環境や依存するライブラリのバージョンなどが異なることはよくあります。こういった場合、もし1台のマシンにすべての開発環境をインストールしていると、1つのプロジェク

トのためにインストールしたライブラリが他のプロジェクトの開発をさまたげ
てしまうことも起こりえます。Codespacesではリポジトリごとに隔離された開
発環境を構築できるため、このような問題を解決できます。もちろん、単一の
リポジトリに対して複数のインスタンスを構築することも可能です。

これらをまとめると、以下のようなケースではCodespacesの利用を検討して
みてもよいでしょう。

- CPUやメモリの多い強力なクラウド上の開発マシンを一時的に使いたい
- 開発コンテナ機能を使って、チームで同じ開発環境を使いたい
- 開発コンテナ機能を使って、開発プロジェクトやリポジトリごとに開発環境
  を隔離したい

▶利用条件と料金

Codespacesは個人アカウントおよびオーガニゼーションアカウントで利用で
きます。個人アカウントについては、2023年11月時点では一定の無料枠が付
属し、無料枠が終了したあとも従量課金で利用できます。一方、オーガニゼー
ションアカウントの場合は「Team」プラン以上でのみ利用できます。ただし、
オーガニゼーションに紐付いたリポジトリであっても、選択によっては(オーガ
ニゼーションアカウントではなく)個人アカウントとして利用してしまい、個人
アカウントに課金されることに注意してください。

続いて、料金について簡単に説明します。ただし、最新の情報や詳細は公式
サイトのGitHub Codespacesの請求についてのページ[注2]を参照してください。

まず、料金計算の基本となるのはリモートマシンのスペックです。これは
CPUのコア数で2コアから32コアまでの5段階から選択できます。メモリのサ
イズは(価格表には明示されていないものの)CPUコア数で決まり、1コアあた
り4GBのメモリが割り当てられます。これはインスタンスが起動している時間
に応じて請求され、停止中は請求されません。

次にストレージ料金がかかります。こちらは1GBにつき$0.07／月となってい

注2) https://docs.github.com/ja/billing/managing-billing-for-github-codespaces/about-billing-for-github-codespaces

て、インスタンスを削除しないかぎり停止中にも課金されます。料金は月単位で提示されていますが、実際は利用時間単位で計算・請求されます。標準のストレージサイズは32GBとなっていますが、最初から32GB分請求されるわけではなく、そのコンテナの中で利用したストレージサイズに応じて請求されます。

なお、開発コンテナの設定がない場合にデフォルトで使われるUbuntuコンテナを利用する場合には、ベースイメージ分のストレージ料金については課金対象にならず、チェックアウトしたリポジトリや追加インストールした分のみが課金対象になります。

以上のようなバリエーションや注意事項がありますが、標準のマシンタイプはCPU 2コア、メモリ8GB、ストレージ32GBであり、なにも設定しない場合にはこのクラスのマシンが使われます。

▶インスタンスをブラウザから起動する

Codespacesの起動はGitHubのリポジトリのページから行えます。リポジトリの「Code」タブの緑色の「Code」ボタン（**図8-16**）を押します。ここで表示されるメニューからCodespacesタブを開きます。「Create Codespaces on main」ボタンを押すと、Codespacesのインスタンスが作成され、起動します（**図8-17**）。

図8-16：リポジトリの「Code」ボタン

図8-17：CodespacesタブのCodespacesインスタンス作成ボタン

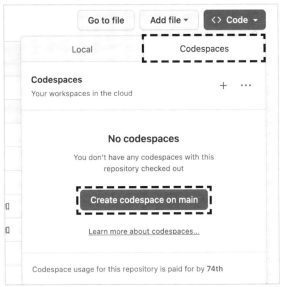

　すでに起動中、もしは停止させたインスタンスがある場合には（**図8-18**）のように、インスタンスの一覧が表示されます。

図8-18：インスタンスがある場合の表示

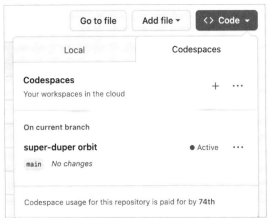

　インスタンスを起動するとブラウザ上にVS Codeが立ち上がります。操作方法については本章ですでに紹介したVS Code for Webと同じです。

　インスタンスサイズをカスタマイズしたり、メインブランチ以外を選択して
起動したい場合にはオプションボタンから「New with options...」を押してくださ
い（**図8-19**）。**図8-20**のオプション選択画面が表示されるので、ブランチやイ
ンスタンスを起動するデータセンターの場所、インスタンスサイズなどを選択
します。

図8-19：インスタンス起動のオプションボタン

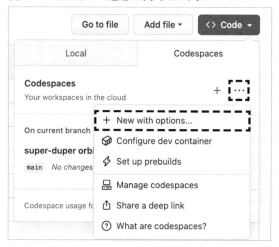

図8-20：インスタンス起動のオプション

▶起動する環境について

第7章で解説したとおり、開発コンテナ機能では、起動するコンテナの設定やDockerfileのパスを.vscode/devcontainer.jsonという設定ファイルに記述します。Codespacesでも、.vscode/devcontainer.jsonファイルがリポジトリにある場合には、そのコンテナでインスタンスが起動します。

この設定ファイルがなければ、PythonやRubyやGoなどの設定があらかじめインストールされたUbuntuのコンテナが起動します。この場合でも、あとから.vscode/devcontainer.jsonファイルを追加し、「Codepsaces: Rebuild Container」コマンドを実行すれば、利用したい言語の設定で再度コンテナが立ち上がります。

▶VS CodeからGitHub Codespacesを起動する

先の説明ではVS Code for WebからCodespacesを利用しましたが、もちろんデスクトップのVS CodeからCodespacesを利用することも可能です。本章の最初に説明したとおり、VS Code for WebではChromeデバッガーが使えなかったり、一部のキーバインドが利用できないといった制限があるため、筆者としてはデスクトップのVS Codeを利用することをおすすめします。

デスクトップからCodespacesを使う場合には、アクティビティーバーでリモートエクスプローラービューを開き、上部のドロップダウンから「GitHub Codespaces」を選択します。すると、すでに起動中、もしくは過去に起動して現在は停止しているインスタンスのリストが表示されるので、目的のインスタンスを選んでください(**図8-21**)。

図8-21：リモートエクスプローラービューのCodespacesのインスタンスのリスト

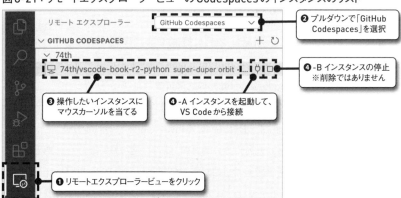

　接続されると、第7章で解説したリモート開発機能と同じように、ステータスバーの左端に「Codespaces」と表示されます。

　なお、接続は「Codespaces: Connect to Codespaces」コマンドからも行えます。また、図8-21の＋ボタン、もしくは「Codespaces: Create New Codespaces」コマンドを実行すると、GitHubのリポジトリの一覧から新しいCodespacesのインスタンスを作成できます。

▶インスタンスの停止、削除、サイズ変更

　前述のとおり、現在起動中、もしくは停止しているCodespacesのインスタンスのリストは、第7章で解説したリモートエクスプローラービューから確認できます。また、github.comのWebサイト最上部の左側のメニューボタンで開くサイドバー中の「Codespaces」（図8-22）をクリックすると、図8-23のように一覧を見ることができます。

図8-22：github.comのインスタンス一覧の開き方

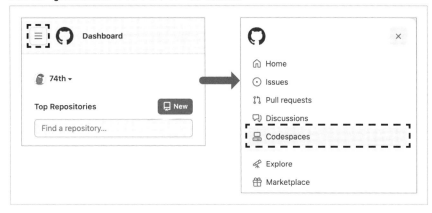

図8-23：github.comでのCodespacesインスタンスの一覧ページ

　ローカルのVS CodeからCodespacesに接続している場合、操作していない状態が30分続くと自動的にインスタンスが停止します。手動で停止させる場合には、ステータスバーの左下の「Codespaces」の表示をクリックし、表示されるコマンドのリストから「Stop Current Codespaces」を選択します（**図8-24**）。また、「Codespaces: Stop Current Codespaces」コマンドから停止させることも可能です。なお、現在そのCodespacesをVS Codeで開いていない場合には、コマンド「Codespaces: Stop Codespaces」でも、インスタンスを指定して停止できます。

図8-24：開いているCodespacesの手動停止

　すでに解説したとおりインスタンスを停止させればCPU費用はかかりません
が、ストレージ料金はかかってしまいます。ストレージへの課金を止めるため
にはインスタンスを削除しなければなりません。インスタンスを削除するには、
リモートエクスプローラービューでインスタンスの名前を右クリックして「Delete
Codespaces」を選択する（**図8-25**）、もしくはgithub.comにてインスタンス名の
右端のオプションボタンから「Delete」を選択します（**図8-26**）。

図8-25：リモートエクスプローラービューでのインスタンス削除

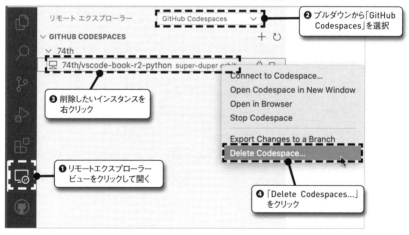

図8-26：github.comでのインスタンスの削除

　なお、インスタンスの停止中には、github.comのWebサイトにあるインスタンス名の右端のオプションボタンから「Change machine type」をクリックすることで、次にそのインスタンスを起動する際のCPUのコア数とメモリのサイズを変更できます（**図8-27**）。

図8-27：github.comでのインスタンスサイズの変更

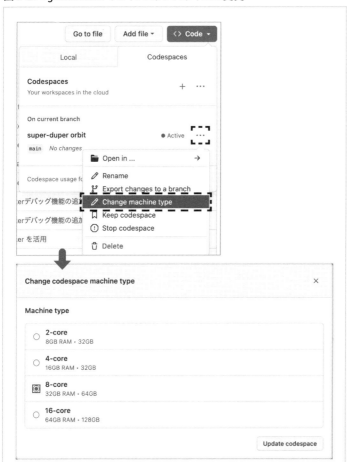

▶利用料金の確認と上限金額設定

　現在使用している従量料金を確認するには、github.comのWebサイト上で右上のユーザ名ボタンをクリックしたメニューからSettingsページを開き、左のメニューから「Access: Billing and plans」のサブメニューを開き、「Plans and usage」をクリックします。表示される「Usage of Month」が今月の利用料金で、「Usage Hours」がCPU利用量、「Storage」がストレージの利用量にあたります（**図8-28**）。

図8-28：Codespacesの利用料金

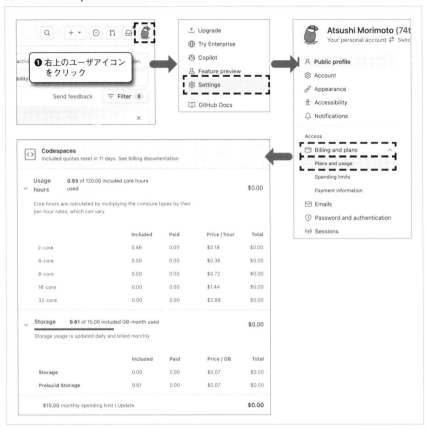

　なお、Codespacesの初期設定では、無料枠以上の費用はかからないように設定されています。これは上限金額が$0に設定されているためです。

　上限金額を確認するには、利用料金を確認するページで「Manage spending limit」を押します。すると、各サービスの上限設定のページが開くため、そこでCodespacesの項目を探してください。ここで「Limit spending」の下の欄の金額を変更し「Update limit」を押せば、上限金額を変更できます。上限を無制限とする「Unlimited spending」も利用可能です（**図8-29**）。

図8-29：Codespacesの上限金額の設定

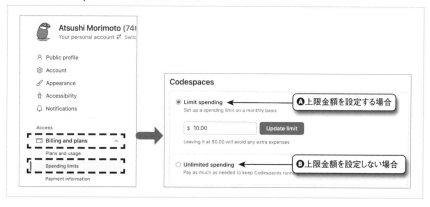

また、同じ画面にある「Email alerts」をオンにしておくと、上限金額の75%に達した際にメールで通知してくれるようになるため、必要に応じて設定しておくとよいでしょう。

▶ DevContainerのプレビルド

Codespacesでは、インスタンスの起動に時間がかかることがあります。これは、インスタンスの起動時にリポジトリの内容に応じてDockerイメージをビルドしているためです。リポジトリの内容によってはこのビルドに数分かかることもあります。この問題を解決するのが、事前にDockerイメージをビルドしておくプレビルド機能です。

プレビルド機能では、GitHubのCI機能であるGitHub Actionsを使ってビルドが行われます。DevContainerの設定ファイル .devcontainer/devcontainer.json に従ってイメージをビルドし、一度ビルドされると、Codespacesをオプションを指定した作成時にプレビルドがあるとマークで表示されます（**図8-30**）。

図8-30：プレビルドを使ったCodespacesの作成

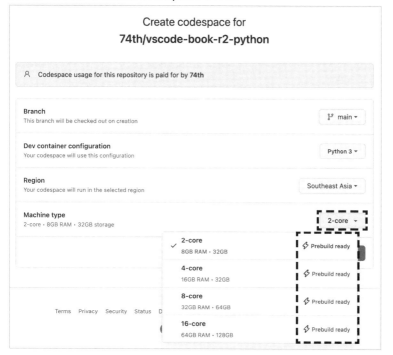

　プレビルド機能を有効にするには、リポジトリの「Settings」を開き、メニュー中の「Codespaces」をクリックします。すると「Set up prebuild」と書かれたボタンが現れます。そのボタンから、ビルド対象にするブランチと、プレビルドイメージを更新するタイミングなどを選択します。更新するタイミングは「pushごとに毎回（Every Push）」「設定ファイル変更時のみ（On configuration change）」「スケジュール」から選択できます。

　プレビルド利用に関わるコストは、ビルドに要するGitHub Actionsの料金およびDockerイメージのサイズのストレージコストです。プレビルドからCodespacesインスタンスを作成した場合、イメージとの差分についてのみストレージの料金がかかるようになっています。したがって同じプレビルドを複数人で利用できればストレージ料金が安くなりますが、コンテナ起動後に必要とする容量が大きかったり、プレビルドの更新頻度が高い場合にはあまり効果はないため、コストメリットに期待しすぎないようにしましょう。

## 第9章

カスタマイズ
柔軟な設定項目、ショートカットでより使いやすく

　VS Codeのカスタマイズ項目は多岐にわたります。VS Codeはオープンソースとして開発されているので、開発リポジトリのIssueでの機能リクエストやプルリクエストにより、カスタマイズできる幅はアップデートのたびに広がっています。

　カスタマイズ項目はフォントやテーマと言った見た目のカスタマイズから、自動保存や検索で除外するファイルの設定など、プログラミングを快適にする設定がたくさん備えられています。また、それらの設定は言語ごとに異なる設定にもできます。そして、自分の使う機能を呼び出しやすくするためにキーボードショートカットを追加することもできます。本章では拡張機能によらないVS Codeの基本の設定方法を紹介します。

Visual Studio Codeのカスタマイズの基本

　まずは、VS Codeを設定する基本的な方法、そして環境や言語ごとに設定を切り替える方法などの、VS Codeのカスタマイズの基本を解説します。

▶GUIの設定画面とJSONの2つの設定の変更方法

　VS Codeには設定の変更方法が2種類あります。GUIの設定画面を使う方法と、設定ファイルのJSONを直接編集する方法です。それぞれ以下の方法で開くことができます。

・GUIの設定画面を利用する
　・コマンド「基本設定：ユーザー設定を開く(Preferences: Open User Settings)」を実行

- ・アクティビティーバーの設定アイコン（⚙）から「設定（Settings）」を選択
- ・設定ファイルのJSONを直接編集する
  - ・コマンド「基本設定：ユーザー設定を開く（JSON）（Preferences: Open User Settings (JSON)）」を実行

はじめはGUIの設定画面を使うほうが、項目を検索しやすく便利でしょう（**図 9-1**）。設定はいくつかのカテゴリに分類されていて、テキストによる絞り込みができるフィルターも用意されています。設定したい項目が決まっている場合、フィルターを活用したほうが早く見つけられるでしょう。

図9-1：GUIの設定画面

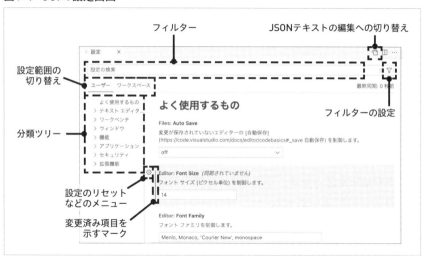

GUIで設定を行うと、変更した結果が設定ファイルに適用されます。この設定ファイルはsettings.jsonといいます。前述のとおり、このJSONを直接編集して設定を変更することもできます（**図9-2**）。一部の項目についてはGUIの設定画面では変更できないため、JSONの編集が必要になります。設定のプロパティ名は、カテゴリごとに .（ドット）で区切られています。

図9-2：JSONでの設定の編集

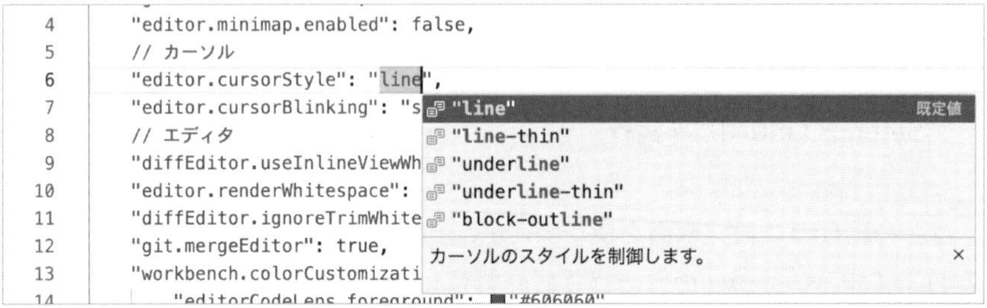

```
 4        "editor.minimap.enabled": false,
 5        // カーソル
 6        "editor.cursorStyle": "line",
 7        "editor.cursorBlinking": "s  🔲 "line"                          既定値
 8        // エディタ                     🔲 "line-thin"
 9        "diffEditor.useInlineViewWh 🔲 "underline"
10        "editor.renderWhitespace":   🔲 "underline-thin"
11        "diffEditor.ignoreTrimWhite 🔲 "block-outline"
12        "git.mergeEditor": true,
13        "workbench.colorCustomizati     カーソルのスタイルを制御します。         ×
14           "editorCodeLens.foreground": ▇ "#606060"
```

　JSONを直接編集する場合でも、JSONのプロパティ名や値として記述する文字列が選択項目の場合、コード補完（macOS：⌷Ctrl⌷+⌷Space⌷、Windows／Linux：⌷Ctrl⌷+⌷Space⌷）を使うことができます。カテゴリを入力したあとにコード補完を使うと、目的のカテゴリの設定項目を効率的に検索できます。

　このほか、項目名や値をマウスオーバーするとポップアップで説明が表示されたり、誤った項目名や値を指定した場合にはエラーとして表示されるなどの機能も備わっています。場合によっては、GUIでの編集よりも使いやすく感じるかもしれません。

　特定の設定項目をデフォルトの状態に戻したい場合は、以下の手順に従います。

・**GUIの設定画面の場合**：設定項目の名称の左にある⚙のメニューから「設定のリセット」を選択する
・**JSONを編集する場合**：プロパティを削除する

▶ユーザーとワークスペースの2つの設定

　VS Codeの設定には、すべてのワークスペースにもデフォルトで適用されるユーザー設定と、ワークスペース固有の設定の2種類があります。

　先ほど設定画面を開く方法を紹介したのは、前者のユーザー設定です。ユーザー設定は複数のワークスペースに共通の設定ファイルになります。

　もう一方のワークスペース固有の設定は、特定のワークスペースのみで適用される設定です。Gitリポジトリに設定ファイルを追加し、開発者間で共有するために使われます。固有の設定が含まれるワークスペースを開いた際にはユー

ザー設定とワークスペース固有の設定の両方が適用されますが、設定内容が競合した場合にはワークスペース固有の設定が優先されます。

　ワークスペースの設定は以下の方法で開くことができます。

・GUIの設定画面を利用する場合
　・コマンド「基本設定：ワークスペース設定を開く(Preferences: Open Workspace Settings)」を実行
　・GUIの設定画面を開き、タブをワークスペースに切り替え
・JSONを直接編集する場合
　・コマンド「基本設定：ワークスペース設定を開く(JSON)(Preferences: Open Workspace Settings (JSON))」を実行
　・ワークスペース中にファイル.vscode/settings.jsonを作成、編集

　タブの設定や除外したいファイルの設定など、プロジェクトのメンバーと共有する必要のある設定だけをワークスペースの設定に記述するとよいでしょう。一方、フォントやテーマなどの見た目は人によって好みが異なることが多いので、ユーザー設定として記述するのが適切です。

▶言語、拡張子固有の設定

　設定はPythonやCSVなどの言語ごとに変更することも可能です。このような設定を行う場合、JSONを直接編集する必要があります。

　たとえば、VS CodeでPythonを編集しているときに、インデントとして半角スペース4つを使いたい場合は、以下のようにします。

1. コマンド「基本設定：言語固有の設定を構成します...(Preferences: Configure Language Specific Settings...)」を選択する
2. 「Python」を選択する(Pythonが選択肢に出てこない場合は、拡張機能「Python」をインストールする必要がある)
3. テンプレートがsettings.jsonに追加されるため、以下のように設定を記述する

```
{
  "[python]": {
    "editor.detectIndentation": false,
    "editor.insertSpaces": true,
    "editor.tabSize": 4,
  },
}
```

上記の"editor.detectIndentation": falseは、ファイルを開くときインデント設定を自動的に検出する機能をオフにするものです。それに続いてスペースでのインデントを"editer.insertSpaces": trueで有効にし、その量を"editor.tabSize"で設定しています。

ここで指定する言語名("[python]")には、Language Identifiers（以下、言語ID）という言語の識別子を使います。前述の手順のように、コマンド「基本設定：言語固有の設定を構成します...(Preferences: Configure Language Specific Settings...)」を選択してテンプレートを生成すると、適切な識別子を使った設定が自動で追加されます。また、コマンド「言語モードの変更(Change Language Mode)」を呼び出したときに括弧(　)内に表示されているので、それを確認してもよいでしょう（**図9-3**）。そのほか、公式ドキュメント[注1]からも確認できます。

図9-3：コマンドでの言語IDの確認

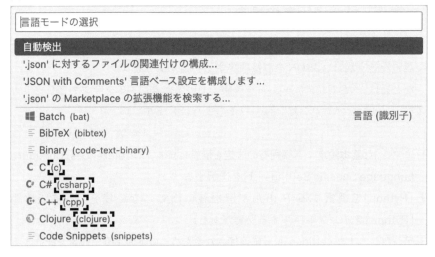

なお、言語の指定は拡張機能によって拡張子と関連付けられていますが、必ずしも期待する拡張子に関連付けられていない場合があります。その場合、設定"files.associations"を用いることで、その拡張子のファイルに対する言語を指定できます。

```
{
  "files.associations": {
    "*.py3": "python",
  },
}
```

▶拡張機能固有の設定

拡張機能には拡張機能固有の設定を持っていることがあります。これらは、GUIであれば設定画面の「拡張機能」にカテゴライズされています（**図9-4**）。もちろんすでに述べたようにフィルターを使ってカテゴリを絞り込むことも可能です（**図9-5**）。

図9-4：拡張機能の設定へのジャンプ

図9-5：拡張機能でフィルター

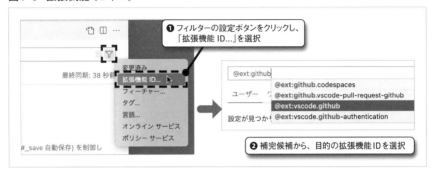

　拡張機能の設定について、GUIでの編集で表示される説明や、JSON編集での項目の説明やポップアップで表示されるヒントだけではわからないことがある場合、サイドバー中の各拡張機能をクリックしたときに表示される拡張機能のREADMEを確認することをおすすめします。

　これらの設定は、はじめから用意されている設定項目同様、ユーザー設定としてもワークスペース設定（.vscode/settings.json）としても利用できます。ある拡張子のファイルが特定のワークスペースでのみ利用されている場合、そのワークスペースの設定に記述するのが適切でしょう。

おすすめの設定項目

　ここまでは設定の基本的な方法について説明してきました。

　紙幅の都合で個別の設定項目のすべてを紹介することはできませんが、以下に筆者が実際にカスタマイズに使っているおすすめの設定項目をいくつか紹介します。

▶エディターの見た目に関する設定

　エディターに表示されるソースコードの見た目の好みは、人によって分かれることが多いでしょう。VS Codeではさまざまな設定項目を用意することでユーザーの好みに応えています。

フォントや行の高さ

フォントに関しては以下の設定があります。フォントによっては行が狭くなり見づらい場合があるため、必要に応じて行の高さも変更するとよいでしょう。

GUI設定名	JSON設定名	機能
Editor: Font Family	editor.fontFamily	フォントの種類
Editor: Font Size	editor.fontSize	フォントのサイズ
Editor: Font Weight	editor.fontWeight	フォントのウェイト（normal／boldまたは100〜900の数値）
Editor: Font Ligatures	editor.fontLigatures	FireCode[注2]、Hasklig[注3]などのフォントでのリガチャー（合字）を有効にするかどうか。デフォルトではfalse
Workbench: Font Aliasing	workbench.font Aliasing	macOSのみ。フォントのアンチエイリアスの設定。文字が見づらい場合に変更するが、基本はデフォルトのdefaultで問題ない
Editor: Line Height	editor.lineHeight	行の高さ。デフォルト(0)のときは自動で決定される
Editor: Letter Spacing	editor.letterSpacing	文字間の幅。ほんのわずかな隙間を入れたい場合、0.2などの小数でも入力できる
Terminal: Integrated: Font Family	terminal.integrated. fontFamily	ターミナルのフォントの種類
Terminal: Integrated: Font Size	terminal.integrated. fontSize	ターミナルのフォントのサイズ

なお、英語と日本語で異なるフォントを使うことも可能です。以下のように、カンマ区切りで「<英語フォント>,<日本語フォント>」の順に記述します。

```
{
  "editor.fontFamily": "Hasklig,Source Han Code JP",
}
```

また、VS Codeには文字の幅に関する設定はないため、文字幅はフォント依存になります。よって文字の列を揃えたい場合には等幅フォントを指定する必要があります。Source Code Pro[注4]やInconsolata[注5]といった多くのプログラミング用フォントは等幅フォントになっています。

注2) https://github.com/tonsky/FiraCode
注3) https://github.com/i-tu/Hasklig
注4) https://adobe-fonts.github.io/source-code-pro/
注5) https://levien.com/type/myfonts/inconsolata.html

9
カスタマイズ

カーソルのスタイル

　VS Codeのカーソルのスタイルはデフォルトでは縦線ですが、Vimのように
ブロック型のアイコンに変更できます(**図9-6**)。カーソルの点滅アニメーショ
ンのスタイルも複数(blink／smooth／phase／expand／solid)あり、点滅なしの
「solid」を含め、多くの種類から選べます。

設定名	JSON設定名	機能
Editor: Cursor Style	editor.cursorStyle	カーソルのスタイル
Editor: Cursor Width	editor.cursorWidth	線状(line)のカーソルの場合の太さ
Editor: Cursor Blinking	editor.cursorBlinking	カーソルの点滅アニメーションのスタイル

図9-6：さまざまなカーソルのスタイル

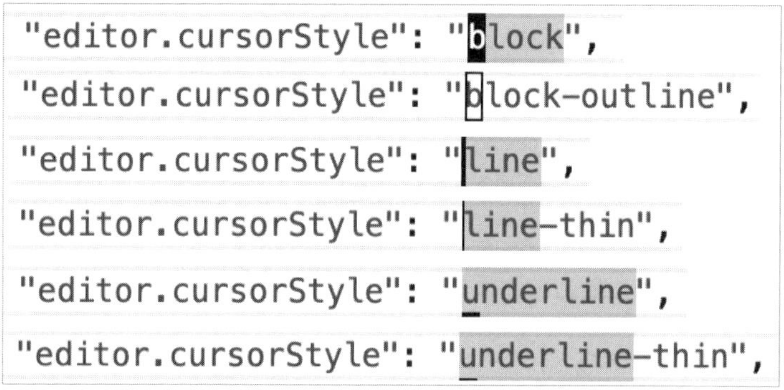

```
"editor.cursorStyle": "block",
"editor.cursorStyle": "block-outline",
"editor.cursorStyle": "line",
"editor.cursorStyle": "line-thin",
"editor.cursorStyle": "underline",
"editor.cursorStyle": "underline-thin",
```

行番号の表示／非表示

　行番号の表示方法も設定できます。非表示にしたい場合「off」を指定します。
「on」にすると通常の行番号が表示されるほか、「relative」にすると現在のカーソ
ル行からの相対的な行数が、「interval」にすると10行ごとに行数が表示される
ようになります。

設定名	JSON設定名	機能
Editor: Line Numbers	editor.lineNumbers	行番号の表示方法

ミニマップ

　VS Codeでは、ソースコードの全体の様子を小さく示すミニマップがデフォ
ルトで表示されます。定数などはソースコード上の一箇所にまとめて定義する
ことも多いため、それらを色で探すのに有効です。 ミニマップには有効／無効

を切り替えるほかに、いくつかの設定があります。

設定名	JSON 設定名	機能
Editor: Minimap: Enabled	editor.minimap.enabled	ミニマップを表示するかどうか
Editor: Minimap: Render Characters	editor.minimap.render Characters	ミニマップを実際の文字で表示するかどうか。falseにすると、ブロックで表示される
Editor: Minimap: Side	editor.minimap.side	ミニマップをエディターの左右どちらに表示するか

▶インデントや文字コードに関する設定

インデントの種類やサイズ、改行コード、文字コードなどは自動で検出されますが、規定値を設定することもできます。改行コードが「auto」の場合には、macOS／Linuxでは「/n」、Windowsでは「/r/n」が使われます。

設定名	JSON 設定名	機能
Editor: Insert Spaces	editor.insertSpaces	インデントにスペースを使うかどうか。trueだとスペース、falseだとタブになる
Editor: Tab Size	editor.tabSize	インデント1つ分のサイズ。タブの場合は見た目のサイズに反映され、スペースの場合にはその文字数のスペースがインデントとして使われる
Files: Eol	files.eol	改行コードの既定値。「/n」「/r/n」「auto」のいずれか
Files: Encoding	files.encoding	文字コードの既定値

▶ファイルの保存とフォーマットに関する設定

VS Codeでは、タブのサイズの統一や、単語・記号間のスペースを調整するフォーマット（コード整形）は、コマンド「ドキュメントのフォーマット（Format Document）」や、ショートカットキー（macOS： Option + Shift + F 、Windows： Alt + Shift +F、Linux： Ctrl + Shift +I）で行うことができます。しかし、フォーマットを忘れないためにも、自動で行う方がよい場合もあるでしょう。VS Codeでは、改行時や保存時、ペースト時に自動でフォーマットを行うよう設定できます。

設定名	JSON設定名	機能
Editor: Format On Type	editor.formatOnType	改行など区切り文字をタイプしたときに自動でフォーマットするかどうか
Editor: Format On Save	editor.formatOnSave	保存したときに自動でフォーマットするかどうか
Editor: Format On Paste	editor.formatOnPaste	貼り付けを行ったときに自動でフォーマットするかどうか

　また、以下の設定に項目を追加することにより、フォーマットだけでなく、クイックフィックスで修正可能なリントエラーも保存時に自動で修正できます（この設定はショートカットキーではなくJSONを直接編集する必要があります）。たとえば、"source.fixAll: true"を追加すると修正可能な警告が自動で修正されますし、"source.organizeImports: true"を追加するとTypeScriptなどのImport文を整理できます。

設定名	JSON設定名	機能
Editor: Code Action Save	editor.CodeActionOnSave	保存時に行うアクション

　以下の設定を使うと、ファイルの保存を自動的に行うことができます。初期状態では「off」で、自動保存しない設定になっています。「afterDelay」を指定すると、キー入力を止めてから一定時間後に保存します。「onFocusChange」とすると、ほかのファイルにフォーカスが移動したときに保存します。「onWindowChange」の場合は、VS Codeのウィンドウからフォーカスが外れたときに保存します。

設定名	JSON設定名	機能
Files: Auto Save	files.autoSave	自動保存の設定
Files: Auto Save Delay	files.autoSaveDelay	「afterDelay」を設定した場合の、保存までの遅延時間（ミリ秒）

▶エクスプローラービューの設定

　エクスプローラービューには原則としてすべてのファイルが表示されますが、キャッシュファイルや別ライブラリのファイルなどを表示したくない場合もあるでしょう。そのときには、以下からファイルツリーの表示から除外するファイルやフォルダを設定できます。このときのフォルダーの記述にはGlobスタイルが使えます。たとえば、**/ を先頭につけると、任意の階層のフォルダーを

対象にできます。

設定名	JSON設定名	機能
Files: Exclude	files.exclude	エクスプローラービューで非表示にするパスのパターン

JSONで編集する場合には、以下のように項目ごとに**true**をつけて記述します。

```
{
  "files.exclude": {
    "**/__pycache__": true,
    "**/.pyc": true,
  }
}
```

9

カスタマイズ

▶検索ビューの設定

検索ビューで有効になる設定には以下のものがあります。

設定名	JSON設定名	機能
Search: Exclude	search.exclude	「除外するファイル」が有効なときに常に検索対象から外すパスのパターン
Search: Follow Symlinks	search.followsymlinks	検索中にシンボリックリンクの先のディレクトリも検索するかどうか
Search: Location	search.location	検索ビューをサイドバー中のビューとして表示するか、下部のパネルとして表示するか
Search: Smart Case	search.smartCase	スマートケース(すべて小文字の場合には大文字小文字を区別せず、大文字が含まれる場合は大文字小文字を区別して検索する)で検索するかどうか
Search: Show Line Numbers	search.showLine Numbers	検索ビューの検索結果に行数を併記するかどうか

検索から除外される対象の設定は、サードパーティライブラリやビルド結果の入ったフォルダーを常に検索対象から除外するなどに使うとよいでしょう。これをJSONで編集して設定する場合は、以下のようになります。

```
{
  "search.exclude": {
    "**/node_modules": true,
    "**/.vscode": true,
  }
}
```

▶配色テーマ、ファイルアイコンのテーマの設定

VS Codeでは外見やソースコードの配色設定を「配色テーマ」と呼びます。初期状態でも複数の配色テーマがインストールされています。配色テーマを変更するには、以下のどちらかのようにします（**図9-7**）。

- コマンド「基本設定：配色テーマ（Preferences: Color Theme）」を実行
- アクティビティーバーの設定メニューから「テーマ（Themes）」→「配色テーマ（Color Theme）」を選択

図9-7：配色テーマのメニュー

新しい配色テーマを入手するには、配色テーマを選択するメニューから「その他の色のテーマを参照...（Browse Additional Color Themes...）」を選び、拡張ビューから検索とインストールを行います。配色の検索には、配色テーマのまとめサイトである「vscodethemes」[注6]を使うこともできます。

また、エクスプローラービューやエディターのタブでファイルの種別を示すために表示されるアイコンを設定できます。ファイルアイコンのテーマを変更する方法は以下のとおりです。

注6）https://vscodethemes.com/

- コマンド「基本設定：ファイルアイコンのテーマ（Preferences: File Icon Theme）」
- アクティビティーバーの設定メニューから、「テーマ（Themes）」→「ファイルアイコンのテーマ（File Icon Theme）」を選択

こちらも、ファイルアイコンのテーマのを選択するメニューから「その他のファイルアイコンのテーマをインストール ...（Install Additional File Icon Themes...）」から検索しインストールできます。

選択した配色テーマ、ファイルアイコンテーマは、以下の設定項目として保存されます。

9
カスタマイズ

設定名	JSON設定名	機能
Workbench: Color Theme	workbench.colorTheme	配色テーマ
Workbench: Icon Theme	workbench.iconTheme	ファイルアイコンテーマ

多くの配色テーマはエディターのテキストの色を変えるものですが、テーマによってはカーソルや選択範囲が見づらいことがあります。その場合には、設定の「Workbench: Color Customizations（"workbench.colorCustomizations"）」で調整できます。色を設定できる対象としては以下のような項目があります。

- "editorCursor.foreground"：カーソルの色
- "editor.lineHighlightBorder"：行のハイライトの色
- "editor.selectionBackground"：選択の背景色
- "editor.findMatchBackground"：検索の該当箇所の背景色
- "editorLineNumber.foreground"：行番号の文字色

たとえば、検索でマッチした箇所の背景色を調整したい場合には、以下のように記述するとよいでしょう。なお、この設定はJSONの編集でしか行えません。

```
{
  "workbench.colorCustomizations": {
    "editor.findMatchBackground": "#6688cc",
  },
}
```

　ここで変更可能な設定のリファレンスは公式ドキュメント[注7]にありますので、必要に応じて参照してください。

　なお、エディター内の配色を変更するには「Editor: Token Color Customizations ("`editor.tokenColorCustomizations`")」の設定を変更します。詳細は、第14章のカラーテーマの拡張機能の節を参照してください。

▶設定の同期

　複数のマシンを使って開発しているとき、設定を変更するたびに他のマシンでも同様に設定を変更するのはミスが起こりやすく面倒です。そこで、設定を同期する機能が用意されています。設定の同期を開始するには、アクティビティーバーのアカウントをクリックし、「設定の同期をオンにする(Turn on Settings Sync)」を押します(**図9-8**)。設定の同期に利用するアカウントを求められるため、認証します。認証のためのアカウントとしてはMicrosoftアカウントかGitHubアカウントのいずれかを利用できます。続いて、同期の対象とする設定を選びます。

図9-8：設定の同期の開始

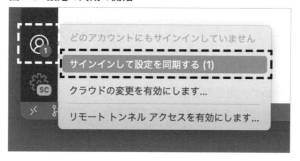

　他のマシンのVS Codeでも同じ作業を行うことで、以降は設定が同期されるようになります。この際、各マシン間で設定に差分があれば適切にマージしてくれます。

　マシン固有の設定など、同期したくない設定項目や拡張機能もあるでしょう。そのような設定については"`settingsSync.ignoredSettings`"にJSONの設定で

注7）　https://code.visualstudio.com/api/references/theme-color

使う名称を指定します。拡張機能の場合は`"settingsSync.ignoredExtensions"`に拡張機能のIDを指定してください。

```
{
  "settingsSync.ignoredExtensions": [
    "vsciot-vscode.vscode-arduino"
  ],
  "settingsSync.ignoredSettings": [
    "editor.fontWeight",
    "editor.fontSize",
  ]
}
```

　また、設定を書き換えすぎてしまい以前の設定に戻したくなったり、戻そうと思って変更した設定項目を見失ってしまうこともあるかもしれません。「設定の同期：同期されたデータの表示（Setting Sync: Show Synced Data）」コマンドを実行するとサイドバーに同期された時刻と変更した内容が表示されるようになります（**図9-9**）。

図9-9：設定の同期の履歴

　過去の特定の時点の設定に戻したければ、そのレコードの右側に表示される↩をクリックします。

▶設定プロファイル

　VS Codeには、「設定プロファイル」という形で複数の設定を切り替える機能が備わっています。設定プロファイルを使うと、使う拡張機能や設定、スニペッ

トなどを丸ごと入れ替えられます。また、内容を選択してエクスポート、イン
ポートすることも可能です。大幅に設定を入れ替えてみたいときや、特定の設
定を一時的に試してみたいときに便利です。

　初期状態のプロファイルは「既定(Default)」と呼ばれています。新しいプロ
ファイルを作成するには、左下の設定アイコンで開くメニューから「プロファイ
ル(Profiles)」のサブメニューを開き、「プロファイルの作成...(Create Profile...)」
を選択します(**図9-10**)。既存のプロファイルをもとに作成したり、何も設定の
ない状態から始めることもできます。

図9-10：プロファイルの作成

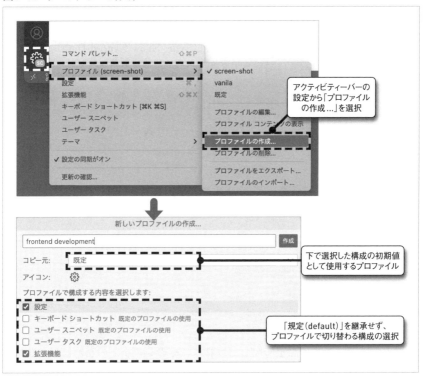

　プロファイルを切り替えるには、図9-10のプロファイルのポップアップメ
ニューからプロファイルの名前をクリックします。プロファイルの切り替えの
際にVS Codeの再起動が必要となることに注意してください。

　設定のエクスポート、インポートもポップアップメニューから行うことがで

きます。エスクスポート、インポート時には、設定や拡張機能など、対象にするものを選ぶことができます（**図9-11**）。

図9-11：設定プロファイルのインポート、エクスポート

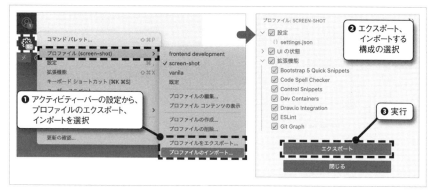

なお、設定を同期している場合には、すべてのプロファイルが他のマシンと同期されます。

キーボードショートカットの設定

VS Codeではあらゆる機能がコマンドとして提供されています。コマンドパレットから実行できるコマンドはもちろん、「カーソルを上に移動する」といった操作までもコマンドとして登録されており、どのキーを押すとそのコマンドが実行されるのかの設定、すなわちキーボードショートカットは自由に変更できます。

キーボードショートカットの設定は以下のいずれかから行います。

- コマンド「基本設定：キーボードショートカットを開く（Preferences: Open Keyboard Shortcuts）」からGUIを用いて変更する
- コマンド「基本設定：キーボードショートカットを開く（JSON）（Preferences: Open Keyboard Shortcuts（JSON））」からJSONファイルを直接編集する
- アクティビティーバーの設定アイコン（⚙）から「キーボードショートカット（Keyboard Shortcuts）」を選択する

　GUIの設定画面ではコマンドを検索したり、すでに割り当てられているキーボードショートカットを確認したりできます（**図9-12**）。検索したコマンドに対して左端の🖊を選択し、キーを入力すると、キーボードショートカットを登録できます（**図9-13**）。

図9-12：キーボートショートカットの検索画面

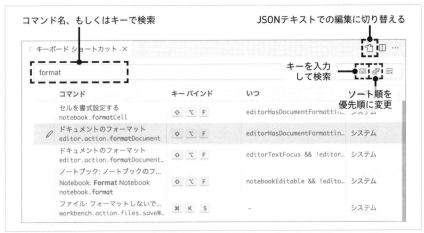

図9-13：キーボードショートカットの設定

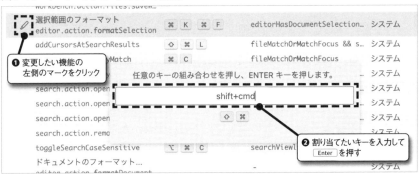

　このとき、キーは1つ、もしくは2つ登録します。登録されたキーが1つの場合にはそのキーを入力することでコマンドが実行されますが、2つのキーを登録した場合には1つ目のキーに続けて2つ目を押すことでコマンドが実行されます。たとえば、すべての折り畳みを展開するコマンドは、macOS：⌘＋K ⌘＋J、Windows／Linux：Ctrl＋K Ctrl＋Jと、2つのキーを連続で押すと動

作します。

　なお、キーボードショートカットには、「そのショートカットを使えるときの条件」を「いつ（"when"）」として設定できます。GUIから設定する場合にはあまり意識する必要はありませんが、使いこなせると便利ですので、次項でJSONでの設定例とともに解説します。

　このほかJSONに記述することでしかできないこととして、コマンドにパラメータを設定する、Tab キーや Esc キーにキーボードショートカットを設定するといったものがあります。前者については後ほど紹介します。

▶特定の条件下でのみショートカットを有効にする

　キーボードショートカットを使える言語を指定したり、デバッグ中にキーボードショートカットを無効化するなど、「そのショートカットを使えるときの条件」を指定できます。この条件は、AND条件を示す**&&**や否定条件を示す**!**で組み合わせることも可能です。

　以下は「Go言語のファイルを開いており、かつデバッグモードでない場合にのみ、F3 キーで Import 文を追加する」という設定の例です。"when"の部分に注目してください。

```
{
  "key": "f3",
  "command": "go.import.add",
  "when": "editorTextFocus && editorLangId == 'go' && !inDebugMode"
}
```

　ここで editorLangId == 'go' が設定されていなければ、Go言語を編集していないときにも F3 キーで "go.import.add" コマンドが実行され、多くの場合エラーメッセージが表示されてしまいます。ここで使われる言語の識別子には、前節でも紹介したLanguage Identifiersを使います。また、デバッグ中にImportを追加することがないため、この例ではデバッグ中は無効化してあります。

　以下に "when" で使える主な項目を挙げました。完全なリストはVS Codeのドキュメント[注8]を参照してください。

注8）https://code.visualstudio.com/docs/getstarted/keybindings#_when-clause-contexts

- **"editorReadOnly"**：読み取り専用で開いているとき。!editorReadOnlyとすることで編集可能なときとすることも可能
- **"isInDiffEditor"**：diffを表示しているとき
- **"inDebugMode"**：デバッグモードのとき
- **"inSnippetMode"**：スニペットモードのとき
- **"inQuickOpen"**：クイックオープン（ F1 キーで表示されるコマンドパレットや、 Shift + ⌘ + P で表示されるファイル検索のこと）が開いているとき
- **"editorLangId"**：指定された言語のとき（例：editorLangId == 'typescript'）
- **"resourceFilename"**：指定されたファイル名のとき（例：resourceFilename == 'gulpfile.js'）
- **"resourceExtname"**：指定された拡張子のとき（例：resourceExtname == '.js'）
- **"activeViewlet"**：現在アクティブになっているビュー。以下の識別子が使える
  - **"workbench.view.explorer"**：エクスプローラービュー
  - **"workbench.view.search"**：検索ビュー
  - **"workbench.view.scm"**：ソースコントロールビュー
  - **"workbench.view.debug"**：デバッグビュー
- **"activePanel"**：現在アクティブになっているパネル。以下の識別子が使える
  - **"workbench.panel.markers"**：問題タブ
  - **"workbench.panel.output"**：出力タブ
  - **"workbench.panel.repl"**：デバッグコンソーパネル
  - **"workbench.panel.terminal"**：ターミナルタブ

==を使った完全一致以外にも、=~を使った正規表現での条件指定も可能です。たとえば、「Dockerfile」という文字列が含まれるファイル名の場合にだけキーボードショートカットを有効にしたい場合は、以下のような設定もできます。

```
"when": "resourceFilename =~ /Dockerfile/"
```

▶パラメータを含むコマンドを設定する

VS Codeのコマンドにはパラメータが設定可能なものがあります。たとえ

ば、"editorScroll"はスクロールについてのアクションで、スクロールサイズや基準点がパラメータで与えられます。Vimのように $\boxed{\text{Ctrl}}+\boxed{\text{D}}$／$\boxed{\text{Ctrl}}+\boxed{\text{U}}$ でページの半分をスクロールするように設定したいときは、以下のように記述できます。

```
{
  {
    "key": "ctrl+d",
    "command": "editorScroll",
    "args": {
      "to": "down",
      "by": "halfPage",
      "revealCursor": true,
      "value": 0
    }
  },
  {
    "key": "ctrl+u",
    "command": "editorScroll",
    "args": {
      "to": "up",
      "by": "halfPage",
      "revealCursor": true,
      "value": 0
    }
  }
}
```

"args"に指定できる値はコマンドごとに異なりますので、コマンドに関する公式ドキュメント[注9]を参照してください。

▶キーマップ系の拡張機能を導入する

コマンド「基本設定：キーマップ(Preferences: Keymap)」を実行すると、Microsoftが推奨するキーマップ拡張機能が表示されます(**図9-14**)。これらの拡張機能をインストールすると、キーボードショートカットに追加されます。

注9) https://code.visualstudio.com/api/references/commands

図9-14：キーマップの拡張機能

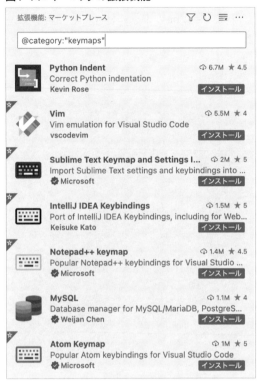

拡張機能ビューで「keymap」で検索すればほかにも多くの拡張機能が見つかることでしょう。また、たとえば独特なキーバインドを持つ「Vim」で拡張機能を検索しても複数の拡張機能が見つかります（**図9-15**）。Vimのキーバインドを再現する拡張機能はいずれも完全にVimを再現しているとは言いづらいのですが、普段Vimを使っているのであればこれらの拡張機能の利用も検討してみてください。

図9-15：Vimに関連する拡張機能

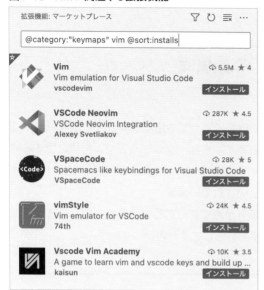

9

カスタマイズ

　筆者はVimのフォークであるNeovimを背後で動かし、キーボードマクロや Vimコマンド、Neovimのプラグインにも対応した拡張機能「VSCode Neovim」を 利用しています。利用には別途Neovimのインストールが必要ですが、バックグ ラウンドでNeovimを動かしているだけあり、Vimの操作の再現性が最も高いと 感じています。

第10章

拡張機能
導入、管理、おすすめの拡張機能

VS Codeの最大の特徴は、拡張機能によって対応するプラットフォームやプログラミング言語を増やせることです。また、プログラミング言語に関する拡張機能以外にも、コードを見やすくしたり、MarkdownをPDF化したりと、さまざまな機能を持つ拡張機能が公開されています。

本章では拡張機能の基本と、筆者がおすすめする拡張機能を紹介します。拡張機能の作り方については第3部を参照してください。

拡張機能のインストールと管理

VS Codeには、JavaScript、TypeScript、HTMLで開発するための機能が最初から含まれています。しかし、それ以外の言語でコード補完やデバッグなどの機能を使うには、拡張機能のインストールが必要です。また、拡張機能が不要になったときはアンインストールをしたくなることもあるでしょう。

本節では拡張機能のインストールと管理について解説します。

▶拡張機能のインストール

拡張機能は、Microsoftが管理するマーケットプレイス[注1]で公開されています（図10-1）。このマーケットプレイスには、VS Codeの拡張機能ビューからアクセスできます。多くの場合、使用したい言語の名前を入力して検索することで、その言語の拡張機能を探すことができます（図10-2）。

注1）https://marketplace.visualstudio.com/VSCode

図10-1：マーケットプレイス

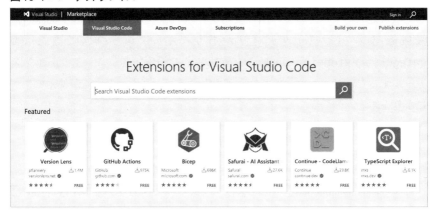

図10-2：「python」で拡張機能を検索

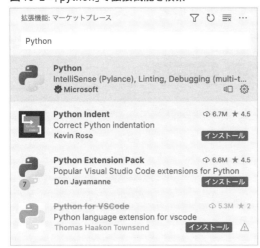

　拡張機能ビューで目的の拡張機能をクリックすると、説明ページが開きます。どのような機能をもつか、どのような設定が必要なのかといった説明のほか、ユーザーからの評価やダウンロード数を確認できます。

　拡張機能ビュー内の「Install」のボタンを押すと、拡張機能のダウンロードとVS Codeへのインストールが行われ、すぐに拡張機能を使うことができます。

言語ごとの拡張機能パック

　拡張機能の中には、複数の拡張機能を1つにまとめた「Extension Packs」（拡張機能パック）というカテゴリがあります。これらの拡張機能は「@category:"extension packs" <言語名>」で検索でき、これ1つをインストールするだけで、その言語でコード補完やデバッグなどの機能が使えるようになります。

　また、特定の言語のファイルを開いたときにExtension Packのインストールをすすめるポップアップが表示されることがあり、その場ですぐにインストールできるようになっています（**図10-3**）。拡張機能ビューのフィルターボタンから「推奨（Recommended）」を選ぶと、ワークスペース内のファイルから自動的に適切な拡張機能が表示されます（**図10-4**）。

図10-3：Goの拡張機能のインストールを促すポップアップ

図10-4：おすすめの拡張機能を表示

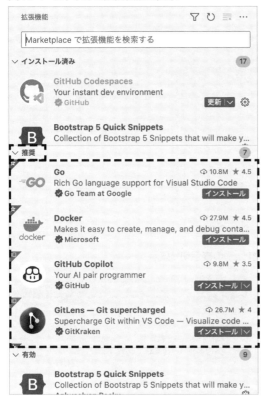

まずは、これらのVS Codeがすすめる拡張機能を試してみるのがよいでしょう。

▶拡張機能の管理

インストール済みの拡張機能を確認するには、拡張機能ビューの「インストール済み」ビューを表示します（**図10-5**）。なお、このとき拡張機能の検索欄に文字列が入力されていると、インストール済みかどうかにかかわらずすべての拡張機能から検索されるため注意してください。検索欄を空にする（☰×をクリック）か、@installedを検索語彙の前に追加するとよいでしょう。もしこのインストール済みビューが表示されない場合、**図10-6**のように拡張機能ビューのオプションから、「表示（Views）」を選び、「インストール済み（Installed）」にチェックを付けます。

図10-5：インストール済みの拡張機能ビュー

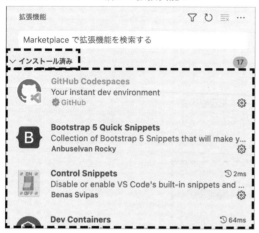

図10-6：インストール済みの拡張機能ビューの表示切り替え

　インストール済みの拡張機能が不要な場合には、🔧をクリックして表示されるメニューから、一時的に使用できなくする「無効にする(Disable)」、現在のワークスペースでのみ無効にする「無効にする(ワークスペース)(Disable(Workspace)」、削除する「アンインストール(Uninstall)」を選ぶことができます(**図10-7**)。また、再度有効化する(Enable)場合や特定のバージョンの拡張機能をインストールする場合もこのメニューから行えます。

図10-7：拡張機能の管理メニュー

拡張機能を無効化したり削除したりしたときにその拡張機能が起動していた場合、VS Codeの再起動が必要になることがあります。その際には「再読み込みが必要です（Reload Required）」と表示され、ボタンをクリックすることでVS Codeが再起動されます（**図10-8**）。

図10-8：再読み込みを促すボタン

拡張機能に新しいバージョンがある場合、VS Codeの初期設定では自動的に更新が行われます。この動作は以下の2つの項目で設定できます。

設定名	JSON設定名	機能
Extensions: Auto Check Updates	extensions.autoCheckUpdates	更新を自動的にチェックする
Extensions: Auto Update	extensions.autoUpdate	更新がある場合自動的に適用する

Auto Updateをオフにした場合、拡張機能ビューのオプションメニュー(・・・)から「拡張機能の更新を確認(Check for Extension Updates)」を選ぶと、更新のある拡張機能の一覧が表示され、個別にアップデートができます(**図10-9**)。

図10-9：古くなった拡張機能のリスト

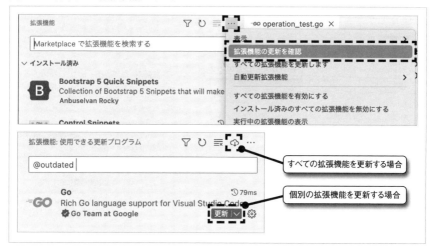

▶プレリリース版や、特定のバージョンの拡張機能を使う

拡張機能のなかには、リリース版になる前の「プレリリース版」が提供されるものもあります。プレリリース版がある場合、ⅷ□のアイコンが表示されたり、拡張機能のページに「プレリリースバージョンへの切り替え」ボタンが現れたりします(**図10-10**)。これらをクリックすることで、その拡張機能をプレリリース版に切り替えられます。プレリリース版からリリース版に戻したいときにも同じ操作を行ってください。

図10-10：プレリリース版のインストール

拡張機能の新機能にバグを見つけてしまい、前のバージョンに戻したいことがあるかもしれません。このようなときには、**図10-11**のように拡張機能の設定ボタンを押して表示されるメニューから「別のバージョンをインストール（Install Another Version）」を選びます。すると過去のバージョンの一覧が表示されるため、その中から目的のバージョンを選びます。そのうえで、もしその拡張機能を自動で新しいバージョンに更新したくない場合には、先ほど解説した方法で自動更新をオフにするとよいでしょう。

図10-11：特定バージョンの拡張機能のインストール

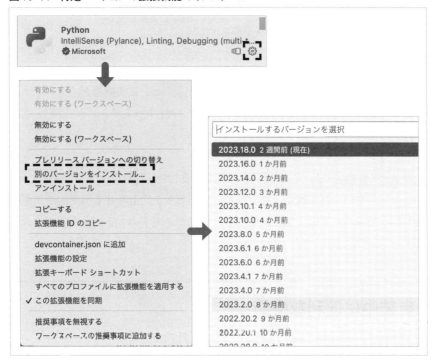

▶ワークスペースに推奨する拡張機能を設定する

複数人でVS Codeを使って開発をしている場合、メンバー全員で同じ拡張機能を使いたくなることもあるでしょう。そんなときには、先述の「ワークスペースの推奨事項」としてインストールすべき拡張機能を設定できます。

　設定するには、「推奨事項の拡張機能を構成（ワークスペース フォルダー）
（Configure Recommended Extensions(Workspace Folder))」コマンドを実行しま
す。すると、ワークスペースに.vscode/extensions.jsonというファイルが作られ
ます。このJSONファイルの"`recommendations`"に、そのワークスペースでの
使用を推奨したい拡張機能を記載します。なお、ここで使用する拡張機能の名称
には、シェルコマンド`code --list-extensions`で表示される名称を使います。

```
{
  "recommendations": [
    "ms-python.python"
  ],
  "unwantedRecommendations": [
  ]
}
```

　このファイルが含まれるワークスペースを開くと、拡張機能をインストール
するよう促すメッセージが表示されます。ここで「すべてインストール」を選ぶ
と、拡張機能のインストールが行われます。

◆ ◆ ◆

　以上、拡張機能の基本的な扱い方を見てきました。マーケットプレイスには、
特定の言語向けの拡張機能はもちろん、開発効率を向上させる汎用的な拡張機
能も多く公開されています。次節では、筆者がおすすめする拡張機能を紹介し
ます。

実装中に便利な機能

　プログラミングを快適にしたりミスを減らしたりするための機能は、解析ツー
ル以外にもさまざまなものがあります。

▶ Error Lens

 https://marketplace.visualstudio.com/items?itemName=usern
mehw.errorlens

　「Error Lens」は、問題パネルに表示されているエラーをソースコードの右側に

直接表示する拡張機能です（**図10-12**）。VS Codeのデフォルトでもカーソルをあてたり問題パネルを見たりすることでエラーを確認できますが、この拡張機能を使えばすべてのエラーがコード上に現れるため、非常に見やすくなります。

図10-12：Error Lensの表示

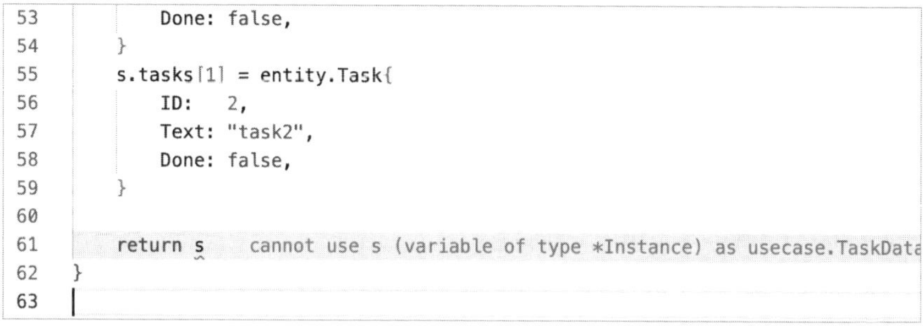

```
53          Done: false,
54      }
55      s.tasks[1] = entity.Task{
56          ID:    2,
57          Text: "task2",
58          Done: false,
59      }
60
61      return s     cannot use s (variable of type *Instance) as usecase.TaskData
62  }
63
```

▶ Visual Studio IntelliCode

🔗 https://marketplace.visualstudio.com/items?itemName=VisualStudioExptTeam.vscodeintellicode

「Visual Studio IntelliCode」は、機械学習モデルを使って現在の文脈から次の入力を予測し、コード補完の候補をより適切に並び替える拡張機能です（**図10-13**）。予測によって選ばれたコード補完の候補には☆印が付きます。2023年11月時点で対応している言語はPython、TypeScript、Javaに限られていますが、今後さらに多くの言語に対応するのではないかと筆者は期待しています。

図10-13：予測によって選ばれたコード補完

```
17          static_folder=webroot,
18          template_folder=webroot,
19      )
20      💡
21  @app.|
22      🔷 ★ route
23  # ind 🔷 ★ errorhandler
24  @app. 🔷 ★ before_request
25  def i 🔷 ★ teardown_request
26      r 🔷 ★ open_resource
27        [◉] aborter
28        [◉] aborter_class
```

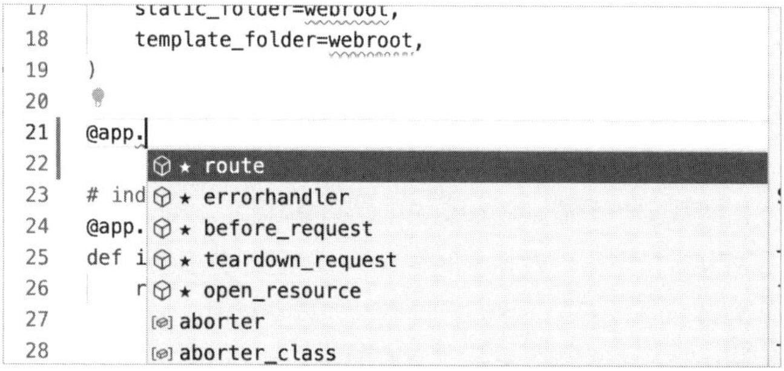

▶ GitHub CopilotとGitHub Copilot Chat

URL https://marketplace.visualstudio.com/items?itemName=Git Hub.copilot

URL https://marketplace.visualstudio.com/items?itemName=GitH ub.copilot-chat

「GitHub Copilot」はAIを駆使したコード補完を行ってくれる拡張機能です。こちらは有償サービスとなっており、別途GitHubのサイト上で契約する必要があります。

Copilotはさまざまな箇所で補完を行ってくれます。たとえば、Go言語で構造体にJSONのプロパティのメタデータを追加する場合にはキャメルケース（大文字を使って単語区切りを示す）で記述する必要がありますが、もとになるJSONのプロパティはスネークケース（アンダースコアを使って単語区切りを示す）で記述されていることが多いでしょう。そのような場合でも、1つ目の構造体のプロパティを入力すると、2つ目のプロパティでも同じように入力するだろうと判断され、**図10-14**のように補完候補を提示してくれます。補完結果はTabキーで確定できます。

図10-14：Goの構造体のプロパティの補完

```
// Task タスク
type Task struct {
    ID      int     `json:"id,omitempty"`
    Text    string  `json:"text,omitempty"`
    Done    bool    `json:"done,omitempty"`
    Expire  string  `json:"expire,omitempty"`
}
```

もっと大きなコードを提案してくることもあります。たとえば、締切が平日かどうかを判定する関数を作成しようと関数名として**IsWeekday**と入力すると、**図10-15**のように関数全体が補完されます。提案されたコードはそのままでは使えないこともありますが、このコードをもとに機能を作ったほうが効率よく実装できることも多いでしょう。また、関数名だけではなく、関数の最初に記述するコメントの内容などを拾ってコードを提案することもあります。

図10-15：関数名で実装を推察して補完

```
16
17      🖉 Weekdayが締切のタスクであるかどうか
18    func (t Task) IsWeekday() bool {
          return t.Expire.Weekday() == time.Saturday || t.Expire.Weekday() == time.Sunday
      }
```

　GitHub Copilot は VS Code で開いているタブなどのコードを読み取って推薦するコードを変えてくれます。同じように実装したいコードがあれば別のタブで開いておくなどしておくとよいでしょう。

　また、「GitHub Copilot: Open Completions Panel」コマンドを実行、もしくは `Ctrl`+`Enter` を押すと、**図10-16**のように10種類の補完候補を提案してくれます。

図10-16：10種類の候補を提案

```
∞ GitHub Copilot Suggestions for tasks.go  ×                    ...
1     Synthesizing 10/10 solutions (Duplicates hidden)
2
      Accept Solution
3     =======
4     Suggestion 1
5
6     func (t Task) IsWeekday() bool {
7         return t.Expire.Weekday() == time.Saturday || t.Exp
8     }
9
      Accept Solution
10    =======
11    Suggestion 2
12
13    func (t Task) IsWeekday() bool {
14        return t.Expire.Weekday() != time.Sunday && t.Expire
15    }
16
```

　GitHub Copilot Chat は、コードについて自然言語で質問できる機能です。サイドバーに表示されるビューで、一般的なプログラミング言語についてや、今開いているコードについて質問できます。**図10-17**のように、エラーのクイックフィックスとして、GitHub Copilotにエラーの説明をさせたり、エラーの修正の提案をさせることも可能です。

図10-17：エラー箇所で使えるCoplot

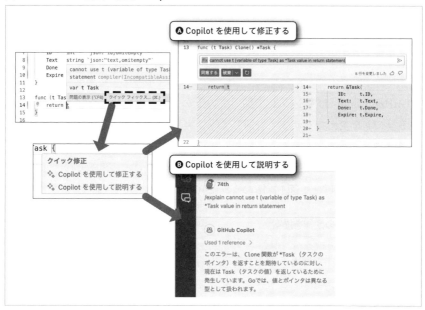

　エラー箇所以外にも、右クリックメニューにCopilotの項目が増えており、こ
こから任意のコードを説明させることができます。

　繰り返しになりますが、Copilotは有償サービスです。フリートライアルもあ
りますので、ぜひ「GitHub Copilot」での新しいコーディングを体験してみてく
ださい。

　また、2023年11月時点では、「GitHub Copilot」をはじめとするAIがコーディ
ングをサポートする仕組みを使う際、提案として引用されるコードやその適用
先によってはライセンス上問題があるのではないかといった議論があります。
これらAIの活用については始まったばかりで、今後どのように進んでいくのか
はまだわかりません。筆者としても、そのような議論があるのを踏まえて活用
していきたいと考えています。

▶ Auto Close Tag

🔗 https://marketplace.visualstudio.com/items?itemName=formu
lahendry.auto-close-tag

「Auto Close Tag」は、HTMLの開きタグ(`<p>`など)を入力すると、閉じタグ(`</p>`など)を自動で入力する拡張機能です。閉じ忘れがなくなったり、余計なタイピングが減って便利です。

▶ Regex Previewer

🔗 https://marketplace.visualstudio.com/items?itemName=chrma rti.regex

「Regex Previewer」は、JavaScriptの正規表現をテストできる拡張機能です(図10-18)。正規表現の間違いをすぐに見つけられます。右側に表示しているテキストに対して、カーソル位置のJavaScriptの正規表現をテストし、該当するテキストをハイライトします。

図10-18：カーソル位置正規表現のテスト

ソースコードを見やすくする拡張機能

VS Codeの標準機能でもソースコードの可読性を上げる機能は多数ありますが、さらに見やすくするための拡張機能も多数公開されています。

▶ Highlight Matching Tag

🔗 https://marketplace.visualstudio.com/items?itemName=vinca slt.highlight-matching-tag

「Highlight Matching Tag」は、カーソル上のHTMLタグに対応する閉じタグをハイライトして、閉じタグがどこにあるかひと目でわかるようにする拡張機能です。

▶ Color Highlight

🔗 https://marketplace.visualstudio.com/items?itemName=nau
movs.color-highlight

　ソースコード中の#424242のようなカラーコードは、それだけを見てもどん
な色なのかイメージしづらいでしょう。「Color Highlight」はカラーコードを実
際の色とともに表示する拡張機能です。

▶ TODO Highlight

🔗 https://marketplace.visualstudio.com/items?itemName=way
ou.vscode-todo-highlight

　あとで記述したい箇所のソースコードにTODO:やFIXME:といったコメント
を書くことがあるでしょう。「TODO Highlight」は、ソースコード中にあるTODO:
やFIXME:を強調して表示する拡張機能です。

▶ Todo Tree

🔗 https://marketplace.visualstudio.com/items?itemName=Gr
untfuggly.todo-tree

　TODOなどのコメントが強調されるだけでなく、一覧できるともっと便利で
す。「Todo Tree」は、ワークスペース中のTODO:やFIXME:の記述をリストアッ
プするビューを追加する拡張機能です（**図10-19**）。ビューに表示されている項
目をクリックすると、該当箇所にジャンプできます。

図10-19：Todo Tree

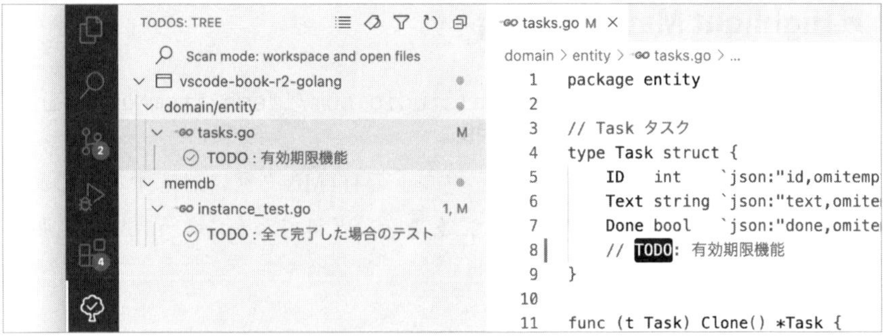

ソースコード以外も見やすくする拡張機能

プログラミングではソースコード以外にも、CSVのデータや、ログを扱うことも多いでしょう。そういったファイルを見やすくするための拡張機能を紹介します。

▶ Rainbow CSV

🔗 https://marketplace.visualstudio.com/items?itemName=mechatroner.rainbow-csv

「Rainbow CSV」は、CSVを列ごとに色分けして表示する拡張機能です。ちょっとしたCSVの編集がVS Codeの中で完結できます。

▶ Output Colorizer

🔗 https://marketplace.visualstudio.com/items?itemName=IBM.output-colorizer

「Output Colorizer」は、コンソールログやログファイルを項目ごとに色を変えて見やすくする拡張機能です。エラーレベルに使われる単語(ERROR、WARNなど)を強調表示したり、数値や記号を異なる色で表示したり、まだしっかりフォーマットが決まっていないファイルを手軽に見やすくします。

▶ Log File Highlighter

🔗 https://marketplace.visualstudio.com/items?itemName=emilast.ogFileHighlighter

「Log File Highlighter」は、「Output Colorizer」よりも強力にログファイルを見やすくする拡張機能です。たとえば、[WARN]、12/09/2016といった記述を見つけて、色を付けて目立つようにします。好みによって「Output Colorizer」と使い分けるとよいでしょう。

拡張機能

10

共同開発で便利な拡張機能

▶ Live Share

URL https://marketplace.visualstudio.com/items?itemName=MS-vs
liveshare.vsliveshare

「Live Share」は、他の人が立ち上げている VS Code に「参加」し、共同で開発できる拡張機能です。この拡張機能を使えば複数人で会話しながら実装を進めるペアプログラミングを遠隔地どうしでも実現できます。

Live Share には機能が多く使い方も複雑であるため、以下に詳細に解説します。

Live Share に招待／参加する

Live Share では、利用するワークスペースを作成した 1 人の「招待者」とそこに外部から繋げる複数人の「参加者」の 2 種類の役割があります。

まずは招待者がシェアを開始し、招待リンクを作る必要があります。アクティビティーバーに追加される Live Share アイコンをクリックして、サイドバーの「Share」を押します（**図 10-20**）。Live Share が起動すると**図 10-21**のような画面になります。このとき、招待リンクがクリップボードにコピーされるので、参加者にそれを共有してください。

図10-20：Live Shareの開始

図10-21：Live Shareが起動したときの表示

　参加者はサイドバーのLive ShareからJoinボタンを押し、招待者から共有された招待リンクを貼り付けます。招待者のVS Codeにポップアップが表示され（**図10-22**）、編集させない場合は「Accept Read-Only」を、編集まで許可する場合は「Accept Read-Write」を押すと招待完了です。参加者のVS Codeに招待者のワークスペースが表示されます。招待が完了すると、招待者と参加者いずれの画面にも全員のカーソルが表示され、同時に編集できるようになります（**図10-23**）。

図10-22：参加者を知らせるポップアップ（招待者側）

図10-23：Live Share中に同時に編集する

　なお、招待リンクを再度コピーしたい場合、サイドバーに表示されるLive Shareの Session Details ビューのタイトル右側に表示される**図10-24**のアイコンをクリックします。

図10-24：招待リンクの再コピー

```
LIVE SHARE                          ...
∨ SESSION DETAILS
  ∨ Participants (0)
      Invite participants...
```

　なお、参加者のVS Codeははじめワークスペーストラストによる制限モードで起動されます（**図10-25**）。これは招待者によって悪意のある拡張機能のコードが実行されないための予防措置です。この制限モードを解除するには、招待者のVS Code上でウィンドウ上部の管理（Manage）ボタンを押し、開かれたワークスペーストラストの設定画面で「信頼する（Trust）」を押します。すると、拡張機能等が実行されるようになります。

図10-25：制限モード中の表示

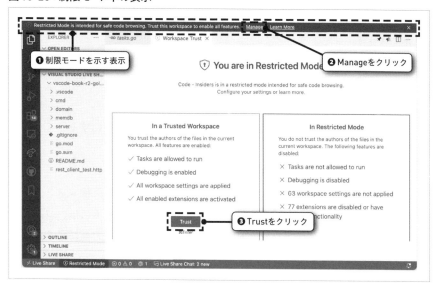

他メンバーのカーソルを追う／自分のカーソルに注目してもらう

　招待者および参加者のリストはLive Shareのサイドバー中の「Participants」のツリーに表示されます。このリストをクリックすると、その参加者のカーソルの位置に表示が飛び、しばらくそのカーソルを追い続ける状態（フォローした状態）になり、リストにも「following」と表示されます（**図10-26**）。フォローされた側には「follow you」と表示され、フォローされたことがわかるようになっています。

図10-26：フォローした状態のLive Shareビュー

　このフォローした状態は、再度「Participants」のツリーから名前をクリックするか、別のファイルを開くと解除されます。

　逆に、別の参加者に自分のカーソルを追って欲しい場合、名前を右クリックして、「Focus Participant」を押すと、強制的に自分を相手にフォローさせることができます。

　また、名前を右クリックして表示されるメニューからは以下の動作が可能です。

- **Follow to the Side**：右側のタブグループでフォローする
- **Block Participant**：この参加者からフォローされないようにする

ディスカッション、セッションチャット

　Live Shareには、招待者と参加者の両方がコードに対して直接コメントを書ける「ディスカッション」という機能があります。コメントするには、コードの左側に表示される＋アイコンをクリックすると表示される入力欄に書き込みます（図10-27）。こうして入力されたコメントは、画面下部の「コメント」パネルに一覧で表示されます。これに対して複数人で返信を書き込むことも可能です。

図10-27：ディスカッション機能

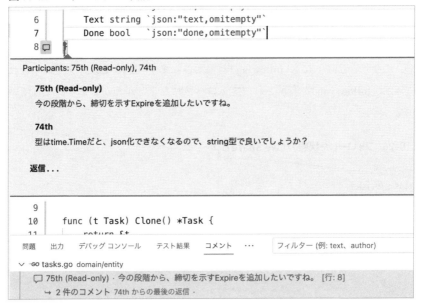

　また、コードに紐付かない形で対話する方法として、「セッションチャット」

があります。サイドバーのLive Shareビューから「Session chat」のツリーを押すと、エディターの右側にチャット欄が表示されます。

ターミナルをシェアする

招待者が開始したターミナルは参加者のVS Codeにも表示されます。ただし初期状態では「招待者のターミナルを参加者が見る」ことができる一方、参加者側からの操作はできない状態になっています。ターミナルからは任意のコマンドが実行できてしまうため、危険だからです。

参加者が信頼できるのであれば、参加者が操作できるターミナルを招待者が作ることができます。初期状態である「参加者からの操作を許可せず、閲覧だけができる状態」を「Read-only」、参加者が招待者のターミナルを操作できる状態を「Read/write」といいます。サイドバーのLive Shareビューの「Shared terminal..」、もしくはShared Terminalの右側にある $\boxed{>\_}$ をクリックし、表示されるメニューで「Read/write」を選択します。すると新しいターミナルが招待者、参加者の両方で開かれます。

また、そもそもターミナルを共有しないようにすることも可能です。サイドバーに表示されているターミナル一覧から、共有を取り止めたいターミナルの右側にある✕をクリックします。新しく作成したターミナルは常にRead-onlyモードとなってしまうため、共有したくない場合は逐一この無効化の操作をする必要があることに注意してください。

ポート転送を許可する

Live Shareでは、招待者のVS Codeでローカルでデバッグ実行しているサーバーを、ポート転送によって参加者に共有できます（**図10-20**）。招待者が、サイドバーのLive Shareビューの「Shared Servers」から「Share server...」をクリックし、転送するポートを選択します。

10

拡張機能

251

図10-28：ポート転送を許可した状態

　ほかの参加者は、どのポートがシェアされたのかをサイドバーの「Shared Servers」から見ることができます。

Live Shareを終了する

　Live Shareを終了するには、サイドバーのLive Shareビューから、**図10-29**のアイコンを押します。参加者が押した場合はその参加者だけが離脱し、招待者が押した場合には参加者も含めてその共有セッション自体が終了する形になります。

図10-29：LiveShareを終了する

▶Code Tour

🔗 https://marketplace.visualstudio.com/items?itemName=vsls-
contrib.codetour

　「Code Tour」は、ソースコード中の複数箇所に説明を追加し、それぞれの箇所を順番にみていくことができる拡張機能です。この拡張機能のすぐれた点は、順番にコメントを読んでもらうことで、コメントを残した人がどういった流れ

でコードを読み解析していったのかを追体験させられることです。

また、単純なコメントのほかに、コマンド実行できるコメントを追加したり、複数のリビジョンに紐付けて実装過程を追体験したりといったことも可能です。

▶ EditorConfig for VS Code

🔗 https://marketplace.visualstudio.com/items?itemName=Edi
torConfig.EditorConfig

「EditorConfig for VS Code」は、Editor Configの設定ファイルに記述した設定をVS Codeに適用する拡張機能です。

第9章で解説したように、VS Codeではインデントの設定をsettings.jsonに記述できます。すべての開発者で設定を統一して使いたい場合には、タブに使う文字(スペースかタブ文字か)やインデントサイズの設定をワークスペースの設定ファイルである.vscode/settings.jsonに追加し、これをリポジトリで共有します。しかし、開発者によってはVS Code以外のエディターを使っており、settings.jsonの設定を利用できないことがあるかもしれません。こうした場合に、EditorConfigは異なるエディター間でも使える共通の設定を提供します。

EditorConfigを使うには、エディターごとにプラグインをインストールする必要があります。VS Codeであれば拡張機能「EditorConfig for VS Code」を入れます。たとえばインデントに半角スペースを用いてその数を4つとする場合、ワークスペースのフォルダー直下の.editorconfigに以下のように記述しておくと、拡張機能がこれを自動認識し、ワークスペースの設定を変更してくれます。

```
root = true

[*.ts]
indent_style = space
indent_size = 4
```

EditorConfigの詳細な記述方法は公式サイト[注2]を参照してください。

注2) https://editorconfig.org/

Visual Studio Codeを
さまざまな開発プラットフォームに押し上げる機能

　VS Codeは手軽にコマンドやビューを追加できるため、VS Codeをクライアントとして使う開発プラットフォームも増えてきました。そのようなほかの開発環境と連携する拡張機能を紹介します。

▶ Cloud Code

URL https://marketplace.visualstudio.com/items?itemName=GoogleCloudTools.cloudcode

　「Cloud Code」は、Googleが開発するKubernetesのフロントエンドです。ツリービューを使って、クラスタやデプロイメントなどを管理できます。ポッドのログをエディター上に表示したりマニフェストをエディター上で直接編集したりと、VS Codeのエコシステムをそのまま使えるため便利です。

　また、Kubernetes上で動作するコンテナの開発では、コードを編集するたびにコンテナのビルドを行う必要がありますが、この拡張機能を使えばScaffoldを組み込んでコンテナを自動でビルドとデプロイを行えるようにしたり、コンテナにデバッガーをアタッチしてデバッグ実行したりできます。

▶ vscode-cfn-lint

URL https://marketplace.visualstudio.com/items?itemName=kddejong.vscode-cfn-lint

　Cloud Formationは、AWSのリソースをコードベースで管理できるサービスで、リソースをJSONやYAMLで記述します。「vscode-cfn-lint」は、このCloud FormationのYAMLの記述ミスをチェックしてくれる拡張機能です。

▶ PlantUML

URL https://marketplace.visualstudio.com/items?itemName=jebbs.plantuml

　PlantUML[注3]は、UMLをテキストで記述すると図に起こしてくれるツールで、同名のVS Code用の拡張機能が存在します。PlantUMLテキストのプレビューを表示でき、実際の図を見ながら記述できるようになるため、効率が上がります。また、Markdown中に` ```plantuml``` `と記述すると、Markdownプレビュー中で図で表示します。

▶ Markdown PDF

URL https://marketplace.visualstudio.com/items?itemName=yzane
.markdown-pdf

　「Markdown PDF」は、MarkdownをHTML経由でPDFファイルに変換してくれる拡張機能です。ソースコードを見やすくしたり、絵文字を表示したりと、印刷に耐えられるレベルのきれいなPDFを作成できます。また、CSSを追加することで、見出しなどを好みの装飾に変更することもできます。

10

拡張機能

注3） http://plantuml.com/ja/

第2部

実際の開発で
Visual Studio Code を
使う

## 第11章

GoでのWeb API開発
各種の開発支援ツールと連携した拡張機能

　本章からは、VS Codeを活用した実践的な開発手法を解説していきます。そのなかでもまずは、本章と次章を通して、Web APIにはGoを使い、フロントエンドにはTypeScriptを使った開発の様子を紹介します。

　GoはWeb APIの実装に向いた言語です。筆者も性能要件の厳しい開発においては、Goを用いてWeb APIやミドルウェアを開発してきました。Goが注目される理由はさまざまありますが、筆者は以下の点にあると考えています。

- Goで開発されたアプリは、C言語と同等の性能で動作すること
- 型システム自体は強力ではないが、型安全な言語であり、大規模開発にも耐えられること
- 文法がシンプルながら、並行処理などの性能を出すための機能をサポートしていること
- 生成される1つの実行ファイルにGoのすべての依存ライブラリが格納されるため、実行環境の管理が容易であること

　それでは、VS Codeを使ったGo言語での開発の便利さを見ていきましょう。

Webアプリの開発における定番構成 「Go + TypeScript」

　Webブラウザで動作するWebアプリ開発では、APIとフロントエンドの2つを同時に開発する必要があります。本章ではこのうちWeb API側をGoで実装する例を解説しますが、ユニットテストやWeb APIのデバッグのやり方はほかの言語にも通用します。Go以外を採用する場合にも、本書と同様のことができないか参考にしてみてください。

なお、本章と次章では以下のことは説明しません。

- HTTPリクエストとレスポンスなどのWeb APIの仕組み
- Goの文法や、Webサーバーライブラリginについての詳細
- TypeScriptの文法や、Node.js、React.js、npmについての詳細

開発実例「TODOリスト管理Webアプリ」

本章と次章ではTODOリストを作成・管理するWebアプリケーションを作成しながら、VS Codeの実践的な使い方を解説します。

その際、Web APIとフロントエンドそれぞれが担う役割を区別する必要があります。Web API側ではデータベースがデータの永続化の役割を担います。一方のフロントエンドはユーザのWebブラウザ上で動作するものであるため、別のプログラムにすり替えることができてしまいます。そのため、フロントエンドの動作は信用せず、コアとなるビジネスロジックはWeb API側で実現するのが一般的です。本書の開発実例でも、フロントエンドは表示とユーザ操作の受け取りのみを行い、データの永続化やデータの検索といった処理はすべてWeb APIで担うようにします。

このTODOリスト管理アプリでは、以下の3つの機能を作ります。

1. 未完了のタスクを一覧表示する
2. 新規タスクを1つ登録する
3. 1つのタスクを完了にする

これらをWeb APIとしてそれぞれ作成し、フロントエンドからはこれらのAPIを利用してUIを作成します。また、Web APIとフロントエンドでのデータの受け渡しに使うデータ形式には、JSONを用います。

▶外部仕様

アプリケーションの画面は**図11-1**の1つだけです。この画面には、タスクの一覧がカード形式で複数表示されます。タスクの一覧の上には、テキストボッ

クスと Add ボタンからなる、新しいタスクの入力欄があります。また、各タス
クには Done ボタンがあり、これを押すとタスクを完了させることができます。

図11-1：アプリケーション画面

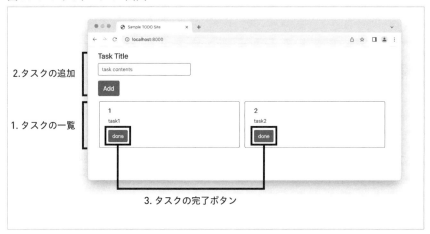

この機能を外部仕様に落としこんだのが**図11-2**です。タスクを保存する memdb
というデータベースを用意し、画面との関係を設計して、3つの機能に分割し
ています。1つ目は、画面が開かれた際に memdb から未完了のタスクの一覧を
取得しそれを表示させる、タスク表示機能です。2つ目は、テキストボックス
にタスクの内容が記述され Add ボタンが押された際に memdb へタスクを登録す
る、タスク登録機能です。3つ目は、各タスクの Done ボタンが押された際に
memdb からそのタスク属性を完了に更新する、タスク完了機能です。

図11-2：外部仕様

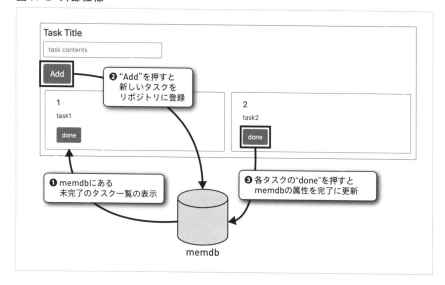

それでは、GoでWeb APIを構築していきましょう。

Goの開発環境の構築

VS CodeでのGoの開発には拡張機能を使用します。これによって以下のようなサポートが得られます。

- パッケージや構造体、インターフェイスの関数などのコード補完
- 関数や構造体の定義のドキュメントのポップアップ表示と、そのコードへのジャンプ
- コンパイルエラーや、リンターエラーの表示と、自動修正
- パッケージのあいまい検索
- フォーマットとimport句の自動整列
- 関数や構造体の名前を変更した際にその参照先での名前も自動的に変更するといった、リファクタリング機能
- リントツールgolintの実行とエラーの表示

- ユニットテストの実行およびデバッグと、そのカバレッジやプロファイル結果の表示
- デバッガーdelve との連携

まずは、これらの支援が得られる開発環境の構築方法と、その機能の基本的な使い方を解説します。

Goの拡張機能は、拡張機能ビューから「Go」を検索すると、すぐに見つかります(**図11-3**)。まずはこの拡張機能をインストールしてください。

図11-3：Goの拡張機能

拡張機能がインストールされると、必要なツールのインストールを促すポップアップが表示されます(**図11-4**)。「Install All」を押してください。

図11-4：拡張機能Goのツールのインストールを促すダイアログ

このポップアップを閉じてしまった場合、「Go: Install/Update Tools」コマンドを実行し、表示されるポップアップのチェックボックスにすべてチェックを入れて(左上のチェックボックスが全選択のボタンになっています)、「install」を押してインストールします(**図11-5**)。

図11-5：インストールするツールの選択のダイアログ

もし、ツールの再インストールや、Goランタイムのアップデートを行った場合には、拡張機能のメインモジュールであるgopls[注1]も再起動する必要があります。再起動するには、「Go: Restart Language Server」コマンドを実行します。

Web APIの構成とミドルウェア

環境構築が済んだら、さっそく実装に進んでいきましょう。まずはフォルダー構成を検討する必要があります。

Goでは、ソースコードのフォルダー構成がそのままパッケージの構成になるため、フォルダー構成は重要です。本章でのWeb APIのアプリは以下のフォルダー構成にしました。

```
.
|-- domain
|   |-- entity
|   |   `-- task.go              ……個々のタスクのデータ (Task)
|   `-- usecase
|       |-- interactor.go        ……ビジネスロジックが使うリソースのインターフェイス定義
|       |-- operation.go         ……ビジネスロジック
|       `-- operation_test.go    ……ビジネスロジックのテスト
|-- memdb
|   `-- instance.go              ……タスクを格納するDB
|-- server
|   |-- tasksAPI.go              ……APIとドメインのマッピング (TasksAPI)
|   `-- server.go                ……APIリスナを管理するサーバー (Server)
`-- cmd
    `-- main.go                  ……Web APIの実行プログラムのエントリポイント
```

注1）　GoのLanguage Server。多くの拡張機能の機能がgoplsを経由して提供されます。

それぞれのパッケージの関係性は**図11-6**のように設計しました。

図11-6：クラス図

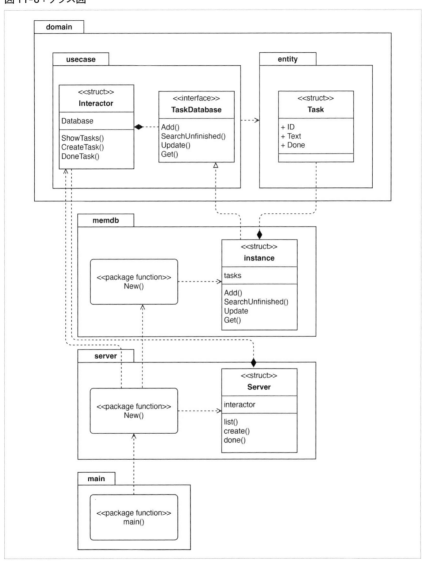

　まず、domainパッケージと、それ以外のパッケージに分けています。コア
となるデータ構造やビジネスロジックはdomainパッケージに格納し、それ以

外のパッケージからdomainパッケージを参照します。domainパッケージの中でビジネスロジックをInteractor構造体に実装し、このビジネスロジックに対してユニットテストを行います。

　データを格納するデータベースとしてmemdbパッケージを作ります。これはメモリ上に配列でタスクを保管する簡易的なデータベースです。データベースとしてのインターフェイスはdomainパッケージに定義し、instance構造体はこのインターフェイスを実装しています。

　次に、Webサーバーを実現するためのserverパッケージを作ります。このパッケージではdomainパッケージのInteractor構造体とusecase.TaskDatabaseインターフェイスを使って、Web APIへのアクセスからInteractorにあるビジネスロジックを実行します。また、今回のアプリではHTTPサーバーフレームワークであるginを利用します。標準ライブラリのhttp.Serverを用いてもWebサーバーを構築できますが、URI中にパラメータを含む場合の処理が煩雑になるため、ginを選択しました。

　最後に、プログラム実行の最初に呼ばれるmainパッケージのMain関数を作り、これをビルドすることでWeb APIの実行プログラムができあがります。テストとして、このプログラムをデバッガーを有効にして実行し、VS Codeの拡張機能を使ってWeb APIにアクセスするテストをやってみましょう。

▶ソースコードについて

　本章のサンプルコードは以下に公開しています。デバッグの設定も含まれていますので、必要に応じて参照してください。

URL https://github.com/74th/vscode-book-r2-golang

モデルの実装とユニットテスト

　本節ではdomain/entity、domain/usecase、memdbの3つのパッケージを実装します。また、このパッケージに対するユニットテストも実装します。

▶データモデルの定義

　Goのパッケージ間やフロントエンドとの境界として用いるデータモデルやインターフェイスは、**domain/entity**パッケージに実装します。この**domain/entity**パッケージには、あえてデータの格納やルーティングといったサーバーAPIとしてのロジックを持たないことで、データを運ぶインターフェイスとしての役割のみを担わせます。

　まずは、個別のタスクを表す構造体**Task**を作りましょう。

　Web APIとして、クライアントからデータを受け取ったり渡したりするときには、JSONというJavaScriptのオブジェクトの形式を利用したデータ表現が使われます。GoのサーバーAPIでも、タスクのデータのやりとりにJSONを用います。ただし、このJSONのデータをGoの実装で扱うためには、Go言語の構造体に変換しなければなりません。そこで、JSONを扱うための標準ライブラリを使用します。構造体の各プロパティのタグにJSONの属性を設定すると、この標準ライブラリによってJSONのデータをそのまま構造体に変換できます。

　VS CodeのGo拡張機能には、構造体に対してタグを一括して付与できる機能があります。まずは個別のタスクを表す**Task**構造体を、以下のようにタグを付けずに定義しておきます。

```
// domain/entity/task.go

package entity

// Task タスク
type Task struct {
  ID   int
  Text string
  Done bool
}
```

　そのうえで、構造体にカーソルのある状態で「Go: Add Tags To Struct Fields」コマンドを選択すると、以下のように自動でタグを付与できます。

```
// domain/entity/task.go

package usecase
```

```
// Task タスク
type Task struct {
  ID    int    `json:"id,omitempty"`
  Text  string `json:"text,omitempty"`
  Done  bool   `json:"done,omitempty"`
}
```

▶パッケージ間インターフェイスの定義

次に、domain/usecase と memdb パッケージ間のインターフェイスを、Repositoryインターフェイスとして定義します。このように実装よりも先にインターフェイスを定義することで、server パッケージと repository パッケージのどちらを先に実装してもかまわないようになります。

以下のようにRepositoryインターフェイスに定義します。

```
// domain/usecase/repository.go
package usecase

// タスクデータベース
type TaskDatabase interface {
    // タスクの追加
    Add(*entity.Task) (int, error)
    // 未完了のタスク一覧
    SearchUnfinished() ([]*entity.Task, error)
    // タスクの更新
    Update(*entity.Task) error
    // タスクの取得
    Get(id int) (*entity.Task, error)
}
```

続いて、TaskDatabaseインターフェイスの実装を、別のパッケージのmemdbで行います。memdb/instance.goに、タスクリポジトリの実装を置きます。

```
// memdb/instance.go
package memdb

import (
    "errors"
    "fmt"

    "github.com/74th/vscode-book-r2-golang/domain/entity"
    "github.com/74th/vscode-book-r2-golang/domain/usecase"
)
```

```
// インスタンスの作成
func NewDB() usecase.TaskDatabase {
    s := new(Instance)
    s.tasks = make([]entity.Task, 2, 20)
    s.tasks[0] = entity.Task{
        ID:    1,
        Text: "task1",
        Done: false,
    }
    s.tasks[1] = entity.Task{
        ID:    2,
        Text: "task2",
        Done: false,
    }

    return s
}
```

　この続きを実装していく前に、パッケージのインポートに関するGo拡張機能
の便利なコマンドを紹介します。

パッケージのインポート

　memdb/instance.goのコードにもあるとおり、Goでほかのパッケージを参照す
る場合、import句にパッケージ名を記述します。このとき VS Code の Go拡張機
能の「Go: Add import」コマンドを使うと、パッケージ名をあいまい検索できます。
ここで目的のパッケージを選択すると、import句に追加できます（図11-7）。

図11-7：パッケージのあいまい検索

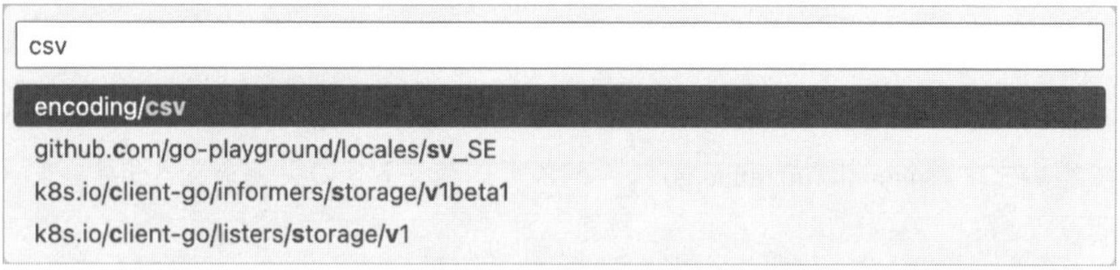

　なお、実装したばかりのパッケージがあいまい検索の候補として表示されな
い場合には、「Go：Restart Language Server」コマンドを実行すれば改善するこ
とがあります。
　このようにしてimport句にパッケージを追加したあとは、パッケージによ
るコード補完の候補が表示されるようになります（図11-8）。

図11-8：パッケージのコード補完

また、標準パッケージや直近に使用したパッケージであれば、`import`句に自動で追加する機能もあります。たとえば`fmt`パッケージの`Errorf`関数を使う場合、本来であれば`import`句に`fmt`を追加したうえで`fmt.Erro...`と記述しますが、`import`句がなくても`fmt.`を入力するだけでコード補完の候補に`fmt`パッケージの関数が表示されます。補完を確定したときに、`import`句へパッケージの追加が自動で行われます。

▶インターフェイスを満たす構造体の実装

前項で定義したインターフェイスを満たす構造体`memdb.Instance`を実装する場合、インターフェイスが持つすべての関数を実装する必要があります。

このとき、インターフェイスのスタブを作るツールである`impl`[注2]を使うと、インターフェイスを満たすようにビルドが通る構造体を作れるため、これを下敷きにして効率的に実装できます。

インターフェイスを満たす構造体を実装するときには、以下のように構造体の生成関数（今回は`NewDB()`）を用意し、その戻り値にインターフェイス（今回は`usecase.TaskDatabase`）を指定します。この際、まだインターフェイスを満たす関数を実装ししていなければエラーになります。さらにエラーにカーソルを当てると、クイックフィックスに`Implement: インターフェイス名`が表示されます（**図11-9**）。これを実行すると、構造体に足りないインターフェイスを追加してくれます。

注2）https://github.com/josharian/impl

11

図11-9：未実装関数を追加するクイックフィックス

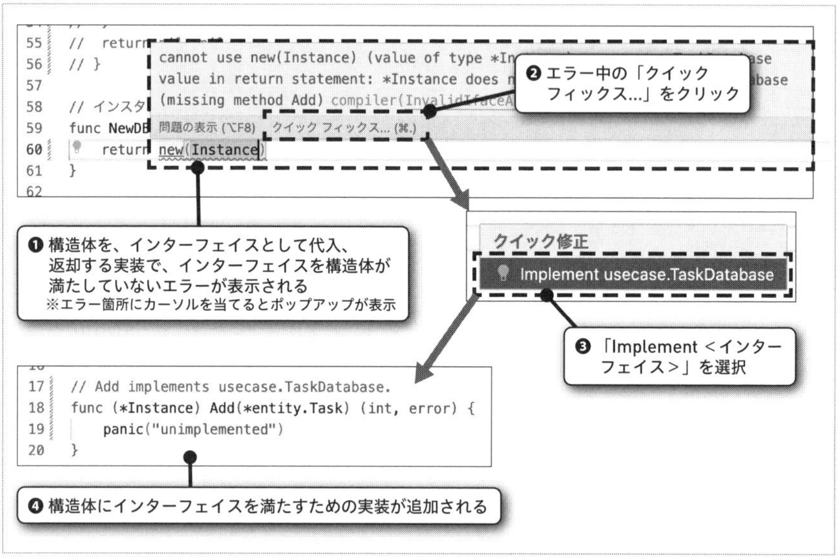

```
// memdb/instance.go
package memdb

// Add implements usecase.TaskDatabase
func (*Instance) Add(*entity.Task) (int, error) {
    panic("unimplemented")
}

// Get implements usecase.TaskDatabase
func (*Instance) Get(id int) (*entity.Task, error) {
    panic("unimplemented")
}

// SearchUnfinished implements usecase.TaskDatabase
func (*Instance) SearchUnfinished() ([]*entity.Task, error) {
    panic("unimplemented")
}

// Update implements usecase.TaskDatabase
func (*Instance) Update(*entity.Task) error {
    panic("unimplemented")
}

// New 新しいタスクリポジトリの作成
func NewDB() usecase.TaskDatabase {
  return new(instance)
}
```

作成されたスタブの各関数に機能を実装していきます。このうち、`memdb.`
`Instance`のプロパティ`tasks`にタスクを追加する`Add`と、同じ`tasks`から未
完了のタスクを検索する`SearchUnfinished`を実装すると、以下のようになり
ます。残りの`Get`と`Update`の実装については、GitHub上のサンプルコードを
参照してください。

```go
// memdb/instance.go

// タスクの追加
func (s *Instance) Add(task *entity.Task) (int, error) {
    task.ID = len(s.tasks) + 1
    s.tasks = append(s.tasks, *task)
    return task.ID, nil
}

// 未完了のタスクの検索
func (s *Instance) SearchUnfinished() ([]*entity.Task, error) {
    result := []*entity.Task{}
    for _, task := range s.tasks {
        if !task.Done {
            result = append(result, task.Clone())
        }
    }
    return result, nil
}
```

これで`usecase.TaskDatabase`インターフェイスを満たす`memdb.Instance`
構造体を実装できました。

▶ユニットテストの実装と実行

続いて、`usecase`パッケージを実装し、ユニットテストを記述していきま
しょう。Goでパッケージのユニットテストを実装する際には、パッケージと同
じフォルダーに`xxx_test.go`というファイル名でユニットテストを作成します。
先ほどの`memdb.Instance`を使うビジネスロジックとして、構造体`usecase.`
`Interactor`を作りました。

```go
// domain/usecase/interactor.go
package usecase

// ビジネスロジック
type Interactor struct {
    Database TaskDatabase
}
```

　そこに`Add`を使ってタスクを追加する`CreateTask`と、`SearchUnfinished`
を使って未完了のタスクを返す`ShowTasks`を以下のように実装しました。残り
の機能はGitHub上のサンプルコードを参照してください。

```go
// domain/usecase/operation.go
package usecase

import (
    "errors"
    "fmt"
    "log"

    "github.com/74th/vscode-book-r2-golang/domain/entity"
)

var TaskNotFoundError = errors.New("TaskNotFoundError")

// 未完了タスクの一覧
func (it *Interactor) ShowTasks() ([]*entity.Task, error) {
    tasks, err := it.Database.SearchUnfinished()
    if err != nil {
        log.Printf("Database error occurred: %s", err)
        return nil, fmt.Errorf("Database error occurred: %w", err)
    }
    return tasks, nil
}

// タスクの生成
func (it *Interactor) CreateTask(task *entity.Task) (*entity.Task, error) {
    newID, err := it.Database.Add(task)
    if err != nil {
        log.Printf("Database error occurred: %s", err)
        return nil, fmt.Errorf("Database error occurred: %w", err)
    }
    task.ID = newID
    return task, nil
}
```

　このプログラムのユニットテストを実装していきます。

```go
// domain/usecase/operation_test.go
package usecase_test

// import句は掲載省略

func newInteractor() usecase.Interactor {
    return usecase.Interactor{
        Database: memdb.NewDB(),
    }
}
```

```go
func TestCreateTask(t *testing.T) {
    it := newInteractor()

    tasks, err := it.ShowTasks()
    if err != nil {
        t.Error("エラーが返らないこと")
        return
    }
    if len(tasks) != 2 {
        t.Error("初期状態のリポジトリからはからの2つのタスクが引けること")
        return
    }

    newTask := &entity.Task{
        Text: "task1",
    }

    newTask, err = it.CreateTask(newTask)
    if err != nil {
        t.Error("エラーが返らないこと")
    }
    if newTask.ID == 0 {
        t.Error("タスクIDが割り振られること")
    }

    // 略
}
```

このように実装されたユニットテストのファイルを開くと、Testで始まる各関数に対し、関数宣言の左側にテスト実行ボタンが表示されます（**図11-10**）。コードレンズとしても、テスト実行ボタンとデバッグ実行ボタンが表示されますが、左側のテスト実行ボタンのほうが後述するテストビューと連携します。

図11-10：ユニットテストの実行ボタン

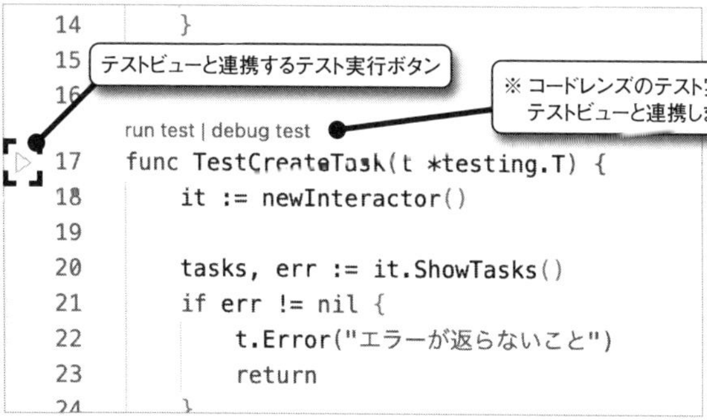

実行結果はパネルのテスト結果タブに表示されます。エラーとなった場合、コー

ド中にエラーが表示されます（**図11-11**）。また、テスト結果タブ中のエラーの場所などのファイルパスは、macOS では ⌘ ＋クリック、Windows／Linux では Ctrl ＋クリックすれば、エディター上で直接ファイルを開くことができます。

図11-11：ユニットテスト実行の出力

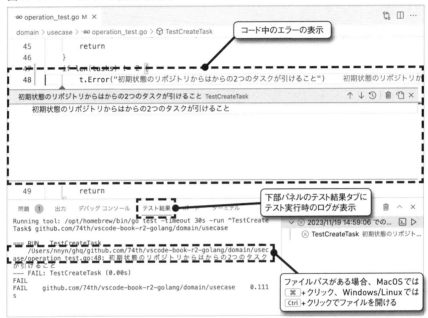

　なお、パッケージのテストをすべて実行するには、「Go: Test Package」コマンドを実行するか、コードの最上部の**package**の上にコードレンズで表示される「run package tests」を実行します（**図11-12**）。

図11-12：パッケージのユニットテストのボタン

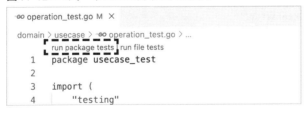

　ただし、コードレンズ、コマンドのテスト結果はサイドバー中のテストビュー

には反映されません。テストビューにはテストがツリー状に表示されています[注3]。子要素のあるアイテムでテストを実行すると、子要素のテストを一括して実行できます。たとえばディレクトリ内のすべてのテストを一度に実行する場合には、ディレクトリ名の右側に表示されるボタンを押すことでまとめて実行できます（**図11-13**）。

図11-13：テストビュー

パッケージのツリーの右側の
テスト実行ボタンをクリック

テストビューのほうが、失敗したテストを選んで再実行しやすくなっています。2023年11月時点では、コードレンズや拡張機能Go独自のテスト実行コマンド「Go: Test 〜」とは連携しておらず、VS Codeのテスト機能のテスト実行コマンド「テスト: 〜(Test: 〜)」を使うと反映されます。

▶ユニットテストに便利な機能

以上でユニットテストの実装と実行ができるようになりました。VS CodeのGo拡張機能には、ほかにもユニットテストを行うのに便利な機能があります。

まずは、カバレッジの表示機能です。Goのユニットテストでは、テスト実行時のコードカバレッジを記録して出力できます。この機能を使って、VS Codeのエディターの行ごとに、テストで通過したか否かを示すカバレッジを表示できます。表示する場合は、設定で以下の項目にチェックを付けて（設定値を`true`にして）再度テストを実行してください。

注3）テストがどのように分類されるかはテストツールによって異なります。

Go での Web API 開発

11

設定名	JSON項目名	機能
Go: Cover On Test Package	go.coverOnTest	trueの場合、テスト実行時にカバレッジを出力する

（モノクロではわかりづらいですが）実装のソースコードに対して、テスト実行時に実行された行は緑色、実行していない行は赤色で表示されます（**図11-14**）。一方で、テストコード自体は色分けされません。また、構造体などの定義の行にも色は付きません。

図11-14：カバレッジの表示

このカバレッジの色分けがされていない場合、設定「Go: Coverage Options（go. coverageOption）」を確認してください。この設定値が "showCoveredCodeOnly" または "showUncoveredCodeOnly" の場合、該当部分のみ色が変化します。

また、ユニットテストのテンプレート機能も便利な機能のひとつです。使い方は、テスト対象の関数やパッケージにカーソルを移動して、「Go: Generate Unit tests for Package/File/Function」コマンドを実行するだけです。

Column テストと実装を行き来するショートカット

　開発の際には、テストと実装のコードを何度も行き来することになるでしょう。この切り替えをすばやく行うために「Go: Toggle Test file」というコマンドが用意されています。このコマンドにキーボードショートカットを設定すると、すばやくテストと実装を行き来できます。

　以下はこのコマンドに Shift + ⌘ + F6 を割り当てる例です。

```
[
  {
    "key": "shift+cmd+f6",
    "command": "go.toggle.test.file",
    "when": "editorTextFocus && editorLangId == 'go' && !inDebugMode"
  }
]
```

Web APIの実装とデバッグ

　次は server パッケージに Web API を実装し、さらに実行可能なプログラムとしてまとめます。

▶ Web APIのルーティング

　一般的に Web API は、アクセスする URL のパス、そして GET や POST などと HTTP メソッドに応じて提供する機能が変わるように設計します。なかでも、URL 中でオブジェクトの ID（今回で言えばタスクの ID）を指定し、そのオブジェクトに対する操作を HTTP メソッドで表現する（取得には GET、生成には POST、変更には PATCH など）ように設計された Web API を REST API と呼びます。また、こうした URL や HTTP メソッドと機能との対応のことをルーティングと呼び、ルーティングを担うプログラムをルーターと呼びます。

　今回設計する Web API も REST API として、以下のようにルーティングを設計しました。

- **GET /api/tasks**：未完了タスク取得API。未完了のタスクの一覧を取得する。タスクのリストをJSONで表現したものをレスポンスボディとする
- **POST /api/tasks**：タスク追加API。タスクを追加する。追加するタスクをJSONで表現したものをリクエストボディとして与える
- **PATCH /api/tasks/(タスクID)/done**：タスク完了API。指定されたタスクIDのタスクを完了させる

▶Web APIの実装

まずはHTTPサーバーとRepositoryを持つ構造体を定義します。HTTPサーバーにはnet/httpとginパッケージを使います。

```go
// server/server.go

package server

import (
    "log"
    "net/http"

    "github.com/74th/vscode-book-r2-golang/domain/usecase"
    "github.com/74th/vscode-book-r2-golang/memdb"
)

// サーバーAPI
type Server struct {
    server      http.Server
    interactor  usecase.Interactor
}

// サーバーAPIのインスタンスを作成する
func New(addr string, webroot string) *Server {
    s := &Server{
        server: http.Server{
            Addr: addr,
        },
        interactor: usecase.Interactor{
            Database: memdb.NewDB(),
        },
    }

    return s
}

// サーバーを開始する
func (s *Server) Serve() error {
    if err := s.server.ListenAndServe(); err != http.ErrServerClosed {
        log.Fatalf("could not start server: %s", err.Error())
```

```
        return err
    }
    return nil
}
```

次に、Web APIから usecase.Interactor を利用する関数を、ginのリクエ
ストの形式で実装します。entity.Task 型にはJSONタグを設定したため、
HTTPリクエスト、レスポンスのJSONを簡単にGoの構造体に変換できます。

```
// server/server.go

import (
  "net/http"

  "github.com/gin-gonic/gin"

    "github.com/74th/vscode-book-r2-golang/domain/entity"
)

// 中略

// GET /tasks
// タスク一覧
func (s *Server) list(c *gin.Context) {
    tasks, err := s.interactor.ShowTasks()
    if err != nil {
        log.Print("error", err)
        c.Status(500)
        return
    }

    c.JSON(http.StatusOK, tasks)
}

// POST /tasks
// タスクの追加
func (s *Server) create(c *gin.Context) {
    task := new(entity.Task)

    err := c.ShouldBindJSON(task)
    if err != nil {
        log.Print("deserialize error", err)
        c.Status(401)
        return
    }

    task, err = s.interactor.CreateTask(task)
    if err != nil {
        log.Print("error", err)
        c.Status(500)
        return
    }
```

279

11

Go での Web API 開発

```
    c.JSON(200, task)
}

// POST /tasks/:id/done
// タスク完了
func (s *Server) done(c *gin.Context) {
    id, err := strconv.Atoi(c.Param("id"))
    if err != nil {
        c.Status(400)
        return
    }

    task, err := s.interactor.DoneTask(id)
    if err != nil {
        c.Status(404)
        return
    }

    c.JSON(200, task)
}
```

　このURIとメソッドの対応を、ルーターとして実装します。同時に、index.
htmlとjsディレクトリを、Webサーバーからアクセスできるように設定します。

```
// server/server.go

import (
  "log"
  "net/http"
  "path/filepath"
  "strconv"

  "github.com/gin-gonic/gin"

  "github.com/74th/vscode-book-golang/model/tasks"
  "github.com/74th/vscode-book-golang/repository"
)

// 中略

// サーバーAPIのインスタンスを作成する
func New(addr string, webroot string) *Server {
    s := &Server{
        server: http.Server{
            Addr: addr,
        },
        interactor: usecase.Interactor{
            Database: memdb.NewDB(),
        },
    }
```

```
    s.setRouter(webroot)

    return s
}

// 中略

// ルータの設定
func (s *Server) setRouter(webroot string) {
    router := gin.Default()
    api := router.Group("/api")
    api.GET("/tasks", s.list)
    api.POST("/tasks", s.create)
    api.POST("/tasks/:id/done", s.done)

    router.StaticFile("/", filepath.Join(webroot, "index.html"))
    router.Static("/js", filepath.Join(webroot, "js"))
    router.Static("/css", filepath.Join(webroot, "css"))
    s.server.Handler = router
}
```

最後に、このHTTPサーバーを起動するmain関数をもつmainパッケージを、cmd/serverに実装します。

```
// cmd/server/main.go

package main

import (
    "flag"
    "os"

    "github.com/74th/vscode-book-r2-golang/server"
)

func main() {
    var (
        webroot string
        addr    string
    )

    flag.StringVar(&webroot, "webroot", "./public", "web root path")
    flag.StringVar(&addr, "addr", "0.0.0.0:8000", "server addr")
    flag.Parse()

    svr := server.New(addr, webroot)
    err := svr.Serve()
    if err != nil {
        os.Exit(1)
    }
}
```

これをビルドし実行するには、以下のコマンドを実行します。

```
$ cd cmd/server/
$ go build
$ ./server
```

ブラウザから http://localhost:8000/api/tasks へアクセスし、タスクの一覧
のJSONが表示されれば成功です。

▶Web API のデバッグ

では、ここまでで実装してきたWeb APIをデバッグ実行してみましょう。デ
バッグの設定の追加は、デバッグビューの「launch.jsonファイルを作成します。」
から行います（**図11-15**）。

図11-15：デバッグ構成の追加

選択肢から「Go」を選ぶと、現在開いているファイルをデバッグする設定が表
示されます。これを、`main`パッケージのソースコードが実行されるよう、以下
のように書き換えます。

```
// .vscode/launch.json

{
  "version": "0.2.0",
  "configurations": [
    {
      "name": "Launch Server",
      "type": "go",
      "request": "launch",
      "mode": "debug",
      "program": "${workspaceFolder}/cmd/server/main.go",
      "args": [
```

```
        "-addr=0.0.0.0:8000"
      ]
    }
  ],
  "compounds": []
}
```

　デバッグ開始ボタンからデバッグを開始すると、デバッグコンソールが開き
ログが流れます。

　Web APIに実際にリクエストしてテストする方法はいくつかありますが、そ
のうち、REST Client拡張機能を使った方法を紹介します。拡張機能タブで
「REST Client」と検索して、**図11-16**の拡張機能をインストールしてください。

図11-16：拡張機能「REST Client」

　この拡張機能では、test.httpなど拡張子httpを持つファイルを作成します。
このファイルに書く操作のタイトルを### (シャープ3つと半角スペース1つ)
で区切り、アクセスするHTTPメソッド名とURLを半角スペースでつないで
記述します。POSTなどでJSONを本文にして送信する場合、そのURLから1
行開けて本文を記述します。

```
# rest_client_test.http

### タスクの一覧
GET http://127.0.0.1:8000/api/tasks

### タスクの追加
POST http://127.0.0.1:8000/api/tasks

{"text": "VS Codeのアップデート"}

### タスクの完了
POST http://127.0.0.1:8000/api/tasks/1/done
```

すると、コード中に「Send Request」というボタンが現れます。これを押すと
実際にリクエストが行われ、それに対するレスポンスが右側のエディタに表示
されます（**図11-17**）。

図11-17：Web APIのテスト

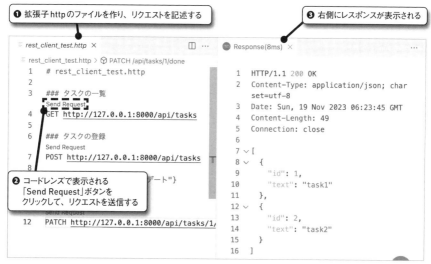

タスクが追加されること、追加したあとにタスクの一覧を表示するとタスク
が増えていることなどを確認してみてください。また、コード中にブレークポ
イントを設定し、拡張機能REST Clientからリクエストを行って、ブレークポ
イントで処理が止まることも確認してみてください。

## 第12章

TypeScriptでの開発
デフォルトで使えるフロントエンド開発機能たち

　前章ではGoを使ってWeb APIを構築しました。今度はそのWeb APIにWeb ブラウザからアクセスするフロントエンドのアプリケーションを開発します。フロントエンドの開発では多くの周辺ツールを使う必要があるため、それらの周辺ツールが必要となる背景も含めて解説します。また、一般的なWebアプリケーション開発では、Web APIとWebブラウザのフロントエンドで開発に用いる言語やツールが異なることが多く、その両方を同時に実行しなければなりません。その助けとなる、GoとTypeScriptの複数のデバッグを実行する方法も紹介します。

　フロントエンドのフレームワークとして、本書ではReact.jsを利用しています。しかし、ここで説明するVS Codeの設定やデバッグ実行の仕方はVue.jsなどの別のTypeScriptのフレームワークでも応用できる内容になっていますので、ぜひ確認してみてください。

TypeScriptとフロントエンドアプリの周辺技術

　フロントエンドアプリの開発には多くのツールが関わってきます。VS Code でのそれらの使い方を紹介する前に、その背景を解説します。

　フロントエンドの開発ではさまざまなツールを組み合わせる必要があり、さらに使用するツールにも流行があって、どんどん入れ替わっています。本書で紹介するツールはその一例でしかありませんが、デバッグのしかたや各ツールの考え方はツールの流行が移ったとしても活用できるでしょう。

▶TypeScriptの役割

　Webブラウザをフロントエンドとするアプリケーションを構築する場合、ア

プリケーションの開発に使えるプログラミング言語はほぼJavaScriptに限定されます[注1]。とはいえ、JavaScriptでの開発にはいくつか難しい点があります。

JavaScriptはブラウザごとに異なるランタイムで実行されることもあり、その仕様がECMAScriptとして標準化されています。2015年のECMAScriptの6th Editionからクラスやイテレータなどが言語仕様に加わり、現在では多くのブラウザでクラスを用いて実装できるようになりました。しかし、従来からあるJavaScriptライブラリにはクラスを用いていない設計になっているものも多くあります。

また、JavaScriptの引数や戻り値はデータ型の情報を持たず、実行時にはじめてどのようなオブジェクトが渡されるかが決まります。JavaScriptのように関数がデータ型の情報を持たない言語では、開発の規模が大きくなるほど実装時の管理コストが大きくなりがちです。

このようなJavaScriptの問題を解決することを目的として、TypeScriptが作られました。TypeScriptはJavaScriptを拡張したオープンソースのプログラミング言語で、Microsoftが開発を主導しています。JavaScriptの引数や戻り値、変数に対してデータ型の情報を定義でき、JavaScriptへコンパイルができるようになっています。また、TypeScriptで記述されたソースコードは、変数や戻り値に型が指定されているため、その型を用いて代入した値が正しいかどうかを静的解析により検査できます。この型検査は、TypeScriptをJavaScriptに変換するTypeScriptコンパイラであるtscが行います。さらに、JavaScriptで書かれたライブラリを使った場合にも型検査ができるよう、ライブラリの関数やオブジェクトに型の定義を追加する型定義ファイルが公開されています。

以上をまとめると、**図12-1**のようになります。

注1） 厳密にはWebAssemblyも実行ランタイムとして存在します。

図 12-1：TypeScript の役割

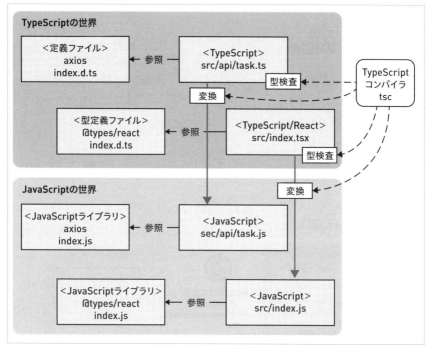

VS Code には、型のコード補完やデバッグなど、TypeScript の開発を強力に
サポートする機能が最初から組み込まれています。本章でも TypeScript を使っ
た開発をしていきます。

▶ npm の役割

Node.js は、ブラウザ上ではなくサーバー上で動作する JavaScript 実行ランタ
イムです。Node.js で特筆すべきことは、Node.js に付属するパッケージマネージャ
である npm が実現するエコシステムです。npm には JavaScript のさまざまなパッ
ケージが公開されており、それらを組み合わせることで効率的に開発を行うこと
ができます。本来は Node.js 用のパッケージマネージャですが、フロントエンド
の開発でも npm を使って利用するパッケージ管理をするのが一般的です。

npm では、アプリケーションやライブラリが依存するパッケージの名前とバー
ジョンを package.json という設定ファイルに記述します。これにより npm

installというコマンドひとつで、依存するnpmパッケージをまとめてインストールできます。

▶webpackの役割

フロントエンドの開発にもnpmを使いますが、Node.jsで使われるJavaScriptと、フロントエンドのブラウザのJavaScriptでは、モジュールの仕組みが異なっています。このことから、npmのパッケージをWebブラウザ上で動作させるにはひと工夫が必要です。

そこで用いるのがwebpackです。webpackの役割について、**図12-2**をもとに説明します。

図12-2：webpackの役割

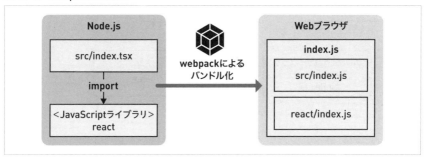

Node.jsでnpmパッケージのJavaScriptライブラリを参照するときには、importやrequireという構文を用います。図12-2では、src/index.jsがReact.jsを参照しています。しかし一方で、WebブラウザはNode.jsのような外部ライブラリを参照する方法を持っていません[注2]。

そこでwebpackは、モジュールバンドラーとして、src/index.jsおよび参照するnpmパッケージ(ここではVue.js)を、ひとつのJavaScriptファイルへと変換します[注3]。これにより、Webブラウザのフロントエンドアプリケーションの開発においても、npmのエコシステムが利用できるようになります[注4]。

注2) 厳密には外部ライブラリを参照する仕様はありますが、Node.jsの主流の仕様とは異なっています。
注3) 厳密には、使用方法によって、複数のファイルとして出力することもできます。
注4) 当然ながら、すべてJavaScriptで記述されたパッケージに限ります。Node.jsの機能に依存しているものは動作させることはできません。

利用するソフトウェア

　本章で構築するアプリケーションの開発には、以下のアプリケーションやライブラリを利用します。それぞれのソフトウェアの役割は**図12-3**のとおりです。

図12-3：各ソフトウェアの役割

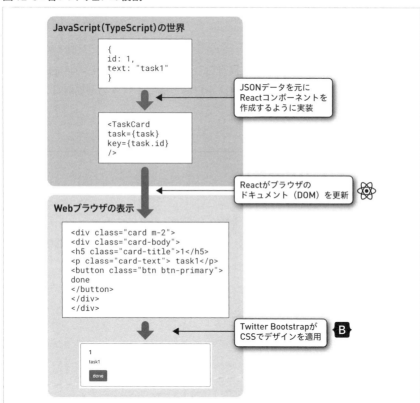

- **Chrome**：Webブラウザ
- **React.js**：HTML5リアクティブコンポーネントを構築するJavaScriptライブラリ
- **Twitter Bootstrap**：モダンなGUIを構築するCSSフレームワーク

Google Chrome について説明は不要でしょう。公式サイト[注5]からダウンロードし、インストールしてください。また、Node.jsも公式サイト[注6]からダウンロードできます。macOSを使用している場合には、Homebrew[注7]のコマンド`brew install node`を使ってVS Code内にインストールすることも可能です。

そのほかのライブラリ、フレームワークについてはnpmを使ってインストールすることになりますので、その都度紹介していきます。

なお、ここではWebブラウザ上のコンポーネントの描画を担うライブラリとしてReact.jsを使っています。React.jsは、JavaScriptとHTMLで構築されたコンポーネントにJavaScriptでデータを与えると、そのデータを使ったHTMLをWebブラウザ上に描画します。同様のライブラリにはほかにもAngularJSやVue.jsなどがありますが、TypeScriptを用いて開発を行うのであれば本章の内容を応用できるでしょう。

フロントエンドの設計

今回実装する機能の1つである「タスクを記述したあとにAddボタンを押すと、実際にタスクが追加されて表示される」処理の流れは図12-4のようになります。この流れを詳しく追っていきましょう。

注5）https://www.google.com/intl/ja_ALL/chrome/
注6）https://nodejs.org/ja/
注7）https://brew.sh/indexja

図12-4：処理の流れ

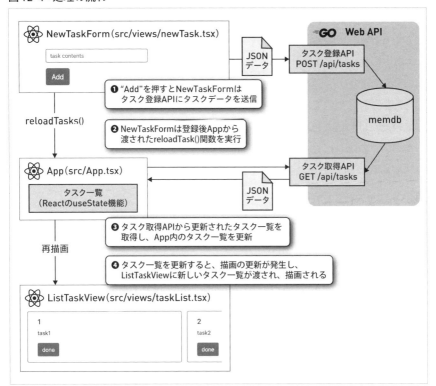

まず、ブラウザ上でAddボタンが押されたとします。すると、フロントエンドアプリのAddボタンを持つNewTaskFormというReact.jsのオブジェクトが、追加するタスクの内容をJSONに変換し、Web APIのタスク登録APIにリクエストを行います（図12-4❶）。登録するタスクをJSONデータにしてリクエストボディに設定し、リクエストします。

フロントエンドアプリのNewTaskFormは、タスクの登録が終わったのを検知すると、タスクの一覧を更新させるためにAppから渡されたreloadTasks()関数を呼びます（図12-4❷）。

Appはreload Tasks()関数内で、Web APIのタスク取得APIを呼び出し、タスク一覧をJSONデータとして取得して、内部のタスク一覧のデータ（ReactのuseState機能）を更新します（図12-4❸）。タスク一覧のが更新されると、Reactコンポーネントの再描画が発生し、タスクをリスト表示するListTaskViewが

12

TypeScriptでの開発

新しいデータで再描画を行います（図12-4❹）。

　以上、フロントエンドアプリとWeb APIがURI、HTTPメソッドとJSONを通してやりとりしているところがイメージできたでしょうか？　この中でも、フロントエンドのReact.jsコンポーネントが`App`と`TaskListView`と`NewTaskForm`の3つに分かれており、連動して動作する様子はなかなかイメージしづらいかもしれません。これについては、次節からの実装とVS Codeでのデバッグを通して理解していただければと思います。

　なお、このほかにもタスクの「Done」のボタンを押したときの処理も必要です。興味があれば同じように設計してみてください。

▶ソースコードについて

　本章で開発するアプリケーションの完成されたソースコードは以下のリポジトリで公開しています。

URL https://github.com/74th/vscode-book-r2-typescript

　このリポジトリにはタスクやデバッグの設定も含まれています。実際の開発にとりかかる際の参考にしてみてください。

TypeScriptの環境構築

　TypeScriptでの開発をはじめる前に、フォルダー構成を決めたり、TypeScriptの設定を行ったりする必要があります。

▶ワークスペースのフォルダー構成

　さまざまなツールを組み合わている開発環境では、フォルダー構成はとても重要です。今回は以下の構成にしました。以降、この構成のルートにあるフォルダー「todo-list」を「ワークスペースのフォルダー」と呼びます。

```
todo-list
|-- src              ……TypeScriptのコード
|   |-- entity       ……タスク1件のデータを示すインターフェイス
|   |-- api          ……APIにアクセスする処理
```

```
|   |-- views          ……UIを作る処理
|   |-- App.tsx
|   `-- index.tsx
|-- public
|   `-- html
|       |-- js          ……webpackの出力先
|       `-- index.html  ……ドキュメントルート
`-- node_modules        ……利用するnpmパッケージの格納フォルダー（自動生成）
```

この構成ではTypeScriptのソースコードをすべてsrcフォルダーにまとめています。そのうえでTypeScript内の参照関係を明確にするため、フロントエンドだけで使うコードを格納するsrc/frontend、Web APIだけで使うコードを格納するsrc/server、そして共通で使うモデルのコードを格納するsrc/modelという形にフォルダーを分けています。

そして、Webサーバーで公開するファイルを置くフォルダーとして、public/htmlを用意します。その中にHTMLファイルと、webpackの出力先のフォルダーを用意しておきます。

また、Gitで管理しないファイルを指定する.gitignoreに、npmパッケージのフォルダー（node_modules）と、TypeScriptおよびwebpackで出力されるファイルが格納されるフォルダーを以下のとおり記述しておきます。

```
node_modules
out
public/html/js
```

▶npmパッケージの準備

次にJavaScript、TypeScriptの実装で用いるパッケージをインストールします。npmが依存するパッケージをpackage.jsonで管理することはすでに述べました。Reactなどのフレームワークを使うのであれば、そのフレームワークに合わせたパッケージをインストールしてくれるスクリプトが提供されていることも多いです。

本書ではフロントエンドの実装にReactを用います。ReactでTypeScriptを利用する場合は以下のコマンドを実行します。ここで使用しているnpxは、npmパッケージのコマンドを実行するツールです。該当するツールがローカルにインストールされているならそれを利用し、インストールされていない場合はダ

ウンロードしてから実行してくれます。

```
$ npx create-react-app todo-list --template typescript
```

　これでReactの開発に必要な以下のパッケージがインストールされ、package.jsonやTypeScriptコンパイラの設定であるtsconfig.jsonといった設定ファイルが出力されます。

- **typescript**：TypeScriptコンパイラ
- **react、react-dom、react-hook-form**：React.jsとそのライブラリ
- **webpack、webpack-cli**：JavaScriptモジュールバンドラー

　create-react-appを使って設定されたプロジェクトでは、これらのツールを利用することで、TypeScriptのコンパイルやwebpackによるブラウザで利用する形式への変換を行ってくれます。しかし、本書ではVS Codeでこれらのツールがどう利用されるかを解説するために、webpackのインストールも明示的に行うことにします。

```
$ npm install --save webpack webpack-cli
```

　また、本書の例で必要になってくるreact-hook-formも追加でインストールしておきます。

```
$ npm install --save react-hook-form
```

　これらのパッケージをインストールすると、package.jsonは以下のようになります（バージョン番号などは異なる場合があります）。

```
// package.json

{
  "name": "todo-list",
  "version": "1.0.0",
  // 中略
  "dependencies": {
    "@testing-library/jest-dom": "^5.16.4",
    "@testing-library/react": "^13.3.0",
    "@testing-library/user-event": "^13.5.0",
```

```
    "@types/jest": "^27.5.2",
    "@types/node": "^16.11.41",
    "@types/react": "^18.0.14",
    "@types/react-dom": "^18.0.5",
    "react": "^18.2.0",
    "react-dom": "^18.2.0",
    "react-hook-form": "^7.41.5",
    "react-scripts": "5.0.1",
    "typescript": "^4.7.4",
    "web-vitals": "^2.1.4",
    "webpack": "^5.75.0",
    "webpack-cli": "^5.0.1"
  },
  // 後略
}
```

あらかじめpackage.jsonに上記のような依存ライブラリが記述されている場合、以下のコマンドで一括してインストールできます。

```
$ npm install
```

npmを用いた開発では、--saveオプションをつけてパッケージをインストールしたあとにpackage.jsonをGitリポジトリにコミットすると、ほかの開発者もこのコマンドを実行することで同じバージョンのパッケージを使うことができます。もし本書と同じバージョンを使うのであれば、上記の"dependencies"の部分をpackage.jsonにコピーして npm installを実行してください。

create-react-appを使った開発環境の構築はこれで完了です。create-react-appは、開発を早く進められるよう npm run buildを実行するだけでビルドが完了するようにできています。一方で、JavaScriptをブラウザで参照可能な形にまとめるwebpackなどのツールを隠しているため、webpackの機能を利用したりReactとそれ以外の開発で応用したりしづらくなっています。本書では、VS CodeがTypeScript、React、webpackと連携して動作するために必要なことを解説したいため、あえてcreate-react-appのビルドツールを使わずに解説します。

▶TypeScriptの設定とコンパイル

TypeScriptの設定はtsconfig.jsonというファイルに記述します。この設定ファイルはcreate-react-appによって作成されています。ここに記述した設定は、tscコマンドを実行したときに参照されるほか、VS CodeでのTypeScriptの文法チェックなどの機能が実行される際にも参照されます。

　生成されたファイルをそのまま用いてもかまいませんが、ここではVS Code
との連携で便利なように以下のように設定します。

```
// tsconfig.json

{
  "compilerOptions": {
    // 出力するJavaScriptのバージョン
    // 'ES5', 'ES2018', 'ES2021' など
    "target": "ES2021",

    // nodejsとブラウザの両方に対応したモジュール形式で出力する
    "module": "ESNext",

    // npmモジュールもimport文で読み込めるようにする
    "esModuleInterop": true,

    // webpack経由でTypeScriptコンパイラを利用する場合、
    // TypeScriptコンパイラが直接ファイル出力しないようにする
    "noEmit": true,

    // すべての箇所で型定義を強制する
    "strict": true
  }
}
```

　重要な項目について簡単に説明しておきます。

　まず、TypeScriptでは将来策定されるであろうJavaScriptの仕様が先取りし
て使えるようになっている場合があります。そこで、tsconfig.jsonの`"target"`
でコンパイル後のJavaScriptのバージョン[注8]を指定します。標準利用を想定す
るブラウザが現行のChromeブラウザであれば、バージョンES2021以上を選ぶ
ことをおすすめします。ここで使える値はTypeScriptコンパイラのバージョン
によって異なるため、`tsc --help`を実行して表示されるTypeScriptコンパイ
ラのヘルプの`-t`オプションの説明を参照してください。また、各ブラウザの
JavaScriptの仕様のサポート状況はECMAScript compatibility table[注9]にまとめ
られており、どのバージョンが対応しているかを確認できます。

　通常、TypeScriptコンパイラを実行すると、1つのTypeScriptファイルごと
にコンパイルしたJavaScriptファイルが生成されます。しかし前節で解説した
とおり、一般的なフロントエンド開発においてはこれらのJavaScriptファイル

注8）　正確には、JavaScriptの標準仕様であるECMAScriptのバージョンです。
注9）　http://kangax.github.io/compat-table/

を直接使うのではなく、webpackでバンドルしたうえで使います。このような場合には、"noEmit"をtrueに設定しておくことでTypeScriptコンパイラがJavaScriptファイルを出力しないようにできます。Node.jsで実行する際など、TypeScriptの出力したJavaScriptを直接使いたい場合には、"noEmit"の設定を削除してください。

また、"sourcemap"をtrueに設定しておくと、JavaScriptの各行がTypeScriptのどの行に該当するかが記述された「ソースマップ」が出力されます。VS Codeがこのファイルを認識すると、JavaScriptをデバッグ実行する際にそれに対応するTypeScriptソースコードを表示してくれるようになります。

以上でTypeScriptコンパイラを実行する準備が整いました。このワークスペースの下にあるすべてのTypeScriptファイルをコンパイルするには、以下のコマンドを実行します。

```
$ npx tsc
```

これでTypeScriptファイルのコンパイルが行われるものの、"noEmit"をtrueに設定したためファイルは出力されません。ただし、TypeScript中にエラーがあればエラーが表示されます。

▶webpackによるバンドル

次にwebpackを使って、ブラウザで実行できるJavaScriptファイルの生成を準備しましょう。webpackの設定をwebpack.config.jsに以下のとおり記述します。

```js
// webpack.config.json
const path = require("path");
let exclude = [path.resolve(__dirname, "public")];

module.exports = {
    entry: "./src/index.tsx",
    mode: "development",
    devtool: "source-map",
    resolve: {
        extensions: [".tsx", ".ts", ".js"],
    },
    module: {
        rules: [
            {
                test: /\.tsx?$/,
```

```
            loader: "ts-loader",
            options: {
                compilerOptions: {
                    noEmit: false,
                },
            },
            exclude,
        },
        {
            enforce: "pre",
            test: /\.js$/,
            loader: "source-map-loader",
            exclude,
        },
    ],
  },
  output: {
    filename: "index.js",
    path: path.resolve(__dirname, "./public/js"),
  },
};
```

ここでは以下の設定を行っています。

- 最初に実行されるTypeScript（entry）ファイルをsrc/index.tsxとする。ほかのモジュールはここを参照する
- 出力されるファイルを、HTMLのフォルダー内のpublic/js/index.jsとする
- TypeScriptをビルドするため、ts-loaderを設定する。ここではTypeScriptコンパイラの出力をwebpackに渡すため、compilerOptionsのnoEmitをfalseとしている
- デバッグ時に参照できるように、webpackでバンドルする前のソースコードの情報である「ソースマップ」を作成する（devtool: source-map）
- TypeScriptに対してもデバッグできるように、source-map-loaderに設定する

設定が終わったら、バンドルしてみましょう。webpackを直接実行すると、以下のようになります。

```
$ npx webpack
Browserslist: caniuse-lite is outdated. Please run:
  npx update-browserslist-db@latest
  Why you should do it regularly: https://github.com/browserslist/update-db#readme
```

```
asset index.js 1.23 MiB [emitted] (name: main) 1 related asset
asset node_modules_web-vitals_dist_web-vitals_js.index.js 5.24 KiB [compared
for emit] 1 related asset
runtime modules 7.29 KiB 11 modules
cacheable modules 1.21 MiB
  modules by path ./node_modules/ 1.21 MiB
    modules by path ./node_modules/react/ 127 KiB 4 modules
    modules by path ./node_modules/react-dom/ 1000 KiB 3 modules
    modules by path ./node_modules/scheduler/ 17.3 KiB 2 modules
    ./node_modules/web-vitals/dist/web-vitals.js 4.25 KiB [built] [code gene
rated]
    ./node_modules/react-hook-form/dist/index.esm.mjs 86.4 KiB [built] [code
generated]
  modules by path ./src/ 3.71 KiB
    modules by path ./src/*.tsx 1020 bytes 2 modules
    modules by path ./src/views/*.tsx 1.68 KiB 2 modules
    ./src/reportWebVitals.ts 405 bytes [built] [code generated]
    ./src/api/task.ts 655 bytes [built] [code generated]
webpack 5.75.0 compiled successfully in 1335 ms
```

作成された public/js/index.js が、生成されたフロントエンドアプリのコード
になります。以降、src/ 内の TypeScript ファイルをさまざまに実装したとして
も、実際にブラウザで実行されるのはこの index.js だけになります。

またこのとき、同時に index.js.map というファイルが生成されていることも
確認できます。これは webpack でバンドルされた JavaScript のコードともとに
なった TypeScript のコードとの対応関係が記述されています。のちほど、フロ
ントエンドのデバッグにおいてこのファイルを利用します。

もちろん、こうした繰り返し実行したい作業であれば、VS Code のタスクと
して実行できるようにすると便利です。この webpack のコマンドをタスクとし
て設定するには、.vscode/tasks.json を以下のように記述します。

```json
// .vscode/tasks.json

{
  "version": "2.0.0",
  "tasks": [
    {
      "label": "webpack build",
      "command": ["npx", "webpack"],
      "type": "shell",
      "problemMatcher": ["$tsc"],
      "group": {
        "kind": "build",
        "isDefault": true
      }
```

```
    },
  ]
}
```

　タスクの設定については第6章でも詳しく解説しましたので、そちらも参照してみてください。

　またwebpackには、ソースコードの変更を検知すると自動的にビルドを行う「watch」という動作モードがあります。フロントエンド開発時にこのオプションを有効にしておくと、ソースコードの変更後にブラウザを再読み込みするだけでコードが置き換わるようになります。これもVS Codeのタスクとして以下のように設定できます。

```
// .vscode/tasks.json

{
  "version": "2.0.0",
  "tasks": [
    // ほかのタスクは省略
    {
      "label": "webpack build (watch)",
      "command": ["npx", "webpack", "-w"],
      "type": "shell",
      "problemMatcher": ["$tsc"],
      "presentation": {
        "reveal": "silent"
      },
      "runOptions": {
        "runOn": "folderOpen"
      }
    }
  ]
}
```

　このタスクを実行するとwebpackのコマンドが実行され続ける状態となるため、タスクは自動的には終了しません(VS Codeを終了するとタスクも終了します)。webpackの設定を変更した場合などタスクを一度終了させるには、「タスク：タスクの終了(Tasks: Terminate Task)」コマンドから行います。

　また、runOptionsのrunOnをfolderOpenにセットしています。これは、VS Codeが起動したときに自動でこのタスクを実行するための設定です。ただし、意図しないスクリプトを実行させないというセキュリティ上の理由から、「タスク：自動タスクの管理(Tasks: Manage Automatic Tasks)」コマンドを実行

し、「自動タスクの許可（Allow Automatic Tasks）」を選択しなければ自動実行は有効になりません。このタスクを追加したあとはこの作業も忘れず行ってください。

▶ TypeScriptのリンターの導入

TypeScriptのソースコードに対するリントツールとして、ESLintがあります。以前はTypeScript専用のリントツールとしてTSLintがありましたが、2023年11月時点ではTSLintの機能はJavaScriptのリントツールであるESLintを通して提供されています。

TypeScriptをサポートするESLintをインストールするには、以下のコマンドを実行します。

```
$ npm install --save-dev @typescript-eslint/parser @typescript-eslint/eslint
-plugin eslint
```

VS Code上でESLintを有効にするには、npmを通じてESLintをインストールしたうえで、VS Codeにも拡張機能「ESLint」をインストールします。拡張機能ビューから「ESLint」と検索すると見つかりますので、これをインストールしてください。ここで誤って「TSLint」をインストールしないように気をつけてください。

インストールが完了したらELintの設定ファイル（.eslintrc.json）を作成し、TypeScriptを使うように設定すると、自動でチェックが実行されるようになります。

```
// .eslintrc.json
{
  "extends": ["eslint:recommended", "plugin:@typescript-eslint/recommended"],
  "parser": "@typescript-eslint/parser",
  "plugins": ["@typescript-eslint"],
  "root": true
}
```

なお、ESLintとwebpackを併用する場合、webpackが出力したコードをESLintから除外する必要があります。以下のとおりESLintの除外ファイル（.eslintignore）を作成し、コードが出力されるフォルダーとwebpackの設定ファイルを除外しておきましょう。

```
# .eslintignore
public/
webpack.config.js
```

ESLintのエラーは、ソースコード中と問題ビューの中の両方に表示されます（図12-5）。

図12-5：ESLintのエラー

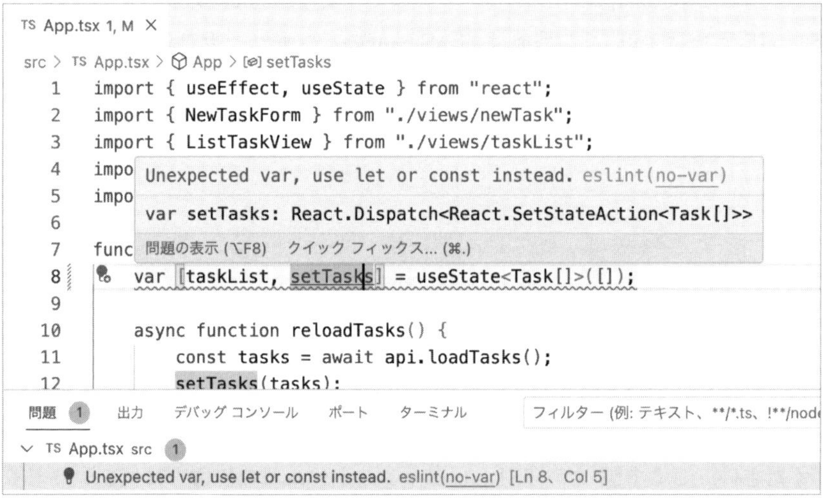

```
TS App.tsx 1, M ×

src ＞ TS App.tsx ＞ ⊗ App ＞ [ø] setTasks
    1    import { useEffect, useState } from "react";
    2    import { NewTaskForm } from "./views/newTask";
    3    import { ListTaskView } from "./views/taskList";
    4    impo  Unexpected var, use let or const instead. eslint(no-var)
    5    impo
    6          var setTasks: React.Dispatch<React.SetStateAction<Task[]>>
    7    func  問題の表示 (⌥F8)    クイック フィックス... (⌘.)
    8    ⚡  var [taskList, setTasks] = useState<Task[]>([]);
    9
   10        async function reloadTasks() {
   11            const tasks = await api.loadTasks();
   12            setTasks(tasks);
```

```
問題 ①    出力    デバッグ コンソール    ポート    ターミナル    フィルター (例: テキスト、**/*.ts、!**/node

∨ TS App.tsx src ①
    💡 Unexpected var, use let or const instead. eslint(no-var) [Ln 8、Col 5]
```

ESLintのエラーの中には自動で修正可能なものもあります。自動で修正可能なものにはクイックフィックスマークが付き、エラー中にクイックフィックスのボタンが表示されます（図12-6）。

図12-6：クイックフィックス

　また、無視したいエラーに対しては、ポップアップ中のクイックフィックスから、「Disable ＜エラー種別名＞ for this line/the entire file」を選ぶとそのチェックを行わないようにできます。ワークスペース全体でその指摘を無効化するには、tslint.jsonの "rules" に以下のように当該ルールを記述します。

```
// .eslintrc.json
{
  "extends": ["eslint:recommended", "plugin:@typescript-eslint/recommended"],
  "parser": "@typescript-eslint/parser",
  "plugins": ["@typescript-eslint"],
  "rules": {
    "@typescript-eslint/no-unused-vars": "off"
  },
  "root": true
}
```

12

TypeScriptでの開発

フロントエンドアプリの開発とデバッグ

　本節では、実際にフロントエンドのTypeScriptをデバッグ実行するところまで進めていきましょう。

　ここでは、モジュールが依存する以下の順番で開発していきます。

1. データ型(フォルダー：src/entity)
2. APIにアクセスする処理(フォルダー：src/api)
3. UI を作る処理(フォルダー：src/views)

▶データ型と、APIにアクセスする処理の実装

　まず、タスクのデータクラスをTypeScriptのインターフェイスとして実装します。TypeScriptのインターフェイスは、フロントエンドとWeb APIの間でやりとりするJSONに対して、データ型として適用できます。

```ts
// src/entity/task.ts
/**
 * タスク
 */
export interface Task {
  id?: number;
  text: string;
  done?: boolean;
}
```

　前章では、Goで3つのREST APIを実装しました。それぞれのAPIにアクセスする処理を実装しましょう。フロントエンドではAPIにアクセスする処理はfetch関数を使って実装できます。

　まず未完了のタスクを取得できる`GET /api/tasks`を呼び出す関数を`loadTasks`として作成します。

```ts
import { Task } from "../entity/task";

export async function loadTasks(): Promise<Task[]> {
  const url = "/api/tasks";
  const res = await fetch(url, { method: "GET" });
  return await res.json();
}
```

　JavaScriptからAPIにアクセスするには、`fetch`関数[注10]と`async/await`[注11]を用いると容易に実装できます。

　`fetch`関数の戻り値はPromiseという非同期実行のためのオブジェクトが返ります。実際にAPIからのレスポンスを操作するには、関数を`async function`の構文に書き換えて、`fetch`の戻り値に`await`の構文を通します。すると、`await`から以下の処理はREST APIのレスポンスがあるまで停止される様になり、HTTPレスポンスのオブジェクト`res`が得られます。このレスポンスのオブジェクトのメソッド`json()`を実行すると、レスポンスのJSONテキストをJavaScriptオブジェクトにパースできます。

　パースされたJavaScriptオブジェクト自体にはデータ型はありませんが、このREST APIが先ほど定義したデータ型Taskの配列の形のJSONを返すことがわ

注10) https://developer.mozilla.org/ja/docs/Web/API/Fetch_API/Using_Fetch
注11) 非同期処理を含んだ関数を定義するJavaScriptの文法です。https://developer.mozilla.org/ja/docs/Web/JavaScript/Reference/Statements/async_function

かっています。この関数の戻り値の型として、先ほど定義したデータ型を使って Task[]と記述すると、この関数を利用する関数は Task 型として扱うことができるようになります。この関数は async functionの構文を利用した非同期関数になるため、戻り値には Promise オブジェクトを使って Promise<Task[]>となります。Promise<Task[]>は await 構文を使うと、非同期実行で Task[]が得られることを示しています。

同様にして、POST /api/tasksを呼び出す関数 postTaskを実装します。

```
export async function postTask(task: Task): Promise<Task> {
    const url = "/api/tasks";
    const res = await fetch(url, {
        method: "POST",
        body: JSON.stringify(task),
        headers: {
            "Content-Type": "application/json",
        },
    });
    return await res.json();
}
```

この関数は引数にひとつの Task オブジェクトを受けるようにし、JSON. stringify()関数を使って REST APIに渡せる JSON 文字列に変換して、利用します。

最後に PATCH /api/tasks/(タスク ID)/doneを呼び出す関数を同様に実装します。URLのパス中に引数のタスク IDを埋め込みます。

```
export async function postTaskDone(task: Task): Promise<void> {
    const url = `/api/tasks/${task.id}/done`;
    await fetch(url, {
        method: "PATCH",
        headers: {
            "Content-Type": "application/json",
        },
    });
}
```

これで3つの REST APIを呼び出す関数ができました。

▶React のタスクリストの表示の実装

ではいよいよ UIの処理に入っていきましょう。UIのコンポーネントは機能

と、アイテムごとに入れ子構造にして構築します。今回は**図12-7**のように設計しました。

図12-7：UIモジュールの構成

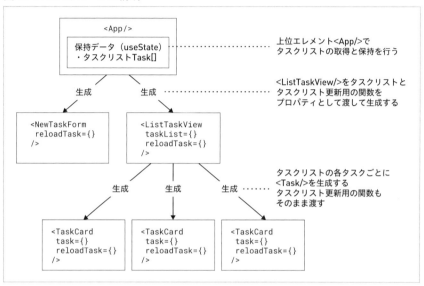

React（正確にはReact Hooks）では、UIの部品（コンポーネント）を個別に定義しHTMLタグのように記述します。たとえば1件のタスクを表示するコンポーネントTaskCardを実装した場合、このコンポーネントを画面上に表示する際には<TaskCard/>のようにHTMLタグのように記述してエレメントとして利用します。もし複数のタスクをリストの形で連続して表示するのであれば、<TaskCard/>というエレメントを<TaskCard/><TaskCard/>...のように列挙する役割を持つ親コンポーネントを作ることになります。以下の文章では<TaskCard/>とタグの形で記述したものはエレメントとします。

本章で作成するTODOリストの例ではまず、1件のタスクを表示するためのコンポーネントTaskCardと、複数のタスクをリスト表示するコンポーネントListTaskViewを用意します。また、新しいタスクを入力させるためのフォームとして、コンポーネントNewTaskFormを用意します。最後に、ListTaskViewとNewTaskFormを、Reactの動作のルートとなるコンポーネントAppに組み込みます。なお、このコンポーネントAppは、前節のnpx create-react-app

コマンドで src/App.tsx に生成されていて、さらにこのエレメント <App/> が動作のルートになるエレメントになるように src/index.tsx に実装されています。

　React では、上位エレメントでデータの取得や保持を行い、下位のエレメントにプロパティとしてデータを渡していく構成がよく使われます。今回も、タスクの一覧の取得と保持は最も上位のエレメント <App/> で行い、下位のエレメントに渡す構成とします。さらに下位モジュールには、<App/> で更新するように要求できる reloadTask() 関数を渡していくようにします。これで下位エレメントで reloadTask() を呼び出すと、<App/> がもつタスク一覧のデータを更新し、下位エレメントにデータを渡していくようにします（図 12-8）。

図 12-8：エレメント間のデータの流れ

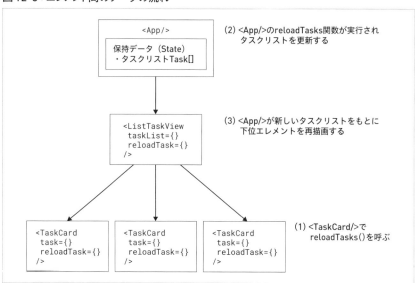

　下位のコンポーネントから順番に実装を進めていきましょう。まず、TaskCard を作ってみます。TaskCard は 1 つの Task を受け取り、その内容をカードとして表示します。受け取るプロパティは TaskCardProps として定義し、Task に加えて、関数 reloadTask() も渡せるようにしておきます。そして、タスクを完了させる「done」と書かれたボタンを用意し、そのボタンをクリックしたときのイベントを実装します。先ほど作成した postTaskDone() を呼び出し、さら

に上位エレメントにタスク一覧の更新を促すようにします。

```
// src/views/taskList.tsx

import { Task } from "../entity/task";
import * as api from "../api/task";

// コンポーネントTaskCardのプロパティ
interface TaskCardProps {
  // 1件のタスク
  task: Task;
  // タスクリストの更新関数
  reloadTasks: () => Promise<void>;
}

// コンポーネントTaskCard
const TaskCard = (props: TaskCardProps) => {
  // ボタンdoneをクリックを押したときの動作
  async function clickDone(): Promise<void> {
    // API PATCH /api/tasks/{タスクID}/done を呼び出す
    await api.postTaskDone(props.task);
    // エレメントAppでタスク一覧をリロードする
    props.reloadTasks();
  }

  // 1つのTaskをカードの形で描画する
  return (
    <div className="card m-2" style={{ width: "28rem" }}>
      <div className="card-body">
        <h5 className="card-title">{props.task.id}</h5>
        <p className="card-text">{props.task.text}</p>
        <button className="btn btn-primary" onClick={clickDone}>
          done
        </button>
      </div>
    </div>
  );
};
```

　このコードのように、ReactではTypeScriptのコード中にタグの形でHTML
エレメントとReactエレメントを記述します。各タグのclassNameには利用し
ているCSSフレームワークでボタンやカードのUIを描画するためのCSSクラ
スを指定しています。

　次に、複数の<TaskCard/>をまとめるコンポーネントListTaskViewを作っ
ていきます。タスクリストTask[]を渡せるように、プロパティに設定します。
ListTaskViewでは、プロパティのタスクリストから各タスクの<TaskCard/>
を生成します。

```
// src/views/taskList.tsx

// コンポーネントListTaskViewのプロパティ
interface ListTaskViewProps {
  // タスクリスト
  taskList: Task[];
  // タスクリストの更新関数
  reloadTasks: () => Promise<void>;
}

// コンポーネントListTaskView
export const ListTaskView = (props: ListTaskViewProps) => {
  // タスクリストの各タスクで<TaskCard/>を生成する
  const cards = props.taskList.map((task) => (
    <TaskCard
      task={task}
      reloadTasks={props.reloadTasks}
      key={task.id}
    ></TaskCard>
  ));
  return <div className="row p-2">{cards}</div>;
};
```

最後に、最上位のエレメント<App/>に、タスクリストを取得して保持する
機能と、タスクリストから<ListTaskView/>を生成するように実装します。

```
// src/App.tsx

import { useEffect, useState } from "react";
import { NewTaskForm } from "./views/newTask";
import { ListTaskView } from "./views/taskList";
import { Task } from "./entity/task";
import * as api from "./api/task";

// Reactのルートとなるコンポーネント
// ①〜④は実行順序
function App() {
  // タスクリストを状態として保持する
  // ① 1回目の時、taskListは取得前のため空配列になっている
  // ⑥ setTasks()後は、taskListは格納したタスクリストになっている
  const [taskList, setTasks] = useState<Task[]>([]);

  // タスクリストを取得して更新する関数
  async function reloadTasks() {
    // ④ API GET /api/tasks を呼び出してタスクリストを取得する
    const tasks = await api.loadTasks();
    // ⑤ タスクリストを状態として保存する
    setTasks(tasks);
  }
```

```
// 最初にエレメントAppが生成されたときに実行される
useEffect(() => {
  // ③ タスクリストを取得して更新する
  reloadTasks();
}, []);

// 下位エレメントにはタスクリストと、タスクリスト更新関数をプロパティとして渡す
// ② 1回目は空のタスクリストが渡されて、0件のタスクとして描画される
// ⑦ setTasks()後は、④で取得したタスクリストが渡され、タスクのリストが描画される
return (
    <div className="container">
        <ListTaskView taskList={taskList} reloadTasks={reloadTasks} />
    </div>
);
}

export default App;
```

　少し複雑ですが、ここでのReactの挙動を説明します。Reactにおいては、関数で作ったコンポーネントの場合、useState()などで設定したイベントが発生する(フックする)たびに関数の中身が実行され、戻り値にしたエレメントに従って描画が更新されます。useState()を使うと、状態を保持し、状態を更新するたびにコンポーネントの関数を実行して、描画を更新できます。

　これを踏まえると、<App/>の描画がどのように動作するのかは次のとおりです。

　まず1回目の関数実行では、タスクリストを取得する前に呼び出され、変数taskListには初期値として空配列[](useState()の引数)が格納され(コードコメントの①)、<ListTaskView/>には空配列がタスクリストのプロパティとして渡されて(②)、タスクが0件の状態で描画されます。1回目の実行中で、1回目のエレメントの関数実行時にタスクリストの取得(関数reloadTasks()の実行)を行うようにuseEffect()を設定してあり、reloadTasks()が実行されます(③)。関数reloadTasks()の中でAPIを通してタスクの一覧を取得し(④)、タスクリストを状態としてsetTasks()を使って保存します(⑤)。すると、状態の更新イベントがuseState()によってフックされ、<App/>の関数が再実行されます。このとき変数taskListにはsetTasks()で保存したタスクリストが格納されます(⑥)。このtaskListをプロパティに設定して<ListTaskView/>を生成するため、タスクリストが描画されます(⑦)。なお、2回目の実行でも関数useEffect()を実行しているため、再度reloadTasks()

が実行されるように読めるかもしれませんが、useEffect()では第2引数に空
配列を渡した場合、初回の生成時のみ実行されるようになっています。

　また、<TaskCard/>の中でdoneボタンを押すとプロパティのreloadTasks()を
呼ぶようにしましたが、これは<App/>の関数reloadTask()を渡しているため、
<App/>の関数reloadTasks()が実行され、コード中に④〜⑦の順に実行されて、
描画されるタスクがAPIから取得した内容に更新されるようになっています。

▶フロントエンドをブラウザ上で動かす

　では実装したフロントエンドに実際にアクセスしてみましょう。前節で設定
したwebpackのコンパイルのタスクを実行して、フロントエンドのプログラム
をビルドします。

12

TypeScriptでの開発

　フロントエンドを動かすためには、フロントエンドのindex.jsなどのファイ
ルを提供するWebサーバーが必要です。前章で実装したGoのWeb APIにはそ
のファイルサーブ機能が付いています。Go APIのプログラムの引数に
-webroot=<フロントエンドのpublicディレクトリのパス>を加えると、public
ディレクトリから下のファイルをWebサーバーとして参照できるようになりま
す。ここでその設定を行っておきましょう。

　まず、VS Codeでもう1つウィンドウを開き[注12]、GoのWeb APIのワークス
ペースを開いてください。そのGoのWeb APIのデバッグ設定に、以下のよう
に引数args内に-webroot=<フロントエンドのpublicディレクトリのパス>
の記述を追加してください。

```
// .vscode/launch.json (Goのワークスペース)
{
  "version": "0.2.0",
  "configurations": [
    {
      "name": "Launch Server",
      "type": "go",
      "request": "launch",
      "mode": "debug",
      "program": "${workspaceFolder}/cmd/server/main.go",
      "args": [
        // TypeScriptのフロントエンドのpublicディレクトリのパスを設定する
        "-webroot=/Users/user_name/vscode-book-r2-typescript/public",
        "-addr=0.0.0.0:8000"
```

注12) コマンド「新しいウィンドウ(New Windows)」で開けます。

```
      ]
    }
  ],
  "compounds": []
}
```

　もし Go のワークスペースと TypeScript のフロントエンドのワークスペース
が隣のディレクトリにある場合、相対パスを使って "-webroot=${workspace
Folder}/../vscode-book-r2-typescript/public" と記述することもで
きます。

　では、まず Go の API のデバッグ実行を開始してください。その後にブラウ
ザで http://localhost:8000 にアクセスしてみてください。図 12-9 のよう
に表示されれば成功です。

図 12-9：フロントエンドの Web ページ

　「404 Not Found」と表示される場合には -webroot に設定したファイルパスを
見直してみてください。真っ白い Web ページが表示される場合には、フロント
エンドのビルドが成功していない場合があります。

　以上、React を使ったフロントエンドを実装していきました。本書では紙幅
の都合上新規タスクの入力フォームとなる NewTaskView については解説しま
せんでしたが、サンプルコードでは実装していますのでそちらも参考にしてみ
てください。

▶webpack化されたフロントエンドのデバッグ

さて、フロントエンドのプログラムはwebpackで変換しました。このように変換したあとのプログラムであっても、デバッグ実行は可能です。

Chromeのデベロッパーツール[注13]を起動し、index.jsのソースコードを表示すると、webpackでバンドルされたindex.jsが表示されます（**図12-10**）。

図12-10：Developer Toolsでのwebpackの表示

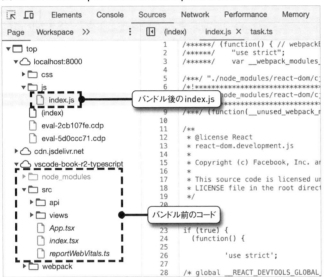

一方、デベロッパーツール上でもバンドル前のTypeScriptが確認できます。webpackでは、webpackでバンドルする前のファイルのパスをwebpack://...という形で提供しています。ソースコードの対応関係が記述されたファイルpublic/js/index.js.mapを開くとwebpack://... という記述が見つかります（**図12-11**）。フロントエンドをVS Codeでデバッグするためには、このwebpack://...とローカルのフォルダーの対応表を設定する必要があります。今回の設定では、webpack://vscode-book-r2-typescript/./srcというフォルダーがsrcというフォルダーに対応していることがわかります。

注13) Chromeのオプションボタンから、「その他のツール（More Tools）」→「デベロッパーツール（Developer Tools）」を選択すれば開けます。

図12-11：ソースマップ中のTypeScriptのファイルパス

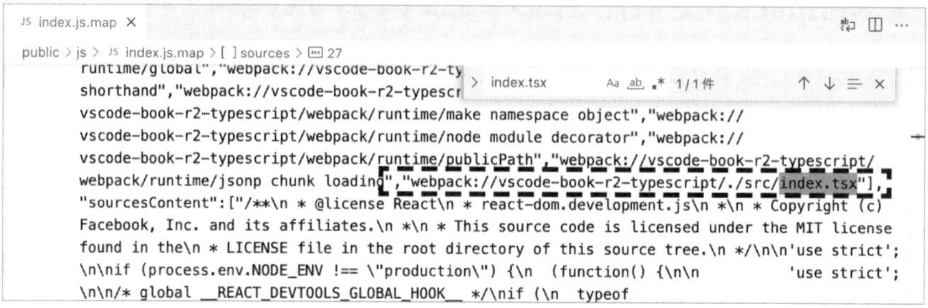

　では、実際にデバッグをするための設定に進んでいきましょう。VS Codeには
Chrome上で動作するJavaScriptのデバッガーが付属しています。デバッグビュー
の構成のリストから「構成の追加」を選択し、スニペットの「Chrome: launch」を選
択します。そして作成された設定にwebpackの設定を追加します。以下のとお
り、"sourceMapPathOverrides"に、webpack://...のURLとローカルのファイ
ルのパスとの対応を記述してください。"sourceMapPathOverrides"とプロパ
ティ名まで入力してCtrl+Spaceを押すと、よく使われる設定が補完候補として表
示されます。

```
// .vscode/launch.json

{
  "version": "0.2.0",
  "configurations": [
    // 他の設定は省略
    {
      "type": "chrome",
      "request": "launch",
      "name": "Launch Chrome",
      "preLaunchTask": "webpack build",
      "url": "http://localhost:8080",
      "webRoot": "${workspaceFolder}/public/html",
      "sourceMapPathOverrides": {
        "webpack://?:*/*": "${workspaceFolder}/*"
      },
      "sourceMaps": true,
    },
  ],
}
```

　webpackの設定によっては、ワークスペースのルートディレクトリとwebpack
におけるルートディレクトリとが異なる場合があります。例えば、今回のディ

レクトリ構成の場合でも index.js.map に書かれている webpack のファイルパスが webpack://vscode-book-r2-typescript/./App.tsx であるなど、src ディレクトリ内のファイルのはずなのに「src」がパスに含まれていないことがあります。このとき、webpack 上ではワークスペースの src ディレクトリを webpack におけるルートディレクトリと認識していることがわかります。このような際には、以下のように /* の部分が webpack のルートと一致するように設定します。

```
// .vscode/launch.json

// 前後省略
"sourceMapPathOverrides": {
  "webpack://?:*/*": "${workspaceFolder}/src/*"
},
```

では作成したデバッグ設定でデバッグを実行すると、Chrome ブラウザが起動します。(**図12-12、13**)。フロントエンドの TypeScript にブレークポイントを設定すると、ブレークポイントで処理が中断できるのを確認できます。Chrome上では TypeScript がコンパイルされた JavaScript が実行されていますが、TypeScript 上でデバッグ実行できます。

図12-12：デバッグの開始

315

図12-13：ブレークポイントで停止

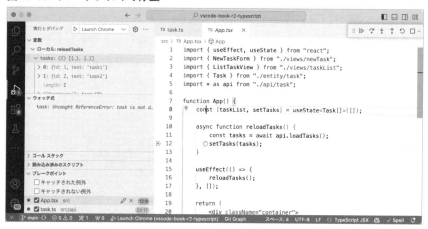

　もし、デバッグ実行の開始でChromeは起動するけれど、ブラウザ上にWebページが表示されない場合、Goで作成したWeb APIが起動していないことや、TypeScriptのデバッグ設定に指定した"url"の値が誤っていること考えられます。このあたりを見直して、再度実行してみてください。

　また、VS CodeでTypeScriptのブレークポイントが正しく設定できない場合、launch.json中の"sourceMapPathOverrides"の設定を見直してみてください。デバッグで表示されるコードと実際に実行されているコードにずれがある場合、webpackによるコンパイルが行われておらず、Chrome上で動作しているJavaScriptが古い可能性があります。webpackのタスクを再度実行してみてください。

　ここまでTypeScriptを使ってWebフロントエンドを構築してきました。TypeScriptをJavaScriptにコンパイルしたりwebpackで1つのファイルにまとめたりしても、VS Code上ではTypeScriptのままでデバッグできることがおわかりいただけたでしょうか。タスクやデバッグの設定などはほかのプロジェクトでもそのまま使えるところもあると思いますので、適宜利用してみてください。

　なお本章の冒頭でも述べたとおり「TODOリスト管理Webアプリ」の掲載できなかったソースコードについては、GitHubのリポジトリ[注14]で確認できます。

注14）https://github.com/74th/vscode-book-typescript

▶フロントエンドと Web API を同時にデバッグする

　これまでは、Go の Web API のワークスペースと、TypeScript のフロントエンドのワークスペースの2つの VS Code のウィンドウを立ち上げて、それぞれデバッグ実行を開始することでデバッグを行ってきました。しかし、2つの VS Code を行き来するのはかなり面倒です。

　そのようなときには、第3章のコラムで紹介した「マルチルートワークスペース」の機能を使うとよいでしょう。フロントエンドのフォルダーをワークスペースに追加するとエクスプローラービューに2つのフォルダーのファイルツリーが表示されます（図12-14）。

図12-14：フロントエンドのフォルダーを追加したワークスペース

　この状態でデバッグビューで構成の一覧を表示すると、2つのフォルダーのlaunch.jsonからデバッグ構成が抽出されているのがわかります（**図12-15**）。これによりフロントエンドとWeb APIで同時にデバッグが可能になります。

図12-15：デバッグ構成の一覧

　2つ目のデバッグを開始するには、1つ目のデバッグを実行したあと、デバッグビューの「デバッグ構成」から対象を変更し、再びデバッグ開始のボタンを押します。すると、デバッグUIにプルダウンメニューが表示されるので（**図12-16**）、ここからそれぞれのデバッグに切り替えて操作できます。また、サイドバーのコールスタックパネルには各デバッグの設定名が表示され（**図12-17**）、こちらからもそれぞれのデバッグを操作できます。

図12-16：デバッグのプルダウンメニュー

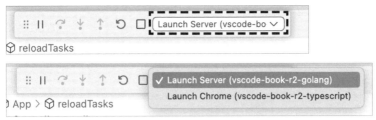

図 12-17：複数のデバッグを実行したときのコールスタックパネル

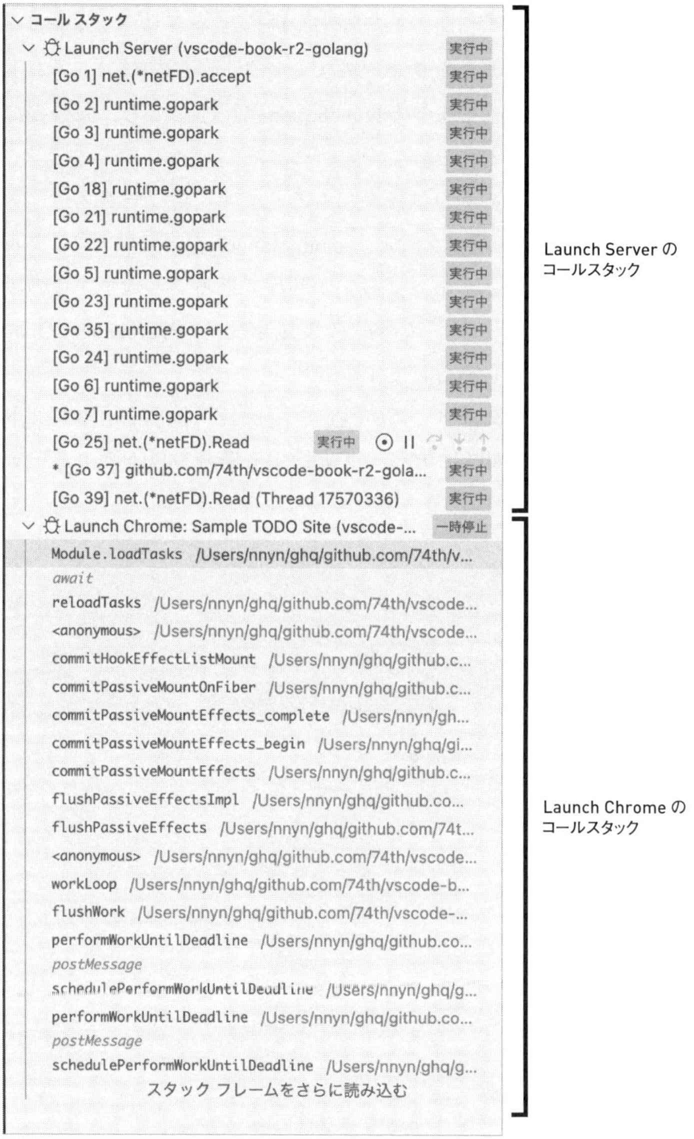

ここで、TypeScript フロントエンドと、Go サーバーの両方にブレークポイントを設定してみましょう。フロントエンドではブレークポイントで停止し、API リクエストまで進めると Go サーバの実装で再び停止することを確認できるはず

です。

　今回の例では、フロントエンドとサーバーサイドのディレクトリをマルチルートワークスペースとして設定しました。単一のディレクトリにフロントエンドとサーバサイドの実装がある場合、1つのlaunch.jsonに記述しても、同様のことができます。

　マルチルートワークスペースの利点はほかにもあります。各ワークスペースの設定 .vscode/settings.json やデバッグ設定 .vscode/launch.json とは別に、マルチルートワークスペースの設定とデバッグ設定が利用できることです。この設定を利用するには「基本設定: ワークスペース設定を開く（Preference: Open Workspace Settings）」コマンドを実行します。

　たとえば、マルチルートワークスペースの設定を使ってTypeScriptフロントエンドとGoサーバーの両方を同時にデバッグ実行する場合、以下のようにデバッグ実行の設定を記述できます。

```
// multi-root.code-workspace
{
  // マルチルートワークスペースとして追加するフォルダー
  "folders": [
    {
      "path": "."
    },
    {
      "path": "../vscode-book-r2-golang"
    }
  ],
  // 追加の設定
  "settings": {},
  // 追加のデバッグ設定
  "launch": {
    "version": "0.2.0",
    "configurations": [],
    // 複数のデバッグ設定を同時実行する設定
    "compounds": [
      {
        "name": "Launch All",
        // TypeScriptフロントエンドとGoサーバーの
        // デバッグ設定名を引用する
        "configurations": ["Launch Chrome", "Launch Server"]
      }
    ]
  }
}
```

　これで、新たなデバッグ設定「Launch All」を実行すると、先ほどと同じよう

にTypeScriptフロントエンドとGoサーバーが同時にデバッグ実行されます。このように、異なるディレクトリにあるコードであっても、それらが連携して動作するのであれば、1つのVS Codeのウィンドウでデバッグができるのです。

TypeScriptの開発支援機能

本章の最後に、VS Codeで利用できるTypeScriptの開発支援機能を3つ紹介します。

▶TypeScriptのコード補完

TypeScriptで別のソースコードのモジュールを参照するには、`import`構文を使います。VS Codeでは、このとき`from`に続いて記述する参照先のソースコードのパスを、コード補完機能を使って入力できます。先に空の`import`句を記述したあと、`from`句で Ctrl + Space を押すと、パッケージの候補が表示されます（図12-18）。

図12-18：from句のコード補完

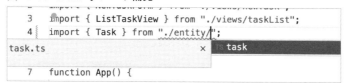

from句を記述したあとは、`import`でもコード補完を利用できます（図12-19）。`import`した定義の実装へは、macOSでは ⌘ +左クリック、Windows／Linuxでは Ctrl +左クリックで飛ぶことができます。

図12-19：import句のコード補完

　なお、`import from`句で参照していても使用していない定義は、灰色で表示されます（図12-20）。このような定義がある場合は、このパッケージを利用する実装が漏れているかもしれません。問題がなければ定義をソースコードから削除するとよいでしょう。また、コマンド「TypeScript: 未使用のインポートの削除（TypeScript: Remove Unused Imports）」を使って、一括して削除することもできます。

図12-20：使用していないインポート（postTask）の表示

```
import { ListTaskView } from "./views/taskList";
import { Task } from "./entity/task";
import { loadTasks, postTask } from "./api/task";
```

　また、TypeScriptではメソッドの引数に型を設定できます。タスクを追加するメソッドの引数に型を定義すると、その引数のプロパティなどを補完できるようになります（図12-21）。

図12-21：Task型のプロパティのコード補完

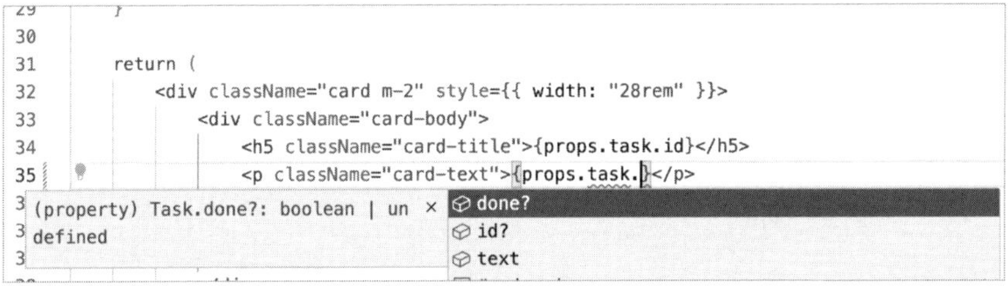

　以上のようなコード補完機能は、npmで取得したJavaScriptのモジュールであっても使うことができます。モジュールにTypeScriptの型定義が含まれている場合は、`import`句を記述するだけで利用できます。

　本章で使ったMochaの場合、Mocha自体にTypeScriptの型定義は含まれていませんが、型定義のパッケージ集である@typesが提供されているため、コード補完を使うためには@types/mochaパッケージをインストールします。

```
$ npm install --save @types/mocha
```

このほかにも多くのパッケージの型定義が@typesに公開されています。npm
パッケージを利用するときには検索してみてください。

▶ Docコメント

TypeScriptのクラスやメソッドには、そのクラスやメソッドを説明する決
まった形式のコメントである、Docコメントをつけられます。VS Codeでは、
参照しているクラスのDocコメントを表示したり、Docコメントをスニペット
や補完を使って入力できます。

まず、メソッドの定義の前の行で/**まで入力すると、Docコメントのスニ
ペットが候補として表示されます。候補を選択すると、メソッドの引数などを
テンプレートとして用意してくれます。あとは、コードに合ったコメントを記
述するだけです。このDocコメントは、その定義を使った参照の入力中や、マ
ウスオーバーしたときに表示できます(**図12-22**)。

図12-22：Docコメントのスニペット

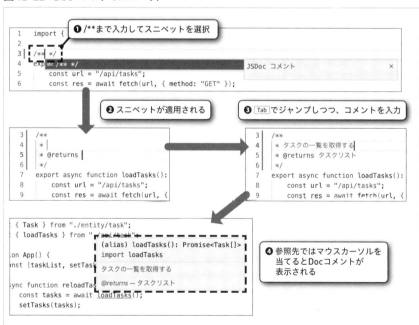

▶定義の名前、ファイル名のリネーム

　クラス名やメソッド名、プロパティ名などの定義の名前は、複数のソースコードから参照されます。定義の名前を変更したい場合、検索ビューを使って一括置換で行うこともできますが、その作業を行う時には間違って不必要なところを置換してしまわないように注意しなければなりません。VS Codeのリネーム機能を使えば、定義を参照しているコードも含めて安全にリネームできます。

　定義の実装箇所、もしくは参照している箇所で F2 キーを押し、表示されたウィンドウの中に更新したい名前を入れます（**図12-23**）。 Enter キーで変更を決定すると、参照している箇所はすべてその名前に変更されます。

図12-23：定義のリネーム

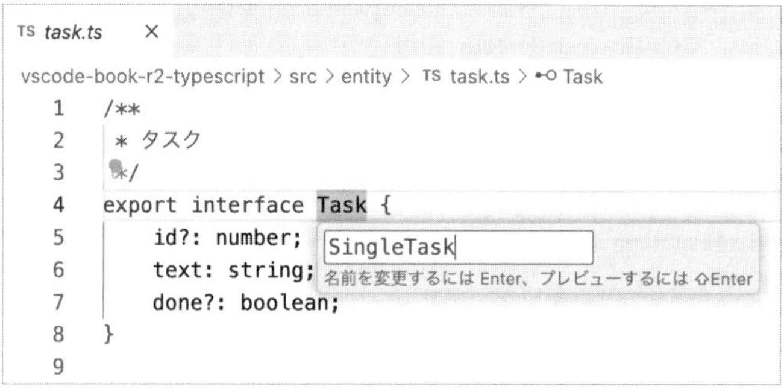

```
TS task.ts    ×

vscode-book-r2-typescript > src > entity > TS task.ts > •○ Task
    1   /**
    2    * タスク
    3    */
    4   export interface Task {
    5       id?: number;     SingleTask
    6       text: string;    名前を変更するには Enter、プレビューするには ⇧Enter
    7       done?: boolean;
    8   }
    9
```

　またimport句で参照しているファイル名やパスを変更した場合も、一括でリネームが可能です。VS Code上でファイル名を変更したときや、ドラッグで移動したときには、ファイル移動の確認のダイアログと、そのファイルを参照しているimport文を一括修正するかどうか、確認のダイアログが表示されます（**図12-24**）。

図12-24：importの変更の確認

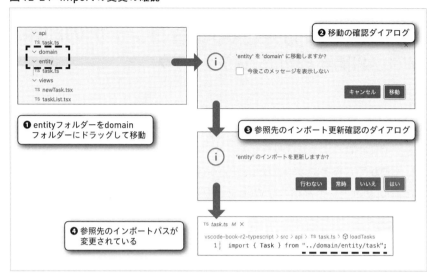

ここで、「Yes」を押すと、参照している import 文が一括で変更されます。ま
た、設定「Typescript: Update Imports On File Move: Enabled ("typescript.
updateImportsOnFileMove.enabled")」に "always" を設定すると、この確
認のダイアログは省略されます。

第13章

Pythonでの開発とDockerコンテナの利用
Web API開発と環境分離テクニック

　最近は、Pythonはサーバー API の実装だけではなく、機械学習などさまざまな場面で使われるようになりました。オブジェクトの拡張性が高く、抽象度の高い記述ができるという特徴から、PyTorch などで API として使われています。また、Jupyter という高機能な Web ブラウザベースのインタラクティブシェルが存在し、データを可視化しながら変換する処理を実装できることも大きな利点でしょう。ただし、依存するライブラリが多く、適切にバージョン管理や環境の分離を行う必要があります。

　本章では、VS Code で Python を使うにあたり、前章までと同様の Web API を構築する例を説明し、応用として環境を分離できる開発コンテナ機能や Docker コンテナ内でデバッグする方法を紹介します。なお、Jupyter については後の章で扱います。

Pythonの開発環境の構築

　本節では、Python での開発を始めるための準備について解説します。

　VS Code の Python 拡張機能は多くの種類のリントやフォーマットのツールをサポートしており、それぞれの機能を使うためには設定で各機能を有効化する必要があります。そこで、拡張機能のインストールと合わせて、サポートしているツールを紹介し、そのツールを有効化する方法を解説します。また、動的言語である Python でのコード補完を活用するテクニックも紹介します。

　なお、本章では Python のバージョン3.11を使って説明します。

▶拡張機能のインストール

　まずは拡張機能のインストールです。拡張機能ビューで「Python」と検索して

ください。複数の拡張機能が見つかりますが、リストの左上に、Microsoftが推奨していることを示す★マークのついた拡張機能をインストールしてください（**図13-1**）。

図13-1：Pythonの拡張機能

このPythonの拡張機能では以下のサポートが得られます。

- パッケージ名の補完
- TypeHintやクラスを使ったパッケージやクラスの補完と、その定義の参照
- Pylint、mypyなど複数のリントの実行
- フォーマット
- デバッグ実行
- ユニットテストの検出と実行
- Jupyterノートブックの表示や実行、Jupyter上でのコードの実行

　フォーマットやリントにつかうツールや、Jupyterについては各設定を有効化したあとにインストールを促すダイアログが表示されます。

▶Pythonのランタイムの設定

　Pythonで開発を進めるにあたって注意しなければならないのは、使用するPythonのバージョンです。Python 3は定期的にバージョンアップが行われていますが、古いバージョンのPythonでは利用したいモジュールが対応していなかったり、逆にモジュールが新しいバージョンに未対応であることがあります。そのため、プロジェクトごとに使用するPythonのバージョンを設定することが重要です。

　Python ランタイムのバージョンを管理するツールとして、pyenv[注1]がありま
す。pyenv を使うと、ディレクトリごとに使用する Python のバージョンが決め
られます。また、ワークスペースごとに使用するライブラリの依存関係を分離
するツールとして、Python 標準の venv[注2]など複数のツールがあります。VS Code
は pyenv、virtualenv、venv、pipenv、Poetry など複数のツールに対応していま
す。

　VS Code で Python のファイルを開くと、Python の拡張機能が起動します。
Python ランタイムの検出が行われ、ステータスバー中に VS Code が認識してい
る Python のバージョンが表示されます（**図 13-2**）。このステータスバーの部分を
クリックするか、「Python：インタープリターを選択（Python: Select Interpreter)」
コマンドを実行すると、PC 中の Python ランタイムを検索し、Python のランタイ
ムのパスのリストが表示されます（**図 13-3**）。Pyenv、venv、Poetry などをのツー
ルで構築した設定も同時に検出されます。

図 13-2：ステータスバー中の Python のバージョン

図 13-3：Python インタープリターの選択

注1）　https://github.com/pyenv/pyenv
注2）　https://docs.python.org/ja/3/library/venv.html

筆者はpyenvで特定のバージョンのPythonをインストールして、標準のvenvを使ってワークスペース毎にライブラリの依存関係を分離させています。パッケージの管理にはPoetryを使っています。

ここからは、Web APIの開発を例にとって実際に環境を構築していきます。

まずはpyenvのインストールです。macOSであればHomebrewを使って`brew install pyenv`でインストールできます。Linuxでのインストール方法はGithubページ[注3]を参照してください。Windowsでのpyenvの利用は難しいため、WSL（Windows Subsystem for Linux）のUbuntuを使うことをおすすめします（VS CodeのWSLでの使い方は第7章を参照してください）。

次に、pyenvを使って目的のバージョンのPythonをインストールします（今回は3.11.5を例にします）。これにより~/.pyenv/versions/3.11.5/bin/pythonにランタイムが保存されるため、それを使ってリポジトリなど作業フォルダーでvenvでパッケージの分離環境を作ります。venvでは、.venvというフォルダーに環境を保存することが多いので、今回もそうしましょう。

```
# Python 3.11.5をインストールする
$ pyenv install 3.11.5

# Python 3.11.5を使ってvenvでパッケージの分離環境を作成する
$ ~/.pyenv/versions/3.11.5/bin/python -m venv .venv
```

ここまで完了したらVS Codeを再起動（「開発者: ウィンドウの再読み込み（Developer: Reload Window）」コマンドを実行）してください。多くのケースではVS Codeがvenvで作成された.venvフォルダーを認識し、インタープリターが自動的に設定されて、図13-4のように表示されます。もしこのように表示されない場合はVS Codeが異なるPythonインタープリターを認識していることが考えられるため、「Python: インタープリターの選択」コマンドを実行して、.venv/bin/pythonを設定するようにしてください。

注3）https://github.com/pyenv/pyenv

図13-4：.venvを認識したときのインタープリターの表示

▶リントツールの有効化

Pythonのリント、フォーマットのツールは複数あり、プロジェクトによって適切なものを選択するとよいでしょう。たとえば、リントツールによって構文中のスペースの有無の統一をチェックしたり、フォーマットツールによってソースコードを自動で修正したりできます。また、Pythonは動的型付き言語ですが、Python拡張機能と一緒にインストールされる拡張機能Pylanceによって、型解析も行えます。

VS CodeのPython拡張機能はさまざまなリント、フォーマットツールに対応しており、必要なものを個別に有効化できます。本項ではリントについて紹介し、フォーマット（コード整形）については次項で紹介します。

リンターを有効にするには、それぞれのリンターの拡張機能をインストールします[注4]。

ツール名	解説	拡張機能名	設定での接頭辞
Pylint	PEP8など標準的なコードスタイルに従っているかチェックする。カスタマイズ性が高い	Pylint	pylint
flake8	pep8、pyflakes（文法チェック）、mccabe（複雑度チェック）をまとめて実行する	Flake8	flake8
mypy	関数の引数、戻り値や変数の型について定義できるType Hintを使って、参照先の型チェックをする	Mypy Type Checker	mypy-type-checker

また、Microsoft独自ツールPylanceを有効にするには以下の設定を変更しま

注4）　以前はPython拡張機能で設定により有効にするリンターを設定するようになっていましたが、現在は対象のリンターの拡張機能をインストールするようになっています。拡張機能として作られていないものは今後サポートしないようです。

す。Pylanceで行うチェックには2つのモードがあります。basicに設定すると型ヒントだけでなく型推論も行ってチェックを行ってくれます。strictに設定すると、型ヒントが不足している箇所のチェックも行ってくれるようになります。型ヒントについては本節末尾のコラム「Pythonでコード補完を使うコツ」も参照してください。

設定名	JSON設定名	機能
Python > Analysis: Type Checking Mode	python.analysis. typeCheckingMode	Pylance を有効化する。basic、strictの2つのモードがある

なお、リント、フォーマットのツールを動作させるためには、現在のPythonインタープリターにそのツールがインストールされている必要があります。多くのツールでは、ツールがインストールされていない状態で使おうとすると、インストールを促すダイアログが表示されます。

また、各ツールに与える引数や、各ツールのエラーをワークスペースのどのエラーレベルと対応させるかも設定できます。ここでは文法のエラーとリントエラーをわけて表示します。エラーと警告で分けたい場合などに活用できます。

設定名	JSON設定名	機能
＜拡張機能名＞：Args	＜拡張機能の設定の接頭辞＞.args	リントツールに渡す引数の設定
＜拡張機能名＞：Path	＜拡張機能の設定の接頭辞＞.path	リントツールの依存関係をワークスペースに持ち込みたくない場合などに、実行するスクリプトをワークスペースのPythonのパッケージ以外のパスを指定する
＜拡張機能名＞：Severity	＜拡張機能の設定の接頭辞＞.severity	リントツールのエラーレベルと、VS Codeのパネルの問題タブのエラー、警告、情報のレベル、もしくはヒントとしての表示の対応を指定する

筆者は、基本的なコードフォーマットチェックができるPylintと、型解析を有効にできるPylanceをbasicモードで有効化しています。

▶フォーマットの有効化

Pythonのフォーマットツールには複数あります。有効化するには対応するフォーマットツールの拡張機能をインストールします。

ツール名	解説	拡張機能名
autopep8	PEP8、PEP257に従ってフォーマットする。多少のカスタマイズができる	autopep8
black	PEP8、PEP257に従ってフォーマットする。カスタマイズがないことが特徴になっている	Black Formatter
yapf	自在にカスタマイズできる	yapf[注5]

　フォーマットを実行するには、ほかの言語のフォーマット時と同様に「ドキュメントのフォーマット（Format Document）」コマンドや、ショートカットキー（macOS： Shift + Option + F、Windows： Alt + Shift + F、Linux： Ctrl + Shift + I ）を使います。

　筆者の場合はblackを有効にし、プログラムの入力時に自動で適用されるようにしています。

▶コード補完の有効化

　Pythonは動的言語であり、変数やメソッドの引数と戻り値のオブジェクトが決まっていなかったり、オブジェクトに自在にプロパティを増やすことができるため、コード補完との相性はあまりよくありません。それでも、モジュールが持つメソッド名や、変数に格納されているオブジェクトのクラスが自明である場合には、コード補完を使うことができます。

　2023年11月時点では、2つのコード補完ツールがサポートされています。

・Jedi[注6]
・Pylance

　このうち、Microsoftが開発するPylanceが初期状態で有効になっています。もしPylanceの挙動に問題がある場合にはJediを有効化できます。

設定名	JSON設定名	機能
Python > Language Server	python.languageServer	利用するLSPを選択する。初期状態はPylanceが有効で、"jedi"にするとJediを使用する

注5）　この拡張機能は開発元がMicrosoftではありません。
注6）　https://jedi.readthedocs.io/en/latest/

コード補完の設定にあたっては注意点があります。Pythonでは、実行時に指定したソースコードとは別のファイルのソースコードを参照するとき、そのソースコードがカレントフォルダにあるかサブフォルダーにあるかによって参照方法が異なります。たとえば、以下のように/appをカレントフォルダーにしてmain.pyを実行するケースを考えてみましょう。

```
app
|-- main.py        …… aaa.pyを参照
|-- aaa.py
`-- sub_module/
    |-- module.py  …… bbb.pyを参照
    `-- bbb.py
```

main.pyから同じフォルダー/appにあるaaa.pyを参照する場合、aaa.pyは単一のモジュールとみなされ、`import aaa`を参照します。一方、サブフォルダー/app/sub_moduleにあるmodule.pyから、同じフォルダーのbbb.pyを参照する場合、この2つのプログラムは同一モジュールとみなされ`from . import bbb`を参照します。このように、実行時にカレントディレクトリにおいて使用していたファイルを、モジュールの位置で使おうとすると、コードを書き換える必要があります。

これを回避するため、以下のようにソースコードのあるサブフォルダーを`sys.path`に追加する方法がとられることがあります。

```
import sys, os
sys.path.append(os.path.dirname(__file__))
```

しかし、上記のように`sys.path`を追加してしまうと、VS Codeではパッケージの参照ができなくなってしまいます。これを解決するには、VS Codeの設定`"python.autoComplete.extraPaths"`にサブフォルダーのパスを追加する必要があります。

```
// .vscode/setting.json

{
  "python.autoComplete.extraPaths": [
    "/Users/nnyn/Documents/vscode-book-python/server/common"
  ],
}
```

13

Pythonでの開発とDockerコンテナの利用

Pythonでコード補完を使うコツ

　本節の最後に、動的言語であるPythonでコード補完をよりうまく使って実装を楽にするコツを紹介します。その方法を簡単にまとめると、以下のようになります。

- 引数などでデータのやりとりに使う変数として、dictを使わずに、dataclassを使ったクラスを使うようにする
- 関数、変数に型ヒントを使って、引数、戻り値、変数の型を定義する
- list、dictに型ヒントを使ったり、キー、格納する値の型を定義する
- dict型のプロパティ名が決まっている場合はTypedDictを使って、プロパティとそのプロパティの型を定義する

　Python 3には型ヒントという機能が追加されました。型ヒントは、関数の引数、戻り値や、変数に型を定義することで、開発時にPylance、mypyで型検査を行ったり、プロパティ、メソッドのコード補完などをエディターでできるようにする機能です。本書のPythonのサンプルコードでは、すべての関数を型ヒントを用いて実装しています。VS CodeでPythonの機能を十分に使うためにも、型ヒントの実装は有効です。

　Pythonでデータをやりとりするとき、dict型は非常に便利です。しかし、データに格納されている項目名(dictのキーとして使う)が決まっている場合でも、dictではキーに対しては補完が効きません。そこでdataclassを使ったクラスを用いることで、クラスに定義したメソッドだけではなく、プロパティに対しても型ヒントが追加できます。もちろんプロパティ名やメソッド名の補完ができるほか、型が正しいかどうかのチェックも有効にできます。

　一方JSONでデータをやりとりする場合にはクラスではなくdict型を使わなければないことが多いです。dict型に対しても、TypedDictというdict型のプロパティ名を定義する仕組みを使うことで、Pylanceでテキストのプロパティ名を補完できます。次節ではTypedDictを使った実装を紹介します。

Web APIの実装とユニットテスト、デバッグ

本節では、前章までGoで開発したWeb APIサーバーをPythonでも実装していきながら、ユニットテストの進め方、デバッグの進め方などを紹介します。

本書ではユニットテスト、APIサーバーの実装にあたり、以下のライブラリを使います。

- unittest：Python標準のユニットテストフレームワーク
- Flask：Webアプリケーションフレームワーク

このうち、unittestはPythonランタイムに含まれています。Python拡張機能ではunittest以外のユニットテストライブラリもサポートしていますので、必要に応じて選択できます。また、Flaskは軽量なWebアプリケーションフレームワークではありますが、Basic認証やスタティックファイルのサーブなどWeb APIを構築するために必要な機能がそろっています。

フォルダー構成は以下のようにします。

```
.
|-- domain
|   |-- entity
|   |   `-- tasks.py              ……個別のタスクを表すTaskクラス
|   `-- usecase
|       |-- operations.py         ……タスク操作を行うクラス
|       `-- operations_test.py    ……operationsクラスのテスト
|-- memdb
|   `-- memdb.py                  ……インメモリDB
`-- server
    `-- api.py                    ……Web APIの実装
```

TypeScriptのときと同様に、リポジトリを含めた主機能をdomainに集めます。また、独立したインメモリDBとしてGoと同様にmemdbを作りました。最後に、Web APIの構築をapi.pyで行い、domain/usecase/operationsにあるメインロジックを呼び出します。

なお、本章のソースコードは以下のリポジトリにあります。ユニットテストや各種設定も含まれていますので、必要に応じて参照してください。

URL https://github.com/74th/vscode-book-r2-python

▶モデルの実装

Goで構築したものと同じTaskとMemdbをPythonで実装します。詳しい設計は第10章で解説していますので、そちらも参照してください。

Taskの実装は以下のとおりです。TypedDictを用いてdict型にJSONで受け渡すプロパティ名を定義させています。これを使うと、標準ライブラリのjsonを使って、JSONテキストとこの型の変換が行えるようになります。

```python
# domain/entity/entity.py
from typing import Optional, TypedDict

class Task(TypedDict):
    # タスクの id はサーバーで採番するため、
    # クライアントから渡されたときには未定義である
    id: Optional[int]
    text: str
    done: bool
```

▶Memdbの実装

Goの実装と同じように、簡易的なインメモリDBを実装します。ここにはDBとしての機能として、単純なデータの出し入れだけを行うadd/get/updateメソッドと、簡単なフィルターをかけるsearch_unfinishedメソッドを実装します。

各メソッドには引数と戻り値の型を示す型ヒントを付与しています。

```python
# memdb/memdb.py
from copy import copy
from typing import Optional
from domain.entity import Task


class MemDB:
    """ インメモリDB """


    def __init__(self):
        """ 初期状態で2つのタスクが入っている """
```

```
    self._tasks: list[Task] = [
      {
        "id": 0,
        "text": "task1",
        "done": False,
      },
      {
        "id": 1,
        "text": "task2",
        "done": False,
      }
    ]

  def add(self, task: Task) -> int:
    """ タスクの追加 """
    task["id"] = len(self._tasks)
    self._tasks.append(copy(task))
    # PylanceではOptionalなプロパティを利用する場合
    # Optionalではないことを検査していないとエラーになるため
    # 型を検査する
    assert task["id"]
    return task["id"]

  def search_unfinished(self) -> list[Task]:
    """ 未完了のタスクの返却 """
    return [copy(task) for task in self._tasks if not task["done"]]

  def update(self, task:Task):
    """ タスクの更新 """
    assert task["id"]
    self._tasks[task["id"]] = copy(task)

  def get(self, id: int) -> Optional[Task]:
    """ タスクの取得 """
    for task in self._tasks:
      if task["id"] == id:
        return copy(task)
    return None
```

▶ドメインロジックの実装とテスト

先ほど実装したMemdbを利用するドメインロジックを実装します。タスクの作成と完了をMemdbの各メソッドを使って実現しています。

```
from domain.entity.entity import Task
from memdb.memdb import MemDB


class OperationInteractor:
```

```
""" ドメインロジック """
def __init__(self, memdb: MemDB):
    self._db = memdb

def show_tasks(self) -> list[Task]:
    """ 未完了のタスクを表示 """
    return self._db.search_unfinished()

def create_task(self, task: Task) -> Task:
    """ タスクの作成 """
    task["done"] = False
    self._db.add(task)
    return task

def done_task(self, task_id: int)-> Task:
    """ タスクを完了にする """
    task = self._db.get(task_id)
    if task is None:
        raise Exception("not found")
    task["done"] = True

    self._db.update(task)

    return task
```

　次にユニットテストクラスを実装します。すでに述べたとおり、今回はPython標準のunittestを使用します。

　unittestでは、テストのファイル名をtest*.pyとするのが標準的です。そして、その中にunittest.TestCaseを継承するTestから始まる名前のクラスを実装します。テストの内容は、test_からはじめるメソッドとして実装します。

　たとえば、Repositoryクラスのlistメソッドに対するユニットテストは以下のように実装できます。このテストでは、初期状態でのタスクの一覧と、filterの機能が有効にはたらいているかのチェックを行っています。

```
# tests/test_repository.py

import unittest
from model import tasks

class TestRepository(unittest.TestCase):

    def test_list(self):
        rep = tasks.Repository()

        l = rep.list()
        self.assertEqual(len(l), 2)
```

```
        self.assertEqual(l[0].id, 1)
        self.assertEqual(l[0].text,"task1")
        self.assertEqual(l[0].done, False)
        self.assertEqual(l[1].id, 2)

        rep._tasks[0].done = True
        l = rep.list()
        self.assertEqual(len(l), 1)
        self.assertEqual(l[0].id, 2)
        self.assertEqual(l[0].done, False)
```

このように実装したユニットテストをVS Codeで有効化するには、「Python:
テストを構成する(Python: Configure Unit Tests)」コマンドを実行します。す
ると、以下の3つの項目についての質問が表示されます。

1. ユニットテストフレームワーク(unittest、pytest、nose)
2. ユニットテストのフォルダーの選択
3. ユニットテストのファイルパターンの選択(test*.pyなど。unittestのみ)

すでに述べたように今回はunittestを利用するため、それぞれ以下を選択し
ます。

1. unittest
2. tests
3. test*.py

すると、test_repository.pyにテストの実行ボタンが現れます(**図13-5**)。これ
をクリックすることでテストが実行できます。テストを実行すると、失敗した
場合はエラーがコード中に表示され、テストビューにマークが付き、下部パネ
ルのテスト結果タブに結果のログが表示されます(**図13-6**)。

13

Pythonでの開発とDockerコンテナの利用

図13-5：テスト実行ボタン

```
       7    class OperationTest(TestCase):
       8
       9        def test_task_work(self):
      10            db = MemDB()
      11            op = OperationInteractor(db)
      12
      13            tasks = op.show_tasks()
```

図13-6：テスト結果の表示

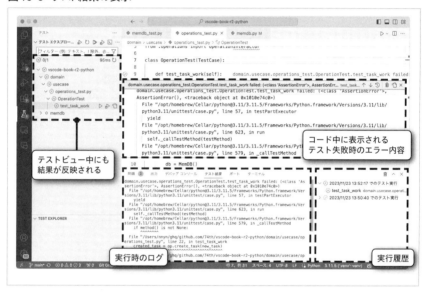

　このときテストの実行ボタンが表示されないようであれば、VS Codeがテストを認識できていません。unittestのテスト検出ロジックは、他のモジュールのコードであっても文法エラー等が含まれているとすべてのテストを検出してくれなくなったりします。検出できない場合、出力パネルから「Python」を選択して、拡張機能からエラーメッセージが出ていないか確認してみてください（**図13-7**）。

図13-7：拡張機能のログを確認する

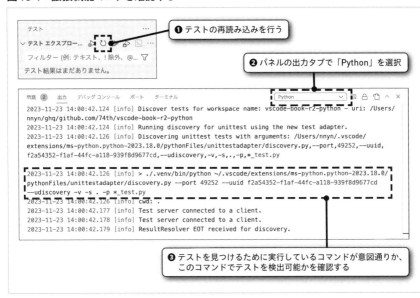

また、Goと同様にテストビューからもテストを実行できます（**図13-8**）。テストビューの使い方は同じです。

図13-8：テストビューでのテストの実行

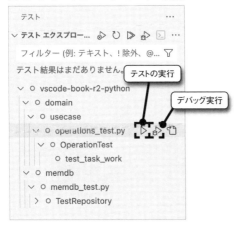

13

PythonでのPythonでの開発とDockerコンテナの利用

▶Web APIの実装

次に、Flaskを使ってさきほどのRepositoryクラスを呼び出すWeb APIを実装します。Flaskで構築したアプリケーションは、uWSGI[注7]やGunicorn[注8]といったWebアプリケーションサーバーのアプリケーションとして利用できます。

```python
# server/api.py

import os
from typing import cast
from flask import Flask, render_template, request
from domain.entity.entity import Task
from domain.usecase import OperationInteractor

from memdb.memdb import MemDB

webroot = os.environ.get("WEBROOT", "./public")

# インスタンスの初期化
db = MemDB()
op = OperationInteractor(db)

app = Flask(
    __name__,
    static_url_path="",
    static_folder=webroot,
    template_folder=webroot,
)

# index.html
@app.route("/")
def index():
    return render_template("index.html")


# 未完了のタスクの一覧を表示する
# GET /api/tasks
@app.route("/api/tasks", methods=["GET"])
def show_remained_tasks():
    return op.show_tasks()


# タスクを登録する
# POST /api/tasks
@app.route("/api/tasks", methods=["POST"])
def append_task()-> Task:
    task = cast(Task, request.get_json())
```

注7) https://uwsgi-docs.readthedocs.io/en/latest/
注8) https://gunicorn.org/

```
    new_task = op.create_task(task)
    return new_task


if __name__ == "__main__":
    app.run(debug=True, host="0.0.0.0", port=8000)
```

ここでは先ほど作った Memdb クラスと OperationInteractor クラスを初期化し、グローバル変数として持たせています。タスクの一覧を取得する API を show_remained_tasks 関数、タスクを登録する API を append_task 関数として実装します。また、Flask のインスタンスを app として初期化すると、URI と関数との対応は @app.route のデコレータとして実装できます。

Flask では、JSON のリクエストの内容は request.get_json() で取得できます。JSON のレスポンスを TypedDict を使った Task 型とみなして処理することで、プロパティ名などの補完が有効になります。

このファイルを直接実行することで API が立ち上がるようにします。この実装では、環境変数 WEBROOT が静的ファイルを公開するためのパスになるため、第12章で実装したフロントエンドのパスを設定します。そのうえで Web API をシェルから実行するには、以下のように入力します。

```
$ export WEBROOT=~/Documents/vscode-book-r2-typescript/public
$ python3 -m api.py
```

そして http://localhost:8000/static をブラウザで開くと、API を呼び出す HTML が表示されます。

▶ Python アプリケーションのデバッグ

次に Web API をデバッグ実行できるように設定していきます。アクティビティーバーからデバッグビューを開き、「launch.json ファイルを作成します」と書かれたボタンを押します。言語として Python を選び、さらに Python の実行方法を選択するダイアログ(**図13-9**)が表示されるため、Python モジュールを選択します。

図13-9：Pythonの実行方法を選択するダイアログ

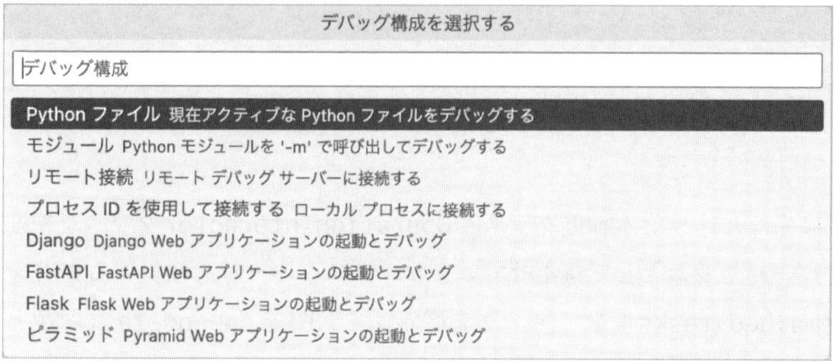

最後にFlaskのアプリのコードが開かれるため、Web APIを実装したモジュール server.apiを指定します。

```
// .vscode/launch.json

{
  "version": "0.2.0",
  "configurations": [
    {
      "name": "Python: server/api.py",
      "type": "python",
      "request": "launch",
      "module": "server.api",
      "env": {
        "WEBROOT": "${workspaceFolder}/../vscode-book-r2-typescript/public"
      },
      "console": "integratedTerminal",
      "justMyCode": true
    }
  ]
}
```

また、今回のようにFlaskサーバーであれば、実行方法の選択でFlaskを選び、実行するアプリケーションとしてapi.pyを選ぶことで実行することもできます。その場合のlaunch.jsonの記述は以下のようになります。

```
// .vscode/launch.json

{
  "version": "0.2.0",
  "configurations": [
    {
```

```
  "name": "Launch Flask",
  "type": "python",
  "request": "launch",
  "module": "flask",
  "env": {
    "FLASK_APP": "server/api.py",
    "FLASK_DEBUG": "1"
  },
  "args": [
    "run",
    "--no-debugger",
    "--no-reload",
    "--port=8000",
    "--host=0.0.0.0"
  ],
  "jinja": true,
  "justMyCode": true
  }
 ]
}
```

Dockerコンテナを使った開発

　ここまでは通常のローカル環境を使ったPython開発をVS Codeで行ってきました。しかし、アプリをDockerコンテナにしてデプロイすることも多いでしょう。このようなDockerコンテナを利用した開発の方法が、VS Codeには複数用意されています。

　本節では、第7章でも解説した開発コンテナ機能を使った開発と、デバッグ実行だけをコンテナで行うDocker拡張機能を使った開発を解説します。

▶Python開発に開発コンテナ機能を使う

　Pythonのパッケージの中には、OSに依存したライブラリを使用しているものもあります。その場合、リリース環境のOS（多くはLinux）に依存するライブラリを準備することはもちろん、開発環境のOS（多くはWindows、MacOS）でも依存するライブラリを準備する必要があります。

　OSに依存するパッケージも含めてDockerコンテナとして構築できれば、開発でもそのDockerコンテナが利用できて便利です。そこでFlaskのWeb API開発を例に、開発コンテナ機能を使って開発環境を構築する方法を紹介します。

Dev Containerのコンテナの追加

第7章で解説したように開発コンテナ機能には公式のDev Containerイメージがあり、これをもとに拡張していくと便利です。

.devcontainerディレクトリがまだ作成されていない状態で「開発コンテナー: 開発コンテナー構成ファイルの作成(Dev Containers: Add Dev Container Configuration Files...)」コマンドを実行し、その中から開発対象に適切なコンテナを選択します。ここではPython 3を選択し(**図13-10**)、バージョンにPython 3.11-bullseyeを選択します(**図13-11**)。3.11はPythonのバージョンを示しますが、その次の「bullseye」といった語は、利用するコンテナ内のLinuxディストリビューションであるDebianのバージョンを示しています。次に追加のfeaturesの選択になるため、PythonのパッケージマネージャであるPoetryのfeatureにチェックを入れます(**図13-12**)。

図13-10：利用するコンテナイメージの選択

図13-11：Pythonと、Linux ディストリビューション Debian のバージョンの選択

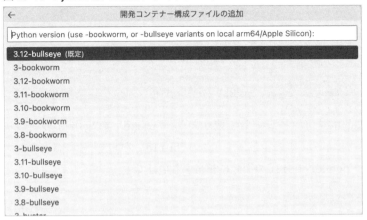

図13-12：追加するfeaturesの選択

すると以下のようにDev Containerの設定が作られます。

```
// .devcontainer/devcontainer.json
{
  "name": "Python 3",

  // 公式イメージだけを利用する場合
  "image": "mcr.microsoft.com/devcontainers/python:0-3.11",

  // 追加のfeatures
  "features": {
    "ghcr.io/devcontainers-contrib/features/poetry:1": {}
  }
}
```

　この設定では、Dev Container として実行されるコンテナは、`"image"`プロパティに設定した状態で提供されているイメージがそのまま使われます。通常はこのままでDev Container として利用できます。一方、このイメージにほかにもインストールすべきリソースがある場合には、別途Dockerfileを作る必要があります。たとえば、sqlite3のライブラリをこのイメージに追加する場合に

は、Dockerfileを以下のように作ります。

```
# .devcontainer/Dockerfile
# 公式のDevContainerをベースにする
FROM mcr.microsoft.com/devcontainers/python:0-3.11

# 実行に必要なリソースの追加
RUN apt-get update && apt-get install -y libsqlite3-dev
```

このDockerfileをイメージとして使うよう、"image"プロパティの代わり
に"build"プロパティを設定します。この"build"プロパティに記述するプ
ロパティは、docker buildの引数に相当する項目です。

```
// .devcontainer/devcontainer.json
{
  "name": "Python 3",

  // 自分で構築する Dockerfile を作る場合
  "build": {
    "dockerfile": "Dockerfile"
  },

  "features": {
    "ghcr.io/devcontainers-contrib/features/poetry:1": {}
  }
}
```

これでビルドするコンテナが準備できました。

Dev Containerの追加設定

実際にDev Containerを起動する前にいくつかの設定を追加しましょう。

```
// .devcontainer/devcontainer.json

{
  "name": "Python 3",
  // 略

  // ワークスペースのマウント先
  "workspaceFolder": "/workspaces/vscode-book-r2-python",
  // 転送ポート
  "forwardPorts": [8000],
  // コンテナ作成後に実行するコマンド
  "postCreateCommand": "poetry install",
  "cutomization": {
    "vscode": {
```

```
    // インストールする拡張機能
    "extensions": ["ms-python.python", "humao.rest-client"]
  }
 }
}
```

　開発コンテナ機能ではワークスペースがコンテナ内にマウントされますが、そのディレクトリを"workspaceFolder"プロパティで設定できます。

　転送ポートを示す"forwardPorts"プロパティを設定しておけば、コンテナ内部のポートにローカルからつなぐことが可能になります。デバッグ実行時に使うポート番号などを登録しておきましょう。

　"postCreateCommand"プロパティにコマンドを記述しておくと、コンテナ作成後に1回だけそのコマンドが実行されるようになります。公式のイメージを使う場合など、依存ライブラリのインストールや初期設定をDev ContainerのDockerイメージのビルドのときではなく起動時に行ってしまうのもよいでしょう。

　"extensions"プロパティはコンテナ起動後にインストールする拡張機能を記述します。ローカルのVS Codeにインストールした拡張機能とDev Container内にインストールした拡張機能は別々に管理されています。ここで、開発に必要な拡張機能はすべて登録しておくとよいでしょう。

　これで準備が整ったので、次はコンテナを起動します。

開発コンテナでワークスペースを開く

　「開発コンテナー: コンテナーで再度開く（Dev Container: Reopen Folder in Container）」コマンドを実行し、開発コンテナ機能を有効にします。コンテナのビルドが行われ、コンテナが起動すると、ステータスバーの開発機能の部分に「開発コンテナー」と表示されます（図13-13）。

図13-13：開発コンテナ機能有効時のステータスバー

　なお、コンテナのビルドに失敗するとダイアログにメッセージ表示されます（**図13-14**）。その場合でも「ローカルで devcontainer.json を編集」を押すと、ホストOSで開き直すことができます。

図13-14：Dev Container のビルド失敗時

　開発コンテナ機能を使用した場合であってもホストOSで実行する場合と差はなく、同じように開発を進めることができます。

　なお、これ以降Dockerfileやdevcontainer.jsonの変更、requirements.txtへのパッケージの追加などを行った場合、再度コンテナをビルドする必要があることに注意してください。コマンド「開発コンテナー: コンテナーのリビルド（Dev Container: Rebuild Container）」コマンドを実行すると、コンテナのビルドが再度行われます。

　このとき、デバッグ実行の設定である.vscode/launch.jsonは、一部変更する必要があります。Flaskサーバーのデフォルトでは、リッスンするホストとして127.0.0.1が指定されています。しかし、コンテナの中での127.0.0.1はコンテナ内のネットワークを指しているため、ホストマシンからはアクセスできなくなってしまいます。そのため、以下のように待ち受けるホストとして0.0.0.0を指定するよう、Flaskの引数に追加する必要があります。

```
// .vscode/launch.json

{
  "version": "0.2.0",
  "configurations": [
    {
      "name": "Launch Flask",
      "type": "python",
      "request": "launch",
      "module": "flask",
      "env": {
        "FLASK_APP": "server/api.py",
```

```
      "FLASK_DEBUG": "1"
    },
    "args": [
      "run",
      "--no-debugger",
      "--no-reload",
      "--host=0.0.0.0",
      "--port=8080"
    ],
    "jinja": true,
    "justMyCode": true
    }
  ]
}
```

　こうして、外部から遮断された Dev Container 内で Python の開発を進められるようになりました。ローカル開発と変わらずに開発できることを実際に体験して、活用してみてください。

▶ Python のデバッグをコンテナ内で行う

　開発コンテナ機能以外のコンテナ関連機能を利用した開発として、拡張機能「Docker」(図13-15)を使った方法を紹介します。この方法を使えば、開発はローカルで行い、デバッグ実行だけをコンテナの中で行うことができます。なお、2023年11月時点の拡張機能「Docker」は Python と Node.js と .NET Core のみが対応しています。

図13-15：拡張機能「Docker」

　コンテナの中でデバッグを行う設定を追加するには、拡張機能「Docker」をインストールし、「Docker: Initialize the Docker」コマンドを実行します。設定を追加する言語と環境の選択(図13-16)が表示されるので、今回は「Python: Flask」を選択し、実行するアプリとして「server/api.py」を選択します。すると、Docker コンテナのビルドと実行をするための設定が .vscode/tasks.json に、Docker 内で

デバッグ実行するための設定が.vscode/launch.jsonにそれぞれ追加されます。

図13-16：設定を追加する言語と環境の選択

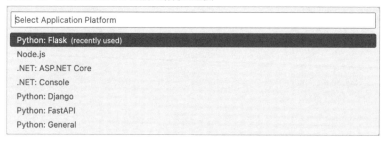

完成したアプリをデプロイするためのDockerコンテナは別途定義する必要があります。以下のようにPython用のDockerfileを作成しました。

```
# Dockerfile

# Docker公式のPythonイメージを元にする
FROM python:3.11-slim

WORKDIR /app

# Pythonライブラリマネージャ Poetry のインストール
RUN pip install poetry==1.3.2

# 依存ライブラリのインストール
COPY pyproject.toml poetry.lock ./
RUN poetry config virtualenvs.create false && poetry install

# プログラムの格納
COPY domain ./domain
COPY memdb ./memdb
COPY server ./server

# Poetry 経由で Flask を実行する
CMD ["poetry", "run", "flask", "--app=server.api", "--host=0.0.0.0", "--port=8000"]
```

タスクの設定である.vscode/tasks.jsonには、コンテナをビルドする "docker-build" と、ビルドしたコンテナを実行する "docker-run: debug" の2つの設定が追加されています。

```json
// .vscode/tasks.json
{
  "version": "2.0.0",
  "tasks": [
    {
      // docker コンテナのビルド
      "type": "docker-build",
      "label": "docker-build",
      "platform": "python",
      "dockerBuild": {
        "tag": "vscodebookr2python:latest",
        "dockerfile": "${workspaceFolder}/Dockerfile",
        "context": "${workspaceFolder}",
        "pull": true
      }
    },
    {
      "type": "docker-run",
      "label": "docker-run: debug",
      "dependsOn": ["docker-build"],
      "dockerRun": {
        "env": {
          "FLASK_APP": "server/api.py"
        },
        // Flask のポート
        "ports": [
          {
            "containerPort": 8000,
            "hostPort": 8000
          }
        ]
      },
      "python": {
        "args": [
          "run",
          "--no-debugger",
          "--no-reload",
          "--host",
          "0.0.0.0",
          "--port",
          "8000"
        ],
        "module": "flask"
      }
    }
  ]
}
```

"docker-build" には Dockerfile のパスを指定します。一方 "docker-run: debug" には、公開ポートや実行時の引数などコマンドで docker run を実行するときの引数に相当する設定を、デバッグ設定のプロパティ "dockerRun" に

記述します。今回はFlaskサーバーのポートである8000を設定しました。

　また、先ほどのDockerfileでは、コンテナで実行するコマンドを最終行の`CMD`句で設定していましたが、このDocker拡張機能のデバッグでは`ENTRYPOINT`と`CMD`の設定は無視されます。その代わりに、デバッグ設定のプロパティ`"python"`にこれに相当する設定を追加します[注9]。

　次にデバッグ設定である.vscode/launch.jsonを見ていきましょう。Pythonの場合には`"pathMappings"`というプロパティにローカルのパスとコンテナ内のパスの対応関係を記述します。

```
// .vscode/launch.json
{
  "version": "0.2.0",
  "configurations": [
    {
      "name": "Docker: Launch Flask",
      "type": "docker",
      "request": "launch",
      // Dockerコンテナのビルドと実行
      "preLaunchTask": "docker-run: debug",
      "python": {
        // コンテナ内のパスと、ローカルのパスの対応を記述する
        "pathMappings": [
          {
            "localRoot": "${workspaceFolder}",
            "remoteRoot": "/app"
          }
        ],
        "projectType": "flask"
      }
    }
  ],
  "compounds": []
}
```

　準備ができたら、サイドバーのデバッグタブからデバッグを開始します。デバッグを開始するとDockerコンテナがビルドされ、そのあとにデバッガを有効にしてPythonのプログラム（今回はFlask）が起動します。このデバッガにVS Codeが接続し、デバッグUIが使えるようになります。デバッグを終了すると、コンテナも同時に終了します。

　以上、Dockerコンテナの中のPythonアプリに対し、デバッグ実行だけを

注9）　.Net Coreなら`"netCore"`、Node.jsなら`"node"`になります。

Dockerコンテナで行う方法を紹介しました。開発コンテナ機能では、アプリを
デプロイするときに必要なコンテナ以上に開発のためのツールをインストール
する必要がありましたが、この方法であればコンテナ内に追加のツールのイン
ストールは不要です。デプロイ用のDockerコンテナを作り込んでいる場合に
は、それを開発時にも使ってデバッグしてみてはどうでしょうか。

拡張機能「Docker」のその他の機能

　先ほどは拡張機能「Docker」でコンテナのビルドとデバッグを行いました。こ
の拡張機能にはほかにも多くの機能があります。

　たとえば、サイドバーに追加されるDockerタブでは、Dockerデーモンが管
理しているDockerイメージとコンテナ一覧を表示できます。右クリックでコン
テナの終了、削除などの操作も可能です（**図13-17**）。また、ファイルツリーで
コンテナ内のファイルシステムにアクセスし、そのファイルをダウンロードし
たり、エディタで開いて編集することができます（**図13-18**）。コンテナ内のア
プリのログの確認や、設定ファイルの変更にも使えます。クリックメニューの
「Attach Shell」をクリックすると、ターミナルでコンテナの中に入って任意の
コマンドを実行できます。

図13-17：dockerビューとコンテナへの操作

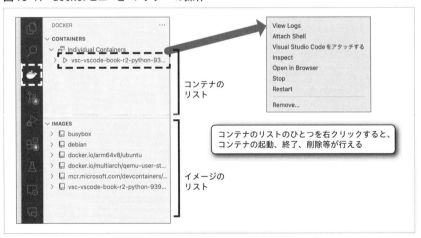

図13-18：コンテナ内ファイルツリー

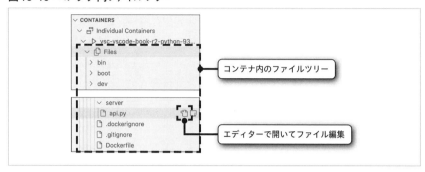

また、本節ではDockerfileをビルドするためのタスクを作りましたが、単に
ビルドを試したいだけであれば、ファイルツリー中のDockerfileを右クリック
して「Build Image...」を選択することで、そのDockerfileを使ったビルドを実行
できます。また、複数のコンテナを一元的に管理できるツールであるDocker
Composeの設定ファイルであるdocker-compose.ymlを右クリックすると、そこ
で定義されているコンテナ群の起動と終了を行うことができます。

　拡張機能「Docker」を使うことで、GUIの操作のみでDockerコンテナを操作
できます。Dockerを多元的に操作できるクライアントとしてとても便利ですの
で、Dockerを使った開発の際にはぜひ使ってみてください。

## 第14章

プログラムの開発にとどまらない活用
データ分析、ドキュメンテーション、構成管理

　ここまでプログラムの開発における VS Code の活用について述べてきました。しかし、VS Code の用途はプログラムの開発だけではありません。

　VS Code では、Jupyter Notebook を使ったデータ分析や、日本語ドキュメントの執筆、Kubernetes などの構成を管理する YAML ファイルの記述などにも使われます。本章ではそれらについて紹介していきます。

Jupyter を Visual Studio Code から使う

　本節では、Python が持つ別の顔である、機械学習などのデータサイエンスの分野での活用方法について紹介します。

　データサイエンスの分野では、Jupyter という Web アプリが広く利用されています。Jupyter は Python のコードを数行ずつ逐次実行します（この数行ずつの単位を「セル」と呼びます）。そのうえで、セルを実行した結果、対象データを取得、加工して、さらにデータを可視化します。このときに開発したコードは、再実行可能な Jupyter Notebook のファイルとして保存されます。

　Web アプリである Jupyter ですが、これを VS Code 上で扱うことも可能です。VS Code には 2 通りの機能があります。

　1 つ目は、VS Code の中で Web アプリと同様の Jupyter Notebook を表示し、セルを編集、実行する機能です。さらに、データビューアで変数に格納したデータを見たり、セル単位のデバッグを行うこともできます。

　2 つ目は、特別なコメントである #%% で囲まれた Python のコードを Jupyter のセルとみなして実行できるようにする機能です。実行結果は別のウィンドウに表示され、Jupyter Notebook として保存できます。

　以前は後者の方法がよく使われていましたが、現在は Jupyter Notebook を直

接編集する機能が強化されたため、特にこだわりがなければ前者の機能を使い
Jupyter Notebookを編集したほうがよいでしょう。本節でも前者について簡単
に紹介していきます。

▶Jupyterの環境構築

　VS CodeでPythonを動かすJupyterを利用するには、ローカルのPython環境
上にJupyter関連のパッケージをインストールする方法と、リモートのJupyter
サーバーに接続する方法の2つがあります。ここではローカルのPython環境上
のJupyterを利用することにします。このためには2つの必須パッケージを追加
する必要があります。

- **jupyter**：Jupyter Notebookのシステムパッケージ。Python以外の言語もサ
ポートされている
- **ipykernel**：Jupyterで動作するPythonカーネル

　また、本節の例では追加で以下のライブラリを利用します。

- **Pandas**：データ解析ライブラリ
- **Matplotlib**：データ解析用グラフ描画ライブラリ
- **seaborn**：データ可視化ライブラリ

　Python3がインスールされている環境であれば、以下のコマンドでこれらを
まとめてインストールできます。

```
# 環境によってはpipではなくpip3にする
$ pip install jupyter ipykernel pandas matplotlib seaborn
```

　また、本節ではPandasに付属のデータセットを使用します。以下のコマンド
を実行してデータセットをダウンロードしておいてください。これは、3種類
のアヤメ(Iris-setosa、Iris-versicolor、Iris-virginica)の4つの特
徴量(SepalLength、SepalWidth、PetalLength、PetalWidth)のデータで、
合計150レコードのCSVファイルです。特徴量による分類のテストデータとし

てよく用いられます。

```
$ curl -OL https://archive.ics.uci.edu/ml/machine-learning-databases/iris/ir
is.data
```

▶Jupyterのセルの実行

準備ができたら、Jupyter Notebookを作成します。「Create: 新しい Jupyter Notebook（Create: New Jupyter Notebook）」コマンドを実行すると、エディタのタブの中にJupyter Notebookが表示されます（**図14-1**）。

図14-1：Jupyter Notebookの表示

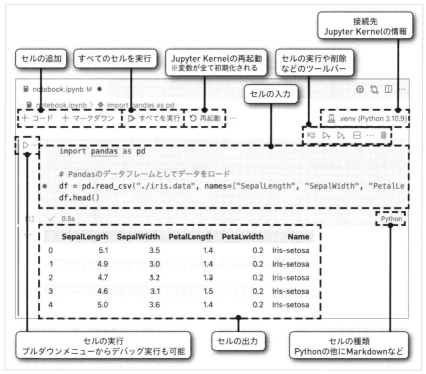

ここで注意すべきなのは、利用するJupyterとPythonインタープリターの選択です。

接続先のJupyterカーネルの情報は右上に表示されています（**図14-2**）。ロー

カルのPythonを利用する場合、この表示欄をクリックして「Python環境...」を選
択し、Pythonインタープリターを選択します。この流れは第14章で解説した
Pythonランタイムの際と同様です。このとき、Jupyterの実行に必要なライブ
ラリが入っていない場合にインストールできるダイアログも表示されます。

　リモートのJupyterサーバーを利用する場合には「既存のJupyterサーバ」を選
択します。その次のJupyterサーバの選択でJupyterサーバのURLをトークン
付きで入力し、最後に利用するJupyterカーネルを選択します。

図14-2 : 接続先Jupyterカーネルの選択

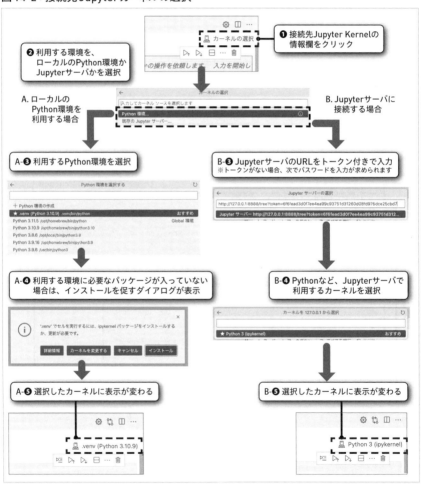

　インタープリターを選択したら、Jupyter Notebook内でセルを作成しPython
コードを記述していきます。このセルはエディタをウィンドウと同じように使
うことができます。セルを入力し、そのセルを実行するにはShift+Enterを押
します。もしくはセル左側の▷アイコンをクリックします。すると、一般的な
Jupyter Notebookと同じようにセルのPythonプログラムが実行され、さらにセ
ル内に実行結果が書き込まれます。

```
import pandas as pd

# Pandasのデータフレームとしてデータをロード
df = pd.read_csv("./iris.data", names=["SepalLength", "SepalWidth", "PetalLe
ngth", "PetaLwidth", "Name"])

# データの表示
df.head()
```

　実行に成功するとチェックマークがつきます。データを表示する場合は、通
常のJupyterと同じように表示したいデータの変数をセルの最後に記述して、セ
ル実行します(**図14-3**)。

図14-3：実行結果の表示(df.head())

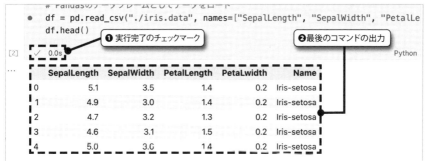

　JupyterではPandasのPlot機能やseabornを使って、データを可視化しなが
ら分析を進められます。たとえば、種別ごとのSepalLengthのデータをヒス
トグラムで表示したい場合、以下のように記述します(**図14-4**)。

```
# 種別ごとのSepalLengthのヒストグラム
# Nameのの種別ごとに、SepalLengthのヒストグラムを描画する
# sharex、shareyは各ヒストグラムのx、y軸は同じスケールを扱うことを示す
df.hist(by="Name", column="SepalLength", sharex=True, sharey=True)
```

14
プログラムの開発にとどまらない活用

図14-4：ヒストグラムの表示（df.hist()）

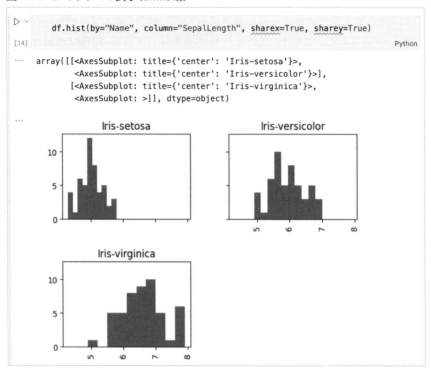

また、seabornの`pairplot`を用いると、各特徴量の組ごとの相関関係の有無を解析できる、ペアプロット図を表示できます（**図14-5**）。

```python
import seaborn as sns
sns.pairplot(df, hue='Name')
```

図14-5：ペアプロット図の表示 sns.pair()

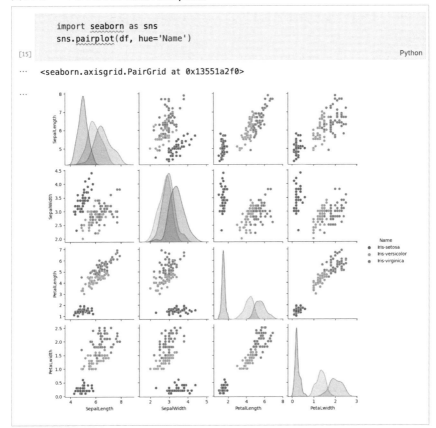

本書ではPandasの説明は省略しますが、VS CodeのJupyter機能を使うことで、データの可視化、解析を強力に進められます。JupyterやPandasを用いたデータ解析の解説書は多数刊行されていますので、必要ならばそれらも参照してください。

▶セルをステップ実行する

先に述べたとおり、VS Codeを使えばセル単位でのデバッグの実行も可能です。セルをステップ実行してデバッグするには2つの方法があります。

1つ目は、セルの左側の実行ボタン ▷ の右側のメニューから「[デバッグ]セル」を選択する方法です。これは、第5章などで解説した通常のデバッグ実行と同

様のデバッグUIが表示され、セル内の処理が実行されたのちブレークポイントで停止します。ブレークポイントを設定しない場合には停止しないため注意が必要です。

　もう1つは、セルの上部に表示されるメニューの「行単位で実行（▷≡）」をクリックする方法です。デバッグUIは表示されず、ブレークポイントがあっても停止しませんが、代わりに1行ずつ実行できます。この場合もサイドバーでデバッグタブを開くと、変数パネルやコールスタックパネルを利用できます。

▶Markdownの追加

　Jupyter Notebookでは、セルにMarkdownを記述することで、セル内にテキストや画像を表示できます。Markdownを追加するには、セルの間もしくは最後のセルの下に表示される「Markdownの追加」を押します（**図14-6**）。

図14-6：Markdownの追加ボタンと編集画面

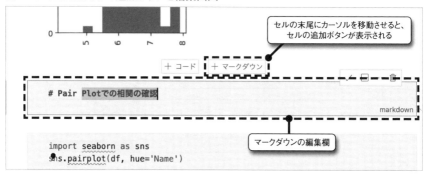

　編集が終わったら、Shift+Enterもしくはチェックマークを押すと、テキストがMarkdownで装飾されたテキストに変換されます。

　再度編集する場合には、セル上部のメニューから✐を押します。

▶データビューア

　さらに、VS Codeの追加機能として、現在の変数の一覧を見ることができます。Jupyterの実行結果を表示中、下部パネルのJupyterタブが追加されます。このタブを開くと、現在定義されている変数を一覧できます（**図14-7**）。

図14-7：パネルのJupyterタブ

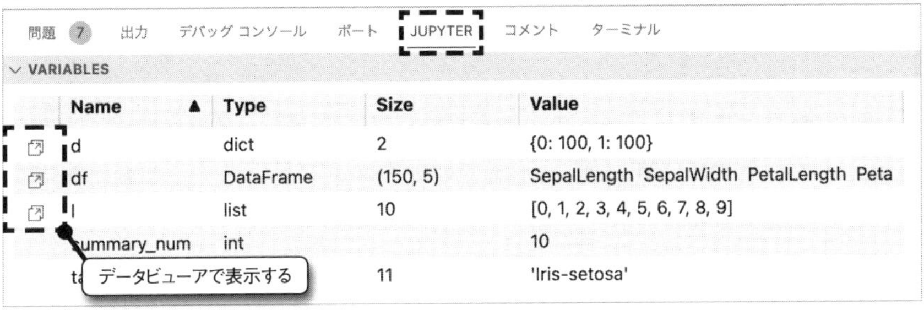

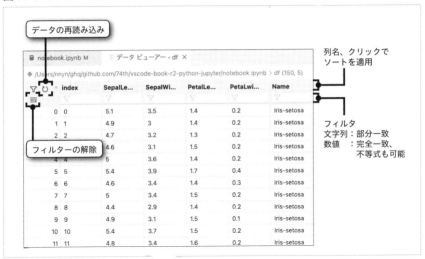

さらに、その変数のデータをData Viewerで直接見ることも可能です（図14-8）。Data Viewerを開くには、⬀を押します。

図14-8：Data Viewer

ここで列名をクリックすると、その列の昇順、降順にデータを並び替えることができます。また、列名の下の▽を押して表示される部分に文字列を入力すると、その文字列で部分一致するデータにフィルタリングできます。完全一致するデータを抽出したり、数値の場合には>0.2といった不等式を使うことも可能です。

なお、2023年11月のバージョンでは、PandasのDataFrameのほかdict型やlist型も表示できます。

14

プログラムの開発にとどまらない活用

原稿やプレゼンへの活用

　VS Codeはテキストエディタであるため、日本語ドキュメントを書くためにも使えます。そして、Markdown形式でのドキュメントを書くことも、OSS開発などの現場でよく行われています。本節ではこうしたドキュメンテーションのためのVS Codeの活用について紹介します。

▶ Markdownを執筆する

　VS Codeには、Markdownを編集・確認するために便利なさまざまな機能が備わっています。

プレビューの表示

　VS Codeには、Markdownをプレビューする機能がはじめから入っています。Markdownファイルを開いているときに、エディタ右上のプレビューボタン（**図14-9**）を押すだけです。**図14-10**のようにプレビューが表示されます。

図14-9：プレビューボタン

図14-10：Markdownのプレビュー

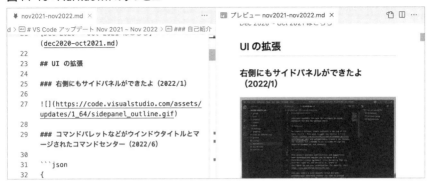

この機能は、Markdownを編集すると即座にプレビューに反映されるように
なっています（これをライブプレビューといいます）。そのため、実際に表示さ
れる原稿を見ながらMarkdownを編集できます。

ただし、初期状態ではヘッダーが文字の大きさのみで表現されるため、若干
見づらいと感じるられるかもしれません。また、ダーク系テーマを利用してい
るときなどには、背景が透過している画像の文字が読みづらくなったりもしが
ちです。そのような場合には、MarkdownプレビューのCSSを設定で変更する
とよいでしょう。

CSSを変更するには、"Markdown Style"（`markdown.style`）という設定項目
に、CSSファイルのパス、もしくはURLを追加します（複数のCSSファイルを
指定することも可能です）。ファイルパスを指定する場合には、絶対パス、もし
くはワークスペースルートからの相対パスを記述します。たとえば、JSONの
設定ファイルで指定する場合は以下のように記述します。

```json
{
  "markdown.styles": [
    "https://74th.github.io/vscode-markdown-preview-css/css/header-underline.css",
    "/Users/morimoto/vscode-markdown-preview-css/css/header-underline.css"
  ]
}
```

ここでMarkdownプレビューで使える実用的なCSSの例を2つ紹介しましょう。
まず、画像が見やすいように背景色を加えたければ、以下のように記述する
とよいでしょう。

```
body {
    background-color: dimgray;
}
```

また、ダークテーマでヘッダーを見やすくしたければば、以下のようなCSS
が使えます。

```
h1,
h2,
h3,
h4 {
  border-bottom: 1px solid #fff;
}
```

アウトラインの表示

Markdown形式はヘッダーがアウトラインとして抽出されるため、プログラ
ムと同じようにエクスプローラータブのアウトラインビューからツリー形式で
見ることができます（**図14-11**）。ヘッダーをクリックすると当該箇所にジャン
プすることも可能です。

図14-11：アウトラインビュー

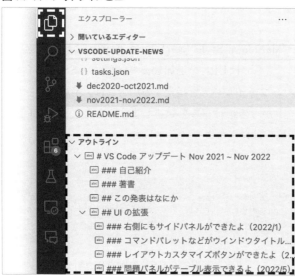

また、macOS： ⌘ + T 、Windows／Linux： Ctrl + Shift + T によるシンボル

検索でも、ヘッダーを検索してカーソルを移動させることができます。

▶日本語、英語をチェックする

Wordや一太郎などのワープロソフトであれば、英語のスペルチェックだけでなく、「である／です・ます」などの文章表現のゆれをチェックしてくれる機能があります。VS Codeでは、拡張機能としてこれらの機能を追加できます。

ミススペルを見つけ出す

拡張機能「Code Spell Checker」は、プログラムコード、テキストを問わず、スペルミスをチェックしてくれる拡張機能です（**図14-12**）。拡張機能を入れるだけで、基本的なスペルミスを見つけ出し、情報レベルのエラーとして表示します（**図14-13**）。

14

プログラムの開発にとどまらない活用

図14-12：拡張機能「Code Spell Checker」

図14-13：Code Spell Checkerで検出したミススペル

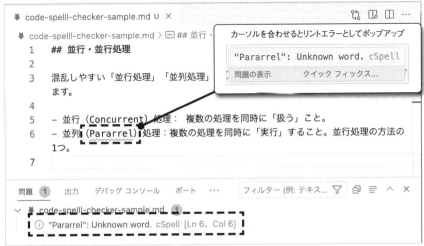

　スペルミスを修正するときには、クイックフィックスを使って候補から選択するとよいでしょう（**図14-14**）。

図14-14：「pararrel」を「parallel」にクイックフィックスで修正

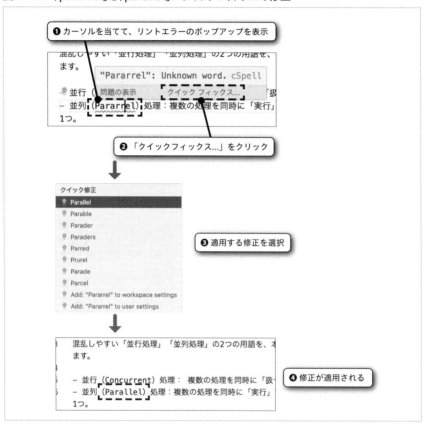

　ただし、そのプログラム特有の名称や略語などもスペルミスとして検出してしまいます。以下のいずれかの方法でスペルミスとして認識されない単語を定義することでこれを回避するとよいでしょう。

・VS Codeの設定の中に単語を列挙する
・辞書ファイルを作り、VS Codeの設定で辞書ファイルを参照する

　前者の場合、スペルミスとして検出された単語のクイックフィックスにおいて、「Add "xxxx" to user settings」（ユーザ設定に追加したい場合）または「Add "xxxx" to workspace settings」（ワークスペース設定に追加したい場合）を選びます。すると「C Spell: Words（cSpell.words）」という設定項目にこれらの単語が追加されます（**図14-15**）。

図14-15：ワークスペース設定に単語を追加

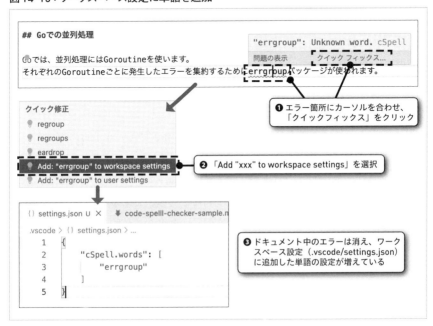

　次に、辞書ファイルを作る方法を紹介します。辞書ファイルは以下のように単語を改行区切りで入力したファイルです。これをマシンの任意の場所に保存します。

```
# /home/morimoto/code-spell-checker/it.txt
serverless
mqtt
pubsub
```

　辞書ファイルによる指定の場合には、JSON形式でのVS Codeでの設定を利用する必要があります。辞書ファイルの定義を設定 "cSpell.customDictionaries"

に名前と辞書ファイルのパスを指定し、その辞書を有効化するように設定 "cSpell.dictionaries" に列挙します。ひとまずは "cSpell.customDictionaries" で "name" にしたIDをすべて "cSpell.dictionaries" に配列として列挙しておくとよいでしょう。

```
{
  "cSpell.customDictionaries": {
    "it-words": {
      "name": "it-words",
      "path": "~/code-spell-checker/it.txt"
    }
  },
  "cSpell.dictionaries": ["it-words"],
}
```

文体をチェックする

テキストの作成に有効なリンターとして、textlint[注1]という npm のパッケージとして提供されているツールがあります。

これをインストールしたうえで、こちらも npm のパッケージとして提供されているさまざまな「ルール」を導入します。たとえば、文末の「です・ます」と「である」の記述が統一されているかどうかをチェックするパッケージとして textlint-rule-no-mix-dearu-desumasu があります。

ドキュメントを格納しているディレクトリごとに npm のパッケージを管理し、その依存関係にこれらのツールを入れていくと、使いやすいでしょう。たとえば、任意のディレクトリで textlint および textlint-rule-no-mix-dearu-desumasu をインストールするには以下のようにします。

```
# パッケージの作成
npm init -y
# 依存パッケージのインストール
npm add textlint textlint-rule-no-mix-dearu-desumasu
```

そのうえで、ルールの設定を .textlintrc というファイルに記述します。「です・ます」と「である」調の混在をチェックするには以下のように記述します。記述のしかたは、各ルールのパッケージの説明を確認してください。

注1) https://textlint.github.io/

```
{
  "filters": {},
  "rules": {
    "no-mix-dearu-desumasu": true
  }
}
```

たとえば以下のようなMarkdownファイルをテストしてみましょう。

```
<!-- README.md -->

VS Code で Web API を GO で実装するサンプルである。

Frontend は React で実装しています。
```

チェックをターミナル上で実行するには、引数にチェック対象のテキストファイルを指定します。「である」と「〜ます」が混在しているため、エラーとして指摘されるはずです。

```
$npx textlint README.md

  1:32  error  本文: "である"調 と "ですます"調 が混在
=> "ですます"調 の文体に、次の "である"調 の箇所があります: "である。"
Total:
である  : 1
ですます: 1
  no-mix-dearu-desumasu

✘ 1 problem (1 error, 0 warnings)
```

このtextlintのエラーをVS Codeに表示する拡張機能「vscode-textlint」を使うことで、VS Codeでほかのリントツールを使うときと同様の感覚で文章のチェックが可能です（**図14-16**）。

図14-16：拡張機能「vscode-textlint」

ワークスペースルートにpackage.jsonと.textlintrcがあれば、とくに拡張機能

のために新たな設定を追加する必要はありません。ファイルを開いたり保存したりするたびにtextlintが実行され、そのエラーが表示されます（**図14-17**）。

図14-17：textlintのエラー

▶ draw.io を使って図を作成する

Markdownでテキストを書いているときに、図を挿入したいこともあります。あらかじめ用意しておいた図の画像をVS Codeで開いて確認することも可能ですが、図の画像ファイルそのものをVS Codeで作成しそのまま挿入できるとより便利です。VS Codeにはオープンソースの作図ツールであるdraw.ioをVS Codeで使うための拡張機能があります（**図14-18**）。

図14-18：拡張機能「draw.io Integration」

この拡張機能を使って新規にdraw.ioのファイルを作るには、まず「Draw.io: New Draw.io Diagram」コマンドを実行し、ファイル名をつけて保存します。ファイルは.drawioという拡張子で保存されます。VS Codeの中でその拡張子のファイルを開くとdraw.ioの画面がエディタに表示され、編集できるようになります（**図14-19**）。作成した図は、エディタ中のメニューから「File」→「Export...」を選択し画像形式を選ぶことで、画像ファイルとして出力できます（**図14-20**）。

図14-19：.drawioファイルを編集する

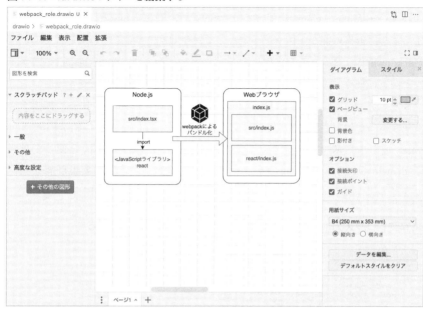

図14-20：「Export...」で画像を出力する

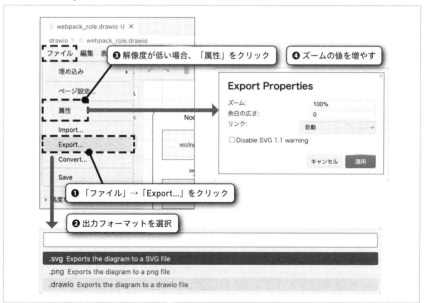

「Export...」で出力したファイルは再編集できなくなってしまいますが、メニューの「File」→「Make a Copy」を使って.drawio.svgや.drawio.pngという拡張子で保存すると、再編集可能な画像ファイルとして保存できます。こちらの形式であればMarkdown中に表示可能な画像としても利用できるため、diagrams.netのファイルと閲覧に使う画像ファイルを別々に管理する必要がなくなります。

　また、先ほどのコマンド「Draw.io: New Draw.io Diagram」を使って拡張子を変更することはできませんが、コマンド「ファイル: 新しいファイル...(File: New File...)」やエクスプローラービューの新規ファイルの作成（）を使って拡張子.drawio.svg、.drawio.pngの空ファイルとして作成すると、編集可能な画像ファイルとして保存できます（**図14-21**）。

図14-21：エクスプローラービューを使って編集可能な画像ファイルを作る

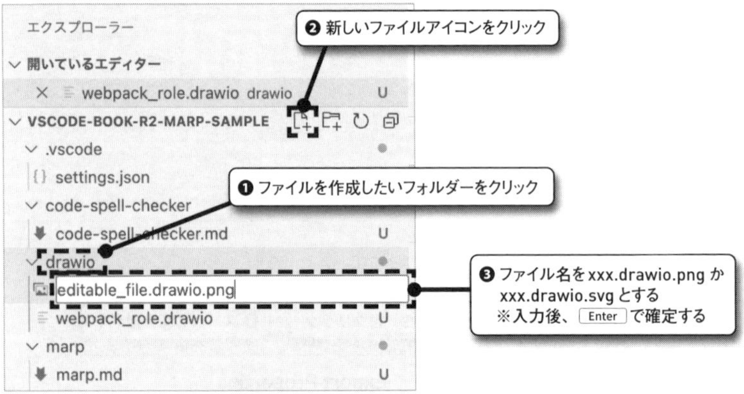

▶プレゼンテーションで使う

　Markdownでプレゼンテーションのスライドを作るMarpというOSSがあります。既存のMarkdownを拡張しており、背景にする画像の指定や画像の細かいレイアウトなどが可能です。また、CSSを使ってスライドのテーマを拡張でき、ページ単位でスタイルを指定することもできます。作成したスライドは、PDFなどに出力できます。このように、MarpはMarkdownとHTMLとCSSの知識でプレゼンテーションのスライドを作成できるツールです。Marpには公式のVS Code拡張機能があります（**図14-22**）。

図 14-22：拡張機能「Marp」

　Marpで使うMarkdownファイルには、冒頭（フロントマター）にMarpを使う指示を追加します。

```
---
marp: true
---

# VS Code アップデート Dec 2020 ~ Oct 2021

Atsushi Morimoto(@74th)

---
# 自己紹介

![width:100px](https://74th.tech/img/me20160216.png)

Atsushi Morimoto

twitter, github: 74th

## 著書

- 『VS Code 実践ガイド』技術評論社 2020
- 『VS Code デバッグ技術 2nd Edition』技術書典 11
- 『Dev Container Guidebook』技術書典 9

など
```

　Marpの拡張機能が入っている状態でこのMarkdownファイルをプレビューすると、Marpによって加工されたスライド形式で表示されます（**図14-23**）。

図14-23：Marpでのプレビュー

　PDFとして出力するには「Marp: Export Slide deck...」コマンドを実行します。そのほかMarpの詳しい使い方は、Marpの公式サイト[注2]を確認してください。

設定やクラウドの構成管理への活用

　現在のクラウドインフラの構成管理においては、その設定を宣言的に記述する方法が主流となっています。起動したいコンテナの数やロードバランサーの設定など「最終的になっていてほしい状態」を設定ファイルに記述し、そのファイルを読み込ませることで自動でインフラを構築します。それ以前のインフラの構成管理が手順書をベースに行われていたことに対し、「最終的になっていてほしい状態」のみを宣言的に記述する点で違いがあります。

　VS Codeはこうしたスタイルの構成管理のための設定ファイルの形式としてよく使われるJSONやYAMLの編集をサポートしており、YAMLの編集をサポートする拡張機能も存在します。

▶JSONスキーマを使ったJSONやYAMLの記述

　JSONやYAMLによる設定ファイルの記述全般に言えることですが、これら

注2）https://marp.app/

はなんでも自由に記述してもよいのではなく、決められたプロパティや型など
の形式に沿って記述する必要があります。したがってドキュメントを参照しな
がら記述することになりますが、その際にどのようなプロパティが使えるのか
の候補が表示されたり、誤った記述に対してエラーが表示されれば書きやすく
なるでしょう。

　JSONで記述可能なプロパティなどを決める仕様として、JSONスキーマが
あります。もし目的の設定のためのJSONスキーマがあれば、指定したJSON
がJSONスキーマに沿った記述がされているかをチェックできます。そして、
VS CodeにはJSONテキストに対してJSONスキーマを割り当て、チェックし
てくれる機能がデフォルトで用意されています。

　この機能はJSONスキーマを集中管理する「JSON Schema Store」[注3]にも対応
しており、JSON Schema Storeで管理されている、固定されたファイル名や
ディレクトリ内で使うJSONファイルに対しては、JSONスキーマが自動的に
割り当てられます。たとえば、TypeScriptの設定を記述するファイルtsconfig.
jsonに対して自動でtsconfig.jsonのJSONスキーマを割り当て、JSONスキーマ
に沿って記述されているかをチェックしてくれます（**図14-24**）。また、設定項
目名となるプロパティ名を補完の候補として表示させたり（**図14-25**）、そのプ
ロパティのドキュメントを確認したりも可能です（**図14-26**）。

図14-24：tsconfig.jsonに誤ったプロパティを記述したときのエラー

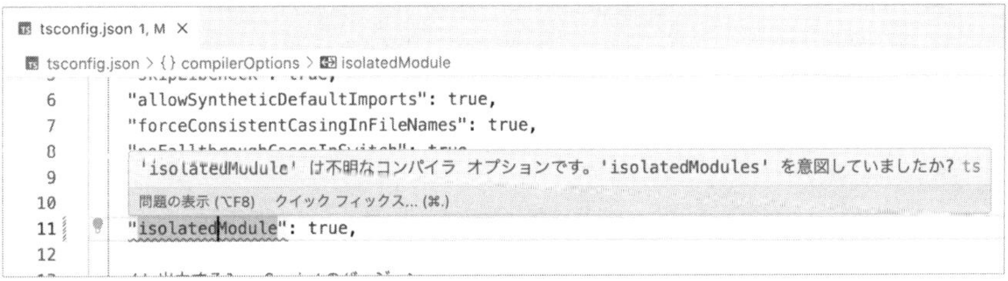

注3）https://www.schemastore.org/json/

図14-25：tsconfig.jsonのプロパティ名の補完して、設定名を確認する

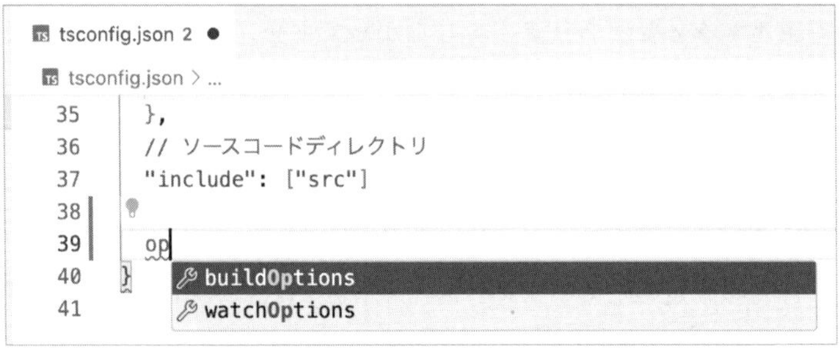

```
ts tsconfig.json 2 ●
 ts tsconfig.json > ...
 35      },
 36      // ソースコードディレクトリ
 37      "include": ["src"]
 38    
 39      op
 40    }  🔧 buildOptions
 41        🔧 watchOptions
```

図14-26：tsconfig.jsonの設定名のプロパティにカーソルを当ててドキュメントを確認する

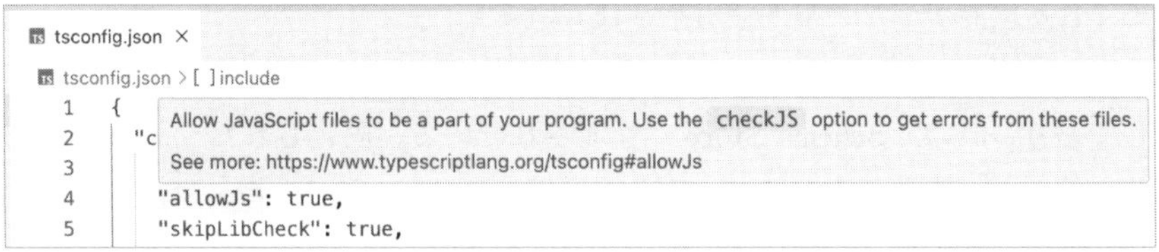

```
ts tsconfig.json ×
 ts tsconfig.json > [ ] include
 1    {
 2      "c  Allow JavaScript files to be a part of your program. Use the  checkJS  option to get errors from these files.
 3          See more: https://www.typescriptlang.org/tsconfig#allowJs
 4      "allowJs": true,
 5      "skipLibCheck": true,
```

JSONスキーマを割り当てる

　ファイル名などによってJSONスキーマを自動で割り当てられない場合は、対応するJSONスキーマをJSONのテキスト中で指定する、またはVS Codeの設定を利用する方法があります。

　JSONのテキスト中で指定する場合には、そのJSONのルートオブジェクトに "$schema" プロパティを追加し、その値としてJSONスキーマのURLを指定します。たとえば、production-tsconfig.json というファイルに tsconfig.json のスキーマを割り当てるには、以下のようにします。

```
{
  "$schema": "https://json.schemastore.org/tsconfig.json",
  "references": ["./tsconfig.json"],
  "compilerOptions": {
    "sourceMap": false
  }
}
```

　JSONを利用するアプリケーションによっては、"$schema" プロパティがあるとエラーで動作しないものがあります。その場合には、VS Codeの設定項目である "json.schemas" で利用するJSONスキーマを指定できます。先ほどの

production-tsconfig.jsonというファイルに、tsconfig.jsonのスキーマを割り当てるには、以下のように記述します。

```
// .vscode/settings.json
{
  "json.schemas": [
    {
      "fileMatch": [
        "/*-tsconfig.json",
        // 除外
        "!/template-tsconfig.json"
      ],
      "url": "https://json.schemastore.org/tsconfig.json"
    }
  ],
}
```

上記のとおり"json.schemas"には複数の対応関係をオブジェクトの配列として定義できます。"fileMatch"で指定したファイルパスに対応するJSONスキーマのURLを"url"に指定する形です。この"fileMatch"には、ワイルドカード(*)を使えるほか、先頭に!を付けることで除外するパターンも記述可能です。除外するパターンは許可するパターンのあとに記述する必要があることに注意してください。

YAMLの編集にJSONスキーマを適用する

拡張機能「YAML」(図14-27)を使うことで、YAMLに対してもJSONと等価なYAMLとみなして、JSONスキーマを割り当てられます。

図14-27：拡張機能「YAML」

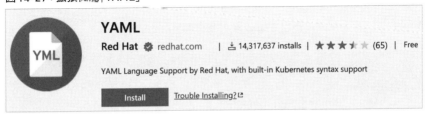

JSON Schema StoreはYAMLの設定ファイルにも対応しており、ファイル名から用途を特定できるYAMLファイルであれば自動的にJSONスキーマが割り当てられるため、誤った記述にエラーを表示させたりプロパティを補完させ

たりできます。JSONスキーマが適用されている場合、ステータスバー中に割り当てられているJSONスキーマの情報が表示されます（**図14-28**）。

図14-28：ステータスバーのJSONスキーマの表示

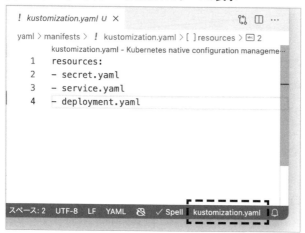

JSONの"**$schema**"プロパティのようにYAMLのテキスト中でJSONスキーマのURLを指定するには、ファイルの先頭に以下のように記述します。

```
# yaml-language-server: $schema=https://json.schemastore.org/kustomization.json
```

ただし、VS Codeの設定としてYAMLファイルとJSONスキーマを対応づける方法はJSONの際と少し異なります。設定"**yaml.schemas**"は配列ではなくオブジェクトになっており、ここに「JSONスキーマのパスをプロパティ名、ファイルパスの文字列を値」という形で指定します。複数のファイルパスを指定したい場合は、値を配列で指定する必要があります。

```
// .vscode/settings.json
{
  "yaml.schemas": {
    "https://json.schemastore.org/kustomization.json": [
      "*-kustomization.yaml",
      // 除外
      "!template-kustomization.yaml",
    ]
  }
}
```

JSONと同様にワイルドカード＊や、除外するパターン！を使うことができます。

Kubernetesのマニフェストにおける利用

コンテナオーケストレーションツールであるKubernetesにおいて、その構成を記述する設定ファイル（マニフェスト）はYAMLで記述されます。拡張機能「YAML」は、特にこのKubernetesのマニフェストに対してリントとプロパティの補完を行う機能を備えています。

たとえばmanifestsディレクトリにマニフェストのYAMLファイルを集めているリポジトリであれば、JSONスキーマのパスの代わりに"kubernetes"を指定することでKubernetesのマニフェストとして認識するようになります。

```
{
  "yaml.schemas": {
    "kubernetes": ["manifests/*.yaml", "!kustomization.yaml"]
  }
}
```

▶クラウド環境を構築する

AWSなどのパブリッククラウドではWebで構成を変更できるUIが用意されていますが、構築する前にレビューしたり、工程を記録したりするために、Infrastructure as a Code（IaC）といってコード上で宣言的に定義して管理することが多くなってきました。前述のKubernetesのマニフェストを記述できる拡張機能「YAML」もそうですが、そのほかにもIaCのツールをサポートする拡張機能が用意されています。

拡張機能CloudFormationで楽々記述する

AWSの構成を宣言的に構築できるサービスとしてCloudFormationがあります。CloudFormationのファイルはJSONかYAMLで記述します。この記述をサポートする拡張機能を紹介しましょう。

拡張機能「CloudFormation」（図14-29）は、CloudFormationの記述を助けるスニペットを提供してくれます。

図14-29：拡張機能「CloudFormation」

CloudFormation

aws-scripting-guy | ⬇ 260,576 installs | ★ ★ ★ ★ ⯪ (13) | Free

VS Code Plugin for CloudFormation

Install　　Trouble Installing? ↗

　CloudFormationの設定ファイルでは、!Refなどのカスタムタグを使うことができます。これを活かすために、まずはCloudFormationの拡張機能の説明[注4]の「YAML Setup」の節にあるカスタムタグの記述（**図14-30**）を設定にコピーしておきましょう。

図14-30：CloudFormationで使えるカスタムタグの解説

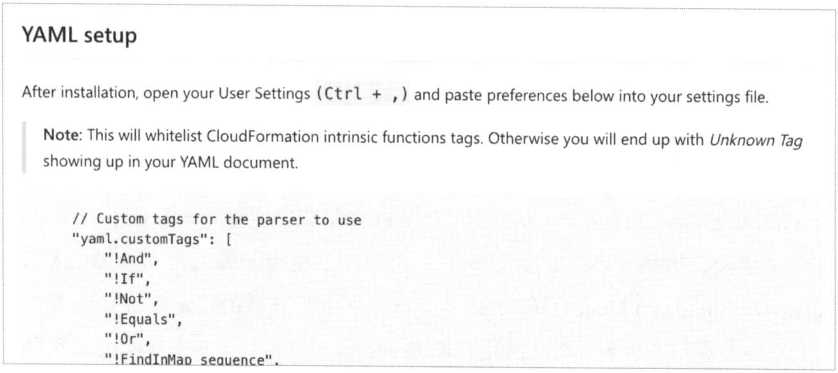

YAML setup

After installation, open your User Settings (`Ctrl + ,`) and paste preferences below into your settings file.

> **Note:** This will whitelist CloudFormation intrinsic functions tags. Otherwise you will end up with *Unknown Tag* showing up in your YAML document.

```
// Custom tags for the parser to use
"yaml.customTags": [
    "!And",
    "!If",
    "!Not",
    "!Equals",
    "!Or",
    "!FindInMap sequence",
```

　CloudFormationのYAMLファイルを記述するには、まず拡張子が.ymlもしくは.yamlの空ファイルを作成します。ここでstartと入力すると、補完の候補の中にCloudFormationのスニペットが表示されます（**図14-31**）。このスニペットを利用すると、必ず記述しなければいけない要素が出力されます。

注4)　https://marketplace.visualstudio.com/items?itemName=aws-scripting-guy.cform

図14-31：start スニペット

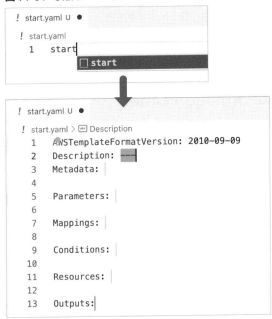

ほかにも、それぞれのリソースを記述するためのたくさんのスニペットが用意されています。たとえば、IAM の Role を追加したい場合であればスニペット iam-role を選択します。「iam」まで入力したところで候補を探すと見つかります（**図14-32**）。

図14-32：iam のスニペットを確認する

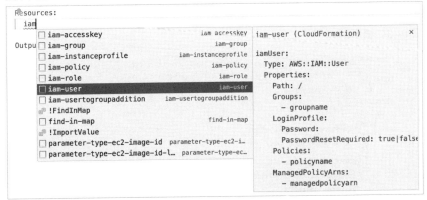

拡張機能CloudFormation Linterで内容をチェックする

CloudFormationの記述が正しいかを適用前にチェックできると便利でしょう。拡張機能「CloudFormation Linter」(**図14-33**)はそのための機能を備えています。

図14-33：拡張機能「CloudFormation Linter」

この拡張機能を使うには、別途Pythonパッケージであるcfn-lintをインストールする必要があります。以下のコマンドであらかじめインストールしておいてください。

```
pip install cfn-lint
```

ただし、もしもワークスペース内に別のPython環境があるなどの理由でその場所以外にcfn-lintをインストールしたい場合には、別の場所にcfn-lintをインストールしたうえで、VS Codeの設定の`"cfn-lint.path"`にそのパスを指定しておきましょう。

この拡張機能が有効な状態で、CloudFormationのYAMLファイルを開くと、その中にエラーがある場合にリントエラーとして表示してくれます(**図14-34**)。

図14-34：表示されるリントエラー

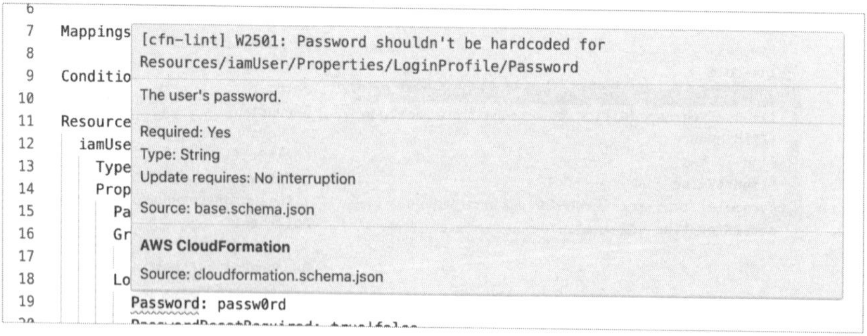

```
 6
 7   Mappings
 8              [cfn-lint] W2501: Password shouldn't be hardcoded for
 9   Conditio   Resources/iamUser/Properties/LoginProfile/Password

10              The user's password.
11   Resource
12     iamUse   Required: Yes
13       Type   Type: String
14       Prop   Update requires: No interruption
15         Pa   Source: base.schema.json
16         Gr
17              AWS CloudFormation
18         Lo   Source: cloudformation.schema.json
19              Password: passw0rd
20
```

Terraformの構成を記述する

　AWS、GCP、Azureなどのクラウドプラットフォームで共通して利用できる構成管理ツールとして、Terraformがあります。TerraformではYAMLやJSONではなく、HCLという専用の設定記述言語を使う必要があります。このTerraformの構成の記述を助けてくれる拡張機能を、Terraformが公式で提供しています（**図14-35**）。この拡張機能を使うと、項目の補完やバリデーション、参照から定義へのジャンプなどが可能になります。Terraformを使うには必須の拡張機能と言ってよいでしょう。

図14-35：拡張機能「HashiCorp Terraform」

HashiCorp Terraform

HashiCorp ✅ hashicorp.com ｜ ⬇ 3,358,550 installs ｜ ★ ★ ☆ ☆ ☆ (189) ｜ Free

Syntax highlighting and autocompletion for Terraform

Install ｜ Trouble Installing? ↗

14

プログラムの開発にとどまらない活用

　この拡張機能を使うには、あらかじめTerraformのコマンドをインストールしておく必要があります。インストール方法は公式ドキュメント[注5]を確認してください。

　作成したTerraformの構成ファイルに対してバリデーションをかけるには、「Terraform: Validate」コマンドを実行します。すると、プロパティの記述の誤りや依存しているモジュールの引数の誤りなどが検出されます。依存するモジュールや利用しているクラウドプロバイダーは、アクティビティーバーのTerraformボタンを押すことでサイドバーに表示されます。

　なお、2023年11月時点では構成ファイルを適用するための `terraform apply` に対応するコマンドは用意されていません。これについてはターミナルから実行する必要があります。

注5）https://developer.hashicorp.com/terraform/downloads

第3部

拡張機能の開発と
Language Server
Protocol

## 第15章

拡張機能開発の基本
Visual Studio Codeの拡張ポリシーとひな形の作成

第2部までは、VS Codeの標準機能や拡張機能を使って、いかに開発を効率化するかを述べてきました。第3部では、標準機能や既存の拡張機能にはない機能が欲しくなったときに、自分で新しい拡張機能を作成する方法を解説します。

具体的には、複数の拡張機能の開発例を提示し、それらをマーケットプレイスに公開する手順を説明します。また、第3部の最後でプログラミング言語の拡張機能を構成する、Language Server Protocolについても紹介します。

それにあたり本章では、VS Codeの拡張機能に対するポリシーを解説します。さらに、拡張機能を開発する環境の準備も行います。

Visual Studio Codeの拡張機能のポリシー

VS Codeに拡張機能を導入することで機能を追加できることはすでに述べました。しかし、どのような機能でもVS Codeに追加できるわけではありません。拡張機能は、限られたAPIを通してしかVS Codeを操作できないようになっています。

VS Codeは「Chromium[注1]」をベースにデスクトップアプリケーションを作成できるフレームワーク「Electron」を用いて作られており、Webブラウザと同様に画面を構築しています。それならばDOM操作によって自由にUIを拡張できるのではないかと思われるかもしれません。しかしVS Codeでは、拡張機能からはWebブラウザの描画コンポーネントであるDOMにアクセスできないようになっています。

このようにVS Code本体と拡張機能がAPIで分離されていることで、2つの

注1) Chromeブラウザのもとになっているオープンソースソフトウェアです。

利点が得られます。ひとつは拡張機能どうしのコンフリクトや、一部の拡張機能で負荷が高まった際のVS Code全体のレスポンス悪化を避けられることです。もうひとつは、拡張機能とVS Codeがそれぞれバージョンアップしても、VS CodeのAPIが維持されていれば、拡張機能とVS Codeそれぞれを個別にアップデートできることです。

▶コントリビューションポイント

VS Codeを拡張できるAPIが用意された箇所をコントリビューションポイント（Contribution Points）と呼びます。拡張機能はこのコントリビューションポイントのいずれかにアクセスするものになります。

以下に主要なコントリビューションポイントを挙げます。

- コマンドに関するもの
  - **"commands"**：コマンドパレットから実行できるコマンド
  - **"menus"**、**"submenus"**：メニューバーや、ファイルを右クリックした際のコンテキストメニューなど、各種メニューに追加するコマンド。"submenus"は階層メニューのために使用する
  - **"keybindings"**：キーバインディングの初期設定
- プログラミング言語に関するもの
  - **"languages"**：言語（Language Server）
  - **"debuggers"**：デバッガー
  - **"breakpoints"**：ブレークポイント
  - **"grammars"**：シンタックスハイライトで用いる文法
  - **"jsonValidation"**：JSONのバリデーション
- 新しいツールを使えるようにするもの
  - **"taskDefinitions"**：タスク定義。タスクのタイプで新しいタイプを作成する
  - **"problemMatchers"**：リントツールなどの出力のエラーの検出方法を示す問題マッチャー
  - **"problemPatterns"**：問題マッチャーで使う個別のパターン
  - **"terminals"**：ターミナルのプロファイル
- 新しい画面を追加するもの

15

拡張機能開発の基本

- "views"：画面左のサイドバーの1つのビュー
- "viewsContainers"：画面左アクティビティーバーで切り替えるサイドバーのビュー
- "colors"：拡張機能で作成したビューの中にカラーテーマを引用する設定
- "customEditors"：WebViewを使う新しいテキスト編集機能
- その他
  - "themes"：カラーテーマ
  - "iconsTheme"：ファイル名の横につくアイコンのテーマ
  - "productIconThemes"：アクティビティーバーのアイコンのテーマ
  - "snippets"：スニペット
  - "configuration"：設定

　なお、拡張機能の作り方には2つのパターンがあります。TypeScript（JavaScript）で実行されるプログラムとして作成するパターンと、カラーテーマやスニペットなど、JSONの設定ファイルだけで完結するパターンです。プログラムとして作成された拡張機能の場合、拡張機能はVS Code本体とは独立したプロセス上で実行されます。

　次章の拡張機能の具体例では、それぞれ以下のコントリビューションポイントを使って開発をします。

- 「テキストを編集する拡張機能の開発」："command"、"configuration"
- 「スニペットの拡張機能の開発」："snippets"
- 「リントの拡張機能開発」："taskDefinitions"、"problemMatchers"
- 「カラーテーマの拡張機能の開発」："colors"
- 「WebViewを使った拡張機能の開発」："command"
- 「新しいUIを提供する拡張機能の開発」："views"、"viewsContainers"

　また、Language Server Protocolを扱う第18章では"configuration"というコントリビューションポイントを扱います。

拡張機能開発の準備

拡張機能にはテーマや言語の変更などさまざまな種類がありますが、開発環境の構築方法や、拡張機能の名前や種類を設定するマニフェストファイルが必要なことなどは共通しています。本節では、これらについて解説します。

なお、拡張機能の開発には、以下のツールが必要となります。

- Node.js
- Yeoman（JavaScript を使った開発環境の構築ツール）
- VS Code Extension Generator

Node.js をインストール[注2]したあとに、Yeoman と VS Code Extension Generator をインストールするには、次のコマンドを実行します。

```
$ npm install -g yo generator-code
```

▶ひな形の生成

それでは、さっそく拡張機能のひな形を生成してみましょう。ターミナルで以下のコマンドを実行すると、VS Code Extension Generator が起動し、拡張機能の内容についての質問などが英語で表示されます。

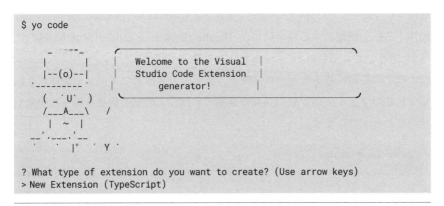

```
$ yo code


     _-----_
    |       |    ╭──────────────────────────╮
    |--(o)--|    │   Welcome to the Visual  │
   `---------´   │   Studio Code Extension  │
    ( _´U`_ )    │        generator!        │
    /___A___\   /╰──────────────────────────╯
     |  ~  |
   __'.___.'__
 ´   `  |° ´ Y `


? What type of extension do you want to create? (Use arrow keys)
> New Extension (TypeScript)
```

注2）インストール方法は第12章を参照してください。

```
New Extension (JavaScript)
New Color Theme
New Language Support
New Code Snippets
New Keymap
New Extension Pack
New Language Pack (Localization)
New Web Extension (TypeScript)
New Notebook Renderer (TypeScript)
```

　上から順に質問に答えていきましょう。たとえば、以下は次章で説明するようなTypeScriptで作成する拡張機能（markdown-goplay）の回答例です。「?」の後ろに回答を入力します。

```
# どんな拡張機能を作りたいのか
? What type of extension do you want to create? New Extension (TypeScript)
# 拡張機能の名称
? What's the name of your extension? markdown-goplay
# 拡張機能の識別子
? What's the identifier of your extension? markdown-goplay
# 拡張機能の説明
? What's the description of your extension? it runs go source in markdown an
d writes output.
# git initを実行するか
? Initialize a git repository? Yes
# webpack を使ってソースコードをまとめるか
? Bundle the source code with webpack? (y/N) y
# npmとyarnのどちらのNode.jsのパッケージマネージャを使うか
? Which package manager to use? npm
# いまVS Codeで開くかどうか
? Do you want to open the new folder with Visual Studio Code? Open with `code`
```

　このとき、拡張機能の識別子はすべて英字小文字で、記号はハイフン-のみを使うようにしてください[注3]。また、第8章でも紹介したVS Code for Webでも動作する拡張機能にする場合には、「Bundle the source code with webpack?」に「y」と回答してください。

　すべての質問に答えると、拡張機能の識別子の名称でフォルダーが作成されます。このフォルダーでVS Codeを起動すれば、この拡張機能を使って開発を始めることができます。

```
$ cd markdown-goplay
$ code .
```

注3）　これはnpmパッケージ名の制約です。

ここで生成されたひな形には以下のものが含まれています。

- **README.md**：拡張機能の説明を記述する Markdown ファイル。公開時には、拡張機能のページにこのファイルのテキストが表示される
- **package.json**：拡張機能のマニフェスト
- **src/extension.ts**：拡張機能の起動時に実行されるエントリープログラム
- **src/test**：ユニットテスト
- **.vscode/launch.json**：デバッグ実行の設定

「マニフェストファイル」と呼ばれる package.json については次項で解説します。また、extension.ts からは **vscode** モジュールが参照できます。このモジュールの関数を実行することで VS Code の API にアクセスします。**vscode** モジュールについては次章で説明します。

なお、カラーテーマやスニペットなど、プログラムを実行しない設定ファイルだけの拡張機能の場合は、extension.ts は不要です。

▶マニフェストファイル

生成されたひな形のうち、マニフェストファイル（package.json）は拡張機能の動作を定める重要なファイルです。拡張機能は、ここに記述されたマニフェストをもとに以下の手順で実行されます。

1. マニフェストの "contributes" に記述されている「拡張機能が動作するポイント」（前節のコントリビューションポイント）に従って、コマンド、メニューなどの追加が行われる
2. マニフェストの "activationEvents" に記述された「拡張機能を有効化するイベント」（コマンドの実行や、特定の拡張子のファイルのオープンなど）が行われると、"main" に設定した src/extension.ts の activate 関数が実行される
3. activate 関数の中で、関数をコマンドとして登録するなど、拡張機能の初期化を行う
4. コマンドの場合、3 で登録した関数が実行される

　1のコントリビューションポイントの種類については、前節ですでに説明したとおりです。さらに、拡張機能の初期化を2のイベントまで遅らせる機能のおかげで、VS Code は複数の拡張機能をインストールしていても起動の処理が重くなりすぎないようになっています。

　たとえば、次章で実装する markdown-goplay のマニフェストファイルは以下のようになっています。

```json
// package.json
{
  "name": "markdown-goplay",

  // 拡張機能が動作するポイント
  "contributes": {
    "commands": [
      {
        "command": "markdown-goplay.execute-cursor",
        "title": "markdown-goplay"
      }
    ],
    "configuration": {
      "title": "Markdown Goplay",
      "properties": {
      "markdownGoplay.workdir": {
        "type": "string",
        "default": "",
        "description": "Workdir for go run."
      }
    }
  }
  },
  // 拡張機能を有効化するイベント
  "activationEvents": [
      "onCommand:markdown-goplay.execute-cursor"
  ],
  // 拡張機能を起動するactivate関数を持つモジュール
  "main": "./out/extension.js"
}
```

　ファイル名からもわかるように、VS Code の拡張機能のマニフェストは、npm パッケージのマニフェストに複数の項目を追加したものになっています。マニフェストファイルに記述する代表的な項目を以下に挙げます。

- 必須項目
  - **"name"**：拡張機能の識別子
  - **"version"**：major、minor、patch の3桁のバージョン

- **"publisher"**：拡張機能の作成者
- **"engine"**：対応する VS Code のバージョン
- 依存モジュールに関する項目
  - **"dependencies"**：拡張機能の実行に必要な npm パッケージ
  - **"devDependencies"**：拡張機能の開発に必要な npm パッケージ
  - **"extensionDependencies"**：依存する VS Code の拡張機能。"publisher. extension-name" の形式で記述する
- 拡張機能の動作を決める項目
  - **"contributes"**：コントリビューションポイント
  - **"activationEvents"**：初期化イベント
  - **"main"**：拡張機能のエントリーポイント。TypeScript のパス（src/extension. ts）ではなく、JavaScript のパス（out/extension.ts）を指定する必要がある
  - **"scripts"**：npm パッケージのインストール前後などに実行するスクリプト

　必須項目もありますが、多くの項目はYeomanが生成してくれます。コントリビューションポイントなど動作を決める項目についても、拡張機能を作成しながら変更できます。このほか、拡張機能のマーケットプレイスでの公開に必要な項目は第17章で解説します。

　このうち、コントリビューションポイント（**"contributes"**）は、前節に挙げたものを用います。

　また、初期化イベント（**"activationEvents"**）に以下のようなものがあり、作成する拡張機能の種類に合わせて設定します。

- **"*"**：VS Code 起動時
- **"onStartupFinished"**：VS Code 起動時に起動する拡張機能がすべて起動し終わったとき
- **"onLanguage:<言語の識別子>"**：その言語のソースコードが開かれたとき
- **"workspaceContains:<Glob ファイルパス>"**：ワークスペースに特定のファイルがあるとき
- **"onDebug"**：デバッグを開始したとき。デバッグに関してはほかに 2 つのイ

ベントがある[注4]

- "onFileSystem":＜ファイルシステムの識別子＞：特定のファイルシステムを読み込んだとき（"ftp"、"ssh"が使われる）
- "onView:＜ビューの識別子＞"：ビューが表示されたとき
- "onUri:<URI>"：拡張機能がほかの拡張機能を呼び出すときなどには、URIをベースに呼び出される。指定したURIが呼び出されたとき
- "onWebviewPanel:＜Webビューパネルの識別子＞"：Webビューパネルが表示されたとき
- "onCustomEditor:＜カスタムエディタの識別子＞"：カスタムエディタが表示されたとき

なお、カラーテーマなどTypeScriptを用いない場合やcontributesに記述したコマンドがある場合には、実行時に起動されるため設定は不要です。また、*を設定することでVS Codeの起動と同時に拡張機能が起動するようになります。

▶デバッグ実行のしかた

最後に、拡張機能のデバッグ実行のしかたにも触れておきます。

先ほど作成したひな形では、拡張機能をデバッグ実行する設定が.vscode/launch.jsonに含まれています。拡張機能ビューのデバッグの設定には、以下のふたつの設定が追加されています。

- **Run Extension**：デバッグ実行する
- **Extension Test**：src/testのMochaのユニットテストを実行する

この拡張機能を実行するには、「Run Extension」を選びデバッグ実行を開始します。するとVS Codeの新しいウィンドウが開き、そのウィンドウでは開発中の拡張機能がインストールされた状態になっています（**図15-1**）。拡張機能を変更した場合には、デバッグ実行を再起動する必要があります。

[注4) https://code.visualstudio.com/api/references/activation-events#onDebug

図15-1：拡張機能のデバッグ実行

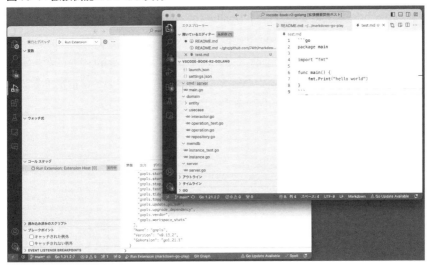

▶VS Code for Webで動く拡張機能にするには

VS Code for Webは、デスクトップ版やGitHub Codespacesで使えるVS Codeとは異なり、拡張機能のすべての機能をブラウザ上で実行する必要があります。そのためには、以下の項目を満たしていなければなりません。

- NodeJSのAPIを使わないこと
- webpackなどで、依存するライブラリを1ファイルのJavaScriptにまとめる（バンドルする）こと
- package.jsonの"browser"に、バンドルされたJavaScriptのパスを指定すること
- ファイルの追加や削除などのファイルシステムへの操作は、すべてVS Code ファイルシステムAPIを使用すること[注5]

したがって、ほかのツールを使用せずVS Code内だけで動く拡張機能であれ

注5）エディターで開いているファイルの編集は、通常の拡張機能と同じく第16章で説明するvscode.TextEditor 型を使います。

ば、webpackによるバンドルを行うことで実現できます。先ほども解説したとおり yo code コマンド中の質問「Bundle the source code with webpack?」に「y」と答えておけば、package.json中の拡張機能のエントリーポイントを指定する "main" プロパティにwebpackでバンドルされたJavaScriptのパスが指定された状態になっています。このパスを "browser" プロパティに指定することで、VS Code for Webでも動作するようになります。

```
// package.json
{
  "name": "sample-extension",
  // ...

  "browser": "./dist/extension.js",

  //...
}
```

　外部ツールの不要な拡張機能を作る場合には、ぜひVS Code for Webでも動作するように設定してみてください。

## 第16章

実践・拡張機能開発
テキスト編集、スニペット、リント、カラーテーマ、WebView

本章では、以下の4種類の拡張機能を開発する実例を紹介します。

- エディターのテキストを編集する拡張機能
- スニペットを提供する拡張機能
- リントツールをサポートする拡張機能
- カラーテーマの拡張機能
- WebViewを使った拡張機能

また、最後の「新しいUIを提供する拡張機能の開発」では、上記5つでは扱っては扱っていないけれどVS Codeで使えるUIを紹介します。

本書ではすべてのコントリビューションポイントやUIについては解説できませんが、開発の流れについては十分に理解できるでしょう。

テキストを編集する拡張機能の開発

本節では、前章で作成したひな形を用いて、コマンドを実行してテキストを編集する拡張機能を実際に作ってみます。

作成する拡張機能「markdown-goplay」は、Markdown中のGoのソースコードを実行して、実行結果をそのMarkdownに貼り付ける機能を持っています。この拡張機能のコマンドを実行すると、以下のように動作します。

1. Markdown中のカーソルの箇所のGoのソースコードを検出する
2. そのソースコードをもとにgo runコマンドを実行する
3. コマンドの実行結果をMarkdownのソースコードの下に追加する

　またこのとき、go runを実行するときのワーキングフォルダーを、ユーザー
設定で指定できるようにしておくと便利でしょう。

　たとえば、以下のようなMarkdownの文書があったとします。

```go
package main

import "fmt"

func main() {
    fmt.Print("Hello World");
}
```

　ソースコードの中にカーソルを移動したうえでこの拡張機能のコマンドを実
行すると、次のようになります。

```go
package main

import "fmt"

func main() {
    fmt.Print("Hello World");
}
```
```
Hello World
```

　拡張機能は以下の手順で実装していきます。

1. マニフェストの"contributes"にコマンドを追加する
2. マニフェストの"activationEvents"にイベントを追加する
3. 拡張機能の初期化処理のためのコマンドを追加する
4. エディター中のテキストからGoのソースコードを抽出する関数を実装する
5. go runを実行する環境設定を読み込む
6. 拡張機能から外部コマンド（go run）を実行する関数を実装する
7. 結果をエディターに書き込む関数を実装する

　なお、ソースコード全体については以下のリポジトリで公開していますので、必要に応じて参照してください。

URL https://github.com/74th/vscode-book-r2-markdown-goplay

▶ マニフェストの"contributes"にコマンドを追加する

　まずはコントリビューションポイントを設定します。コマンドパレットから実行できるコマンドを追加するためには、マニフェストの"contributes"の、"commands"の箇所にコマンドを追加します。

　前章で作成したひな形では、以下のとおりサンプルのコマンドが実装されています。

```
// package.json

{
  // ...
  "contributes": {
    "commands": [
      {
        "command": "extension.helloWorld",
        "title": "Hello World"
      }
    ]
  }
  // ...
}
```

　この識別子 "extension.helloWorld" のコマンドは、コマンドパレットからは「Hello World」という名前で使えるようになっています。このように、コマンドの識別子は<拡張機能の識別子>.<コマンド名>という組み合わせとすることが一般的です。

　これにならって、このサンプルを "markdown-goplay.execute-cursor" という識別子のコマンドに書き換えます。

```
// package.json

{
  // ...
  "contributes": {
```

```
    "commands": [
      {
        "command": "markdown-goplay.execute-cursor",
        "title": "markdown-goplay: go run code block at cursor"
      }
    ]
  }
  // ...
}
```

保存してからデバッグ実行して、コマンドパレットから「markdown-goplay: go run code block at cursor」というコマンドを探してみると、すぐに見つかります（**図16-1**）。ただし、この状態でコマンド「markdown-goplay: go run code block at cursor」を実行しても、まだ内容が実装されていないためエラーが表示されます。

図16-1：コマンドパレットに追加されたコマンド

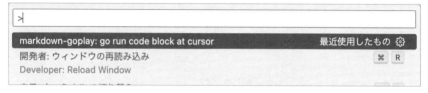

▶マニフェストの"activationEvents"にイベントを追加する

続いて、拡張機能の初期化のタイミングを"activationEvents"に追加します。

前章でも触れたとおり、VS Codeを起動したときに拡張機能を初期化することもできます。しかしVS Codeの起動時間を短縮するためにも、コマンド実行などは必要になったときに初期化するほうが適切です。コマンドを提供する拡張機能の場合には「コマンドをはじめて実行した時に拡張機能を起動する」という仕様になっています。そのため本来は"activationEvents"の設定は必要ありませんが、説明のため、あえて「Markdownファイルを開いたときに拡張機能を起動する」設定をここで行います。

ある言語のファイルをエディタで開いたときに起動するには"onLanguage:<言語ID>"の項目を追加します。

```
// package.json

{
  // ...
  "activationEvents": [
    "onLanguage:markdown"
  ],
  // ...
}
```

　再び拡張機能をデバッグ実行で起動し、Markdownファイルを開くと、拡張機能が初期化されたことを示すログがデバッグコンソールで確認できます（**図16-2**）。このログを出力するコードは、ひな形に含まれているsrc/extension.tsに実装されています。

図16-2：拡張機能が初期化されたことを示すログ

```
// src/extension.ts

export function activate(context: vscode.ExtensionContext) {

  console.log('Congratulations, your extension "markdown-goplay" is now active!');
  // ...
}
```

　"activationEvents"に記述したイベントが実行されると、このactivate関数が呼び出されます。そして、この中で拡張機能の初期化を行います。初期化中はステータスバーに「拡張機能をアクティブ化しています（Activating Extension）」と表示されます（**図16-3**）。activate関数を抜けると初期化が完了したとみなされ、選択したコマンドが実行されます。

実践・拡張機能開発

図16-3：拡張機能の初期化中

▶初期化処理にコマンドを追加する

次に、VS Codeのコマンドと TypeScriptの実装とを紐付けます。

src/extension.tsに "extension.helloWorld" のコマンドを追加する実装が含まれています。この実装と同様に、vscode.commands.registerCommand()を用いて、目的のコマンドを追加します。

```
// src/extension.ts

export function activate(context: vscode.ExtensionContext) {

  console.log('Congratulations, your extension "markdown-goplay" is now active!');

  let disposable = vscode.commands.registerCommand('markdown-goplay.execute-cursor', () => {
    // コマンドの実処理
    vscode.window.showInformationMessage('Hello World from markdown-goplay!');
  });

  context.subscriptions.push(disposable);
}

export function deactivate() {}
```

コマンドが実行されたときの処理はregisterCommandのコールバックとして実装します。このように、新たなコマンドを追加した場合には、拡張機能を初期化したコンテキストが終了したときにコマンドで使われていたリソースも削除されるよう、context.subscriptions.push(disposable)を実行します。

再びデバッグ実行を開始して拡張機能を起動し、表示されたVS Codeでコマンド「markdown-goplay: go run code block at cursor」を実行すると、今度は実装した関数が実行され、メッセージが表示されます（**図16-4**）。

図16-4：コマンドの実処理の箇所が実行されている

▶リファクタリング

次のステップに移る前に、メインの機能を実装するコードと拡張機能の初期化を行うコードを以下のとおり分割しておきましょう。

- **src/extension.ts**：拡張機能の初期化処理
- **src/goplay/main.ts**：メインの機能を実現するMarkdownGoplayクラス

まず、メインの機能を実現するクラスをMarkdownGoplayとしてsrc/goplay/main.ts上に作成します。

```
// src/goplay/main.ts

import * as vscode from 'vscode';

/**
 * Markdown内のGoコードの実行する
 */
export class MarkdownGoplay {
    public run = () => {
    }
}
```

次に、これまでの拡張機能の初期化処理をsrc/extension.tsに残したうえで、初期処理にMarkdownGoplayクラスのインスタンスを作成し、さらにコマンド実行時にMarkdownGoplayインスタンスのrunメソッドを実行するようにします。

```
// src/extension.ts

import * as vscode from 'vscode';
import { MarkdownGoplay } from './goplay/main';

export function activate(context: vscode.ExtensionContext) {
```

```
  console.log('Congratulations, your extension "markdown-goplay" is now active!');

  const main = new MarkdownGoplay();

  const disposable = vscode.commands.registerCommand(
    "markdown-goplay.execute-cursor",
    () => {
        main.run();
    }
  );

  context.subscriptions.push(disposable);
}

export function deactivate() {}
```

　これでMarkdownGoplayのrunメソッドに拡張機能のメイン機能を実装できます。

▶エディター中のテキストから Goのソースコードを抽出する関数を実装する

　続いて、編集中のドキュメントのテキストを取得する処理に進みます。

PositionとRange

　実装の前に、VS Codeでのドキュメント中のテキストの扱い方について触れておきます。

　VS Codeでドキュメント中のテキストの位置と範囲をやりとりするためのインターフェイスは、vscode.Position型[注1]とvscode.Range型[注2]があります。

　vscode.Positionは行と文字数で決まるドキュメント中の位置です。カーソルの位置や、テキストを挿入する位置の引数に使われます。もう一方のvscode.Rangeは、2つのvscode.Positionの範囲を表します。テキストを取得するときや、選択範囲を示すときに使われます。

```
// 10行目の20文字目を示すPosition
const p1 = new vscode.Position(10, 20);
console.log("行数: " + p1.line); // 行数: 10
```

注1）https://code.visualstudio.com/api/references/vscode-api#Position
注2）https://code.visualstudio.com/api/references/vscode-api#Range

```
console.log("文字数: " + p1.character); // 文字数: 20

// 30行目の0文字目を示すPosition
const p2 = new vscode.Position(30, 20);

// p1とp2の範囲を示すRange
const r = new vscode.Range(p1, p2);
console.log("開始地点: " + r.start.line + ", " + r.start.character) // 開始地
点: 10, 20
console.log("終了地点: " + r.end.line + ", " + r.end.character) // 終了地点:
30, 20
```

以降の実装では、これらを使ってテキストの読み込みなどを行います。

ドキュメントのカーソル位置から、テキストを読み込む

あらためて、ドキュメントからGoのソースコードを抽出する処理を実装していきます。

拡張機能を実行しているVS Codeのインスタンスはvscode.window[注3]にまとまっています。ここに含まれるプロパティのうち、現在アクティブなテキストエディター(複数ビューでテキストエディターを開いている場合、実際にカーソルが表示されているテキストエディター)は、vscode.window.activeTextEditorというvscode.TextEditor型[注4]のインスタンスになります。vscode.TextEditor型は、以下のようなエディターの状態を示すプロパティを持ちます。なお、以降、本節でプロパティやメソッド、メソッドの引数を紹介する際には、プロパティ名: プロパティの型やメソッド名(メソッドの引数名: 引数の型): メソッドの戻り値の型といった形で表記します。

- **document: vscode.TextDocument**：このエディターで開いているドキュメントを示すプロパティ。vscode.TextDocument型は以下のようなプロパティとメソッドを持つ
  - **uri**：ファイルパスを示すURI
  - **lineCount: number**：ドキュメント全体の行数を示すプロパティ
  - **eol: vscode.EndOfLine**：改行コードの識別子を示すプロパティ。vscode.EndOfLine.CRLFまたはvscode.EndOfLine.LFのどちらか

注3) https://code.visualstudio.com/api/references/vscode-api#window
注4) https://code.visualstudio.com/api/references/vscode-api#TextEditor

- **lineAt(line: number): vscode.TextLine**：指定した行番号のテキストを取得
  するメソッド。vscode.TextLine型で取得できて、内包するテキストは
  textというプロパティにstring型で格納されている
- **getText(range?: vscode.Range): string**：指定した範囲のテキストを取得
  するメソッド
- **selection: vscode.Selection**：カーソル、もしくはカーソルの選択範囲を示
  すプロパティ。vscode.Selection型は以下のようなプロパティを持つ
  - **active: vscode.Position**：エディターの指しているカーソルの位置

　selectionから現在のカーソルの位置を取得し、documentからソースコー
ドを抽出するという流れで実装できます。このソースコードの抽出を
detectSourceメソッドとしてMarkdownGoplayクラスに作成しましょう。

　detectSourceメソッドは、引数として現在開いているエディター(vscode.
window.activeTextEditor)を渡し、戻り値として抽出したGoのテキストと、
最後の行番号を戻します。最後の行番号を示す変数は、Goのコードを実行した
あとに実行結果を書き込む位置として使用します。

```
// src/goplay/main.ts

import * as vscode from 'vscode';

/**
 * Markdown内のGoコードを実行する
 */
export class MarkdownGoplay {

  /**
   * Goのソースコードが見つからないことを示すエラー
   */
  class NotFoundCodeSectionError extends Error { }

  /**
   * Markdownの中のソースコード抽出
   * @param editor テキストエディター
   * @returns コード, 末尾の行数
   */
  private detectSource = (editor: vscode.TextEditor): [string, number] => {
    // ここに機能を実装していく
  }
}
```

　まず、現在のカーソル位置を取得したうえで、このカーソル位置の前にある
ソースコードの開始記号(```go)と、カーソル位置の後ろにあるソースコード
の終了記号(```)のある行番号を読みとります。

　`editor.selection.active.line`で取得した行からMarkdownの先頭に向
かって1行ずつ読み取り、```goが含まれる行に至ると、これをMarkdownの
開始位置として変数`start`に記録します。同様に、Markdown中のコードの末
尾を示す```を探して`end`に記録します。これらには、`lineAt`の戻り値である
行のテキスト(`vscode.TextLine`型)の範囲を示す`range`(`vscode.Range`型)
を使うことができます。

```typescript
// src/goplay/main.ts

private detectSource = (editor: vscode.TextEditor): [string, number] => {
  // カーソルの行数
  const cursorLine = editor.selection.active.line;

  // Goのソースコードが開始する行の番号
  let start: vscode.Position | null = null;

  for (let i = cursorLine; i >= 0; i--) {
    // カーソル位置から上にソースコードの開始行を探す
    const line = editor.document.lineAt(i);
    if (line.text.startsWith("```go")) {
      start = editor.document.lineAt(i + 1).range.start;
      break;
    }
  }

  if (!start) {
    // 開始行が見つからない場合エラーにする
    throw new NotFoundCodeSectionError();
  }

  // Goのソースコードが終了する行の番号
  let end: vscode.Position | null = null;

  for (let i = cursorLine; i < editor.document.lineCount; i++) {
    // カーソル位置から下にソースコードの終了行を探す
    const line = editor.document.lineAt(i);
    if (line.text.startsWith("```")) {
      end = line.range.start;
      break;
    }
  }

  if (!end) {
    // 終了行が見つからない場合エラーにする
```

```
    throw new NotFoundCodeSectionError();
  }
}
```

　最初の行と最後の行の番号がわかったら、あとは抽出した範囲のテキストを
取得して、次の行番号とともに返します。

```
// src/goplay/main.ts

private detectSource = (editor: vscode.TextEditor): [string, number] => {
  // 中略

  // 抽出した範囲のテキストを挿入すべきGoのソースコードとする
  const code = editor.document.getText(new vscode.Range(start, end));
  // ソースコードの次の行番号を結果の挿入位置として返却する
  return [code, end.line + 1];
}
```

▶呼び出し元の実装と、エラーメッセージの表示

　続いて、実装したdetectSourceメソッドを、メインの処理であるrunメ
ソッドから呼び出します。また、エラーが発生したときには、ポップアップで
エラーメッセージを表示するようにします。これには、vscode.windowの
showErrorMessage()メソッドを使います。

```
// src/goplay/main.ts

/**
 * Markdown内のGoコードの実行のメイン処理
 */
public run = () => {
  if (!vscode.window.activeTextEditor) {
    // アクティブなテキストエディターがない場合実行しない
    return;
  }

  try {
    const editor = vscode.window.activeTextEditor;
    const [code, endLine] = this.detectSource(editor);

  } catch (e) {
    if (e instanceof NotFoundCodeSectionError) {
      vscode.window.showErrorMessage("Not found go code section.");
    }
  }
};
```

　ここまで実装したら、デバッグ実行をしてみましょう。Goのコードを含むMarkdownを開き、このコマンド「markdown-goplay: go run code block at cursor」を実行します。run関数の最後の行にブレークポイントを設定し、code、endLineに格納されている値を変数ビューで確認してみてください（図16-5）。正しく動作している場合、codeにMarkdown中のGoのソースコードが格納されていること、またendLineにはそのGoのソースコードの終了行の、次の行番号が格納されていることが確認できます。

図16-5：変数の値を確認する

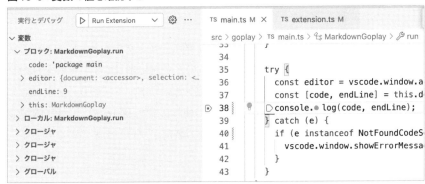

　正しく動作していない場合にはエラーが表示されるので、デバッグ実行を繰り返し、コードを修正します。

▶ユーザー設定を読み込む

　続いて、ユーザー設定を読み込んで、設定のフォルダーで`go run`を実行できるようにします。

　最初に、ユーザーが設定を追加できるよう、マニフェスト（package.json）の`"contributes"`に`"configuration"`を追加します。

```
// package.json

{
  // ...
  "contributes": {
    "commands": [
```

```
    // ...
  ],
  "configuration": {
    "title": "Markdown Goplay",
    "properties": {
      "markdownGoplay.workdir": {
        "type": "string",
        "default": "",
        "description": "Workdir for go run. When null, it uses a dir of th
e current file."
      }
      // ...
    }
  }
}
```

　"`title`"はGUIの設定画面の拡張機能をグルーピングするときに使われる文字列で、"`properties`"内に列挙されてるのが各設定項目です。それぞれのプロパティは、<拡張機能の識別子>.<項目名>というドット区切りの名前にします。この項目名は設定画面での項目名として使われます（**図16-6**）[注5]。JSONで設定を記述するときには、このドット区切りの名前がプロパティ名になります。

図16-6：追加された設定項目

　各項目には、デフォルト値（"`default`"）や説明文（"`description`"）のほか、以下のような"`type`"属性によってどのような設定値を入れられるかを指定できます。

・**boolean**：UIではチェックボックス、JSONではtrue/falseを入力する形式

注5）　項目名に複数の単語を使う場合にはキャメルケース（2つ目以降の単語の1文字目を大文字にする）を使います。

- **string**："enum"プロパティに要素が列挙されいる場合は選択肢になり、ない場合には自由記述になる形式
- **number**：数値
- **array**：JSONの配列
- **object**：JSONのオブジェクト。UIの設定画面では設定できない
- **null**：設定なし。ほかのtypeと組み合わせて、"type": ["null", "string"], といった形で使う

ユーザーによって設定されたこれらの値はvscode.workspace.getConfiguration(<拡張機能の識別子>)で取得できます。そこからさらに個別の設定内容を取り出すにはget(<項目名>)を使います。

ワーキングフォルダーの設定を読み取り、ディレクトリパスを返すgetWorkdirメソッドの実装は以下のとおりです。

```
// src/goplay/main.ts

/**
 * ワーキングフォルダーの取得
 * @returns ワーキングフォルダ
 */
private getWorkdir = (editor: vscode.TextEditor): string => {
  // 設定を取得する
  const conf = vscode.workspace.getConfiguration("markdownGoplay");
  // markdownGoplay.workdir
  const workdir = conf.get("workdir");
  if (workdir) {
      // 設定を取得した場合
      return workdir as string;
  }
  // 設定が取得できない場合、開いているファイルのあるフォルダーとする
  let fileDir = path.dirname(editor.document.uri.fsPath);
  return fileDir;
}
```

なお、getConfigurationメソッドに誤った識別子を指定した場合、undefinedが返ります。一方、ユーザがその設定値をユーザ設定に追加していない場合は、"default"に指定した値または"null"が返ります。今回はmarkdownGoplay.workdirの値が取得できない場合の処理として、開いているファイルのあるフォルダーを使うように実装しました。

▶拡張機能から外部コマンドを実行する関数を実装する

ワーキングフォルダーを取得したら、いよいよ go run の実行です。また、この際に何を実行したのかがわかるよう、パネルの出力タブにログを表示するようにします。

拡張機能のロジック中では Node.js の機能を使うことができます。また npm install --save を使ってインストールしたパッケージを使うことも可能です。今回は外部コマンドを実行できる child_process を使って、Go のコードを実行し、出力を string 型で戻すように実装します。そして、それを vscode.window.createOutputChannel(<出力の名前>) で作成した出力タブに表示させます。

この createOutputChannel は、OutputChannel インターフェイスを持つ出力チャンネルを返します。OutputChannel インターフェイスは以下のメソッドを持っています。

- **append(value: string)**：引数で指定したテキストを出力先に追加するメソッド
- **appendLine(value: string)**：引数で指定したテキストを出力先に追加し、末尾に改行を加えるメソッド
- **clear()**：出力したテキストを消去するメソッド
- **show()**：インスタンスの出力チャンネルを出力タブに表示するメソッド

今回は、appendLine メソッドで出力パネルへログを追加していきます。

それでは、コードを実行する runGoCode メソッドを MarkdownGoplay クラスに実装していきます。なお、ここで出力パネルを MarkdownGoplay クラスのコンストラクタで作成していることに注意してください。むやみに出力の数を増やさず、同じ拡張機能であれば同じ出力を使い続けるほうがよいからです。

```
// src/goplay/main.ts

import * as os from 'os';
import * as path from 'path';
import * as fs from 'fs';
```

```
export class MarkdownGoplay {

  private outputChannel: vscode.OutputChannel;

  constructor() {
    // パネルの出力タブにmarkdown-goplayを追加
    this.outputChannel = vscode.window.createOutputChannel(
        "markdown-goplay"
    );
  }

  // ...

  /**
   * goのコマンドの実行
   * @param code ソースコードのテキスト
   * @returns 出力
   */
  private runGoCode = (code: string, cwd: string): string => {
    // 前の出力を消去する
    this.outputChannel.clear();

    const codePath = path.join(os.tmpdir(), "main.go");
    fs.writeFileSync(codePath, code);
    const cmd = "go run " + codePath;


    // パネルの出力タブに実行コマンドを書き出す
    this.outputChannel.appendLine(cmd);

    try {
      // コマンドの実行
      const buf = child_process.execSync(cmd, { cwd });

      // 正常終了
      // 出力をパネルの出力タブに書き出す
      const stdout = buf.toString();
      this.outputChannel.append(stdout);
      return stdout;
    } catch (e) {
      // 異常終了
      // エラー出力をパネルの出力タブに書き出して、表示する
      this.outputChannel.append(e.stderr.toString());
      this.outputChannel.show();
      throw new ExecutionError();
    }
  }
  // ...
}
```

16

実践・拡張機能開発

ここまで実装できたら、これらのメソッドを順番に呼び出す run メソッドも
実装します。run を拡張機能のコマンドから実行するため、このメソッドはパ

ブリックメソッドにしてあります。

```
// src/goplay/main.ts

public run = () => {

  // 中略

  const editor = vscode.window.activeTextEditor;
  const [code, endLine] = this.detectSource(editor);
  const cwd = this.getWorkdir(editor);
  const output = this.runGoCode(code, cwd);
}
```

　以上の実装が完了したら、デバッグ実行をしてみてください。codePathや
cmdの値を確認し、意図どおり実行できているかをチェックします（図16-7）。

図16-7：デバッグ実行でcodePathとcmdの中身を確認する

▶エディターに書き込む関数を実装する

　最後に、エディターに出力結果を書き込む関数を実装します。

　テキストを編集するには、先ほども登場したvscode.TextEditor型の持つ、
editメソッドを使います。edit(callback: (editBuilder: TextEditorEdit)
=> void)というように、コールバック関数内でvscode.TextEditorEdit型を
使って処理を記述するため、難しく感じるかもしれません。しかし、VS Codeでは
複数の拡張機能が同時に動作していて、その一貫性を保持するため、テキストを
編集するにはこのようにする必要があります。

　vscode.TextEditorEditは以下のようなメソッドを持っています。

- **insert(location: Position, value: string)**：指定したPositionにテキストを挿入するメソッド
- **delete(location: Range)**：指定したRangeのテキストを削除するメソッド
- **replace(location: Range, value: string)**：指定したRangeのテキストを置換するメソッド

なお、edit メソッドのコールバック関数内では、editBuilder の処理を複数記述できますが、編集は同時に行われます。この関数内でも editor.document でテキストが参照できますが、変更途中のテキストは参照できないことに注意してください。

それでは、実行結果と挿入先の行番号を受け取ってテキストを挿入する appendMDText メソッドを MarkdownGoplay クラスに実装します。

```typescript
// src/goplay/main.ts

/**
 * Markdownテキストの追記
 * @param editor テキストエディター
 * @param targetLine 挿入先の行数
 * @param text 挿入するテキスト
 */
appendMDText = (editor: vscode.TextEditor, targetLine: number, text: string) => {
    let eol: string;
    switch(editor.document.eol){
        case vscode.EndOfLine.CRLF:
            eol = "\r\n";
        default:
            eol = "\n";
    }
    const outputText = "```" + eol + text + eol + "```" + eol;
    editor.edit((editBuilder) => {
        editBuilder.insert(new vscode.Position(targetLine, 0), outputText);
    });
}
```

edit メソッドのコールバック関数で渡される editBuilder を使って、テキストを追加します。ドキュメント中の挿入場所の指定には、ドキュメントを読み取るときにも使った vscode.Position 型を利用します。また、この処理には改行コードを追加する必要があるため、document に設定されている改行コードを参照しています。

あとは、このメソッドを MarkdownGoplay クラスのメソッド run に組み込む

だけです。

```ts
// src/goplay/main.ts

public run = () => {

  // 中略

  const editor = vscode.window.activeTextEditor;
  const [code, endLine] = this.detectSource(editor);
  const cwd = this.getWorkdir(editor);
  const output = this.runGoCode(code, cwd);
  this.appendMDText(editor, endLine, output);
}
```

　最後にもう一度デバッグ実行を行い、挿入したテキストが正常に動作している
か確認しましょう。正しく実行できていれば、**図16-8**のようなMarkdown中のGo
のコードに対してコマンド「markdown-goplay: go run code block at cursor」を実
行すると、出力結果が挿入されます。

図16-8：実行結果

```
⬇ test.md
 1   ```go
 2   package main
 3
 4   import "fmt"
 5
 6   func main() {
 7       fmt.Print("hello world")
 8   }
 9   ```
10   ```
11   hello world
12   ```
13
```

スニペットの拡張機能の開発

　本節では、第6章で紹介したスニペットを提供する拡張機能の作成手順を解
説します。
　VS Codeのマーケットプレイスでは、さまざまな言語やフレームワークの開
発を支援する、以下のようなスニペットの拡張機能が公開されています。

- **Python**[注6]：スニペットを含むPythonの拡張機能
- **Bootstrap 5 Quick Snippets**[注7]：CSSフレームワークであるTwitter Bootstrap 5のスニペット
- **PlantUML**[注8]：UMLダイアグラム作画ツールPlantUMLのスニペット

よく使うフレームワークやミドルウェアがあれば、頻出するコードのスニペットを活用することで、効率よく実装できます。そしてもし便利なスニペットを作ったなら、ぜひマーケットプレイスに公開してみてください。

なお、本節で開発する拡張機能のソースコードは以下のリポジトリで公開しています。必要に応じて参照してください。

URL https://github.com/74th/vscode-book-snippets-invoke

▶ひな形の生成

まずは前節までと同様にシェルで以下のコマンドを実行し、Yeomanの質問に答えることで拡張機能のひな形を作ります。

```
$ yo code
```

たとえばPythonタスクランナーのInvoke[注9]のスニペットを作成する場合、以下のように答えます。

```
# New Code Snipppetsを選ぶ
? What type of extension do you want to create? New Code Snippets
# TextMateのスニペットをインポートする場合、そのスニペットがあるフォルダーを入力する
# 通常は、空欄のままEnter
? Folder name for import or none for new:
# 拡張機能の名前
? What's the name of your extension? invoke-snippets
# 拡張機能の識別子
? What's the identifier of your extension? invoke-snippets
# 拡張機能の説明
? What's the description of your extension? snippets for python task runner i
nvoke
```

注6) https://marketplace.visualstudio.com/items?itemName=ms-python.python
注7) https://marketplace.visualstudio.com/items?itemName=AnbuselvanRocky.bootstrap5-vscode
注8) https://marketplace.visualstudio.com/items?itemName=jebbs.plantuml
注9) http://www.pyinvoke.org/

16
実践・拡張機能開発

421

```
# スニペットを有効化する言語名
Enter the language for which the snippets should appear. The id is an identi
fier and is single, lower-case name such as 'php', 'javascript'
? Language id: python
```

　このようにして作成されたスニペットの拡張機能のひな形は、以下の構成となっています。

- **README.md**：拡張機能の説明を記述するMarkdownファイル
- **package.json**：拡張機能のマニフェスト
- **snippets/snippets.json**：スニペットを記述するファイル
- **.vscode/launch.json**：デバッグ実行の設定

　マニフェストの内容は以下のとおりです。

```json
// package.json

{
  "name": "invoke-snippets",
  "displayName": "invoke-snippets",
  "description": "snippets for python task runner invoke",
  "version": "0.0.1",
  "engines": {
    "vscode": "^1.34.0"
  },
  "categories": [
    "Snippets"
  ],
  "contributes": {
    "snippets": [
      {
        "language": "python",
        "path": "./snippets/snippets.json"
      }
    ]
  }
}
```

　`"contributes.snippets"`には、対応する言語の識別子と、スニペットのファイルへのパスが書かれていることがわかります。対応する言語やファイル名を変更する場合には、マニフェストを編集してください。

▶スニペットの追加

スニペットの定義はsnippets/snippets.jsonに記述します。拡張機能でのスニペットの記述のしかたは第6章で紹介しているものと同じなので、詳細はそちらを参照してください。ここで追加するスニペットは以下のとおりです。

```
{
  "invoke-init": {
    "prefix": "invoke-init",
    "body":[
      "from invoke import task",
      "",
      "@task",
      "def ${1:task}(c):",
      "    $0"
    ],
    "description": "initial invoke"
  },
}
```

拡張機能をテストするには、 F5 キーを押してデバッグ実行を開始し、表示される新しいウィンドウで指定した言語のファイルを開きます。スニペットは、指定した言語のファイルを開いているときのみ有効になるので、気をつけてください。

実際にPythonファイル(tasks.py)を編集してみると、**図16-9**のようにスニペットが有効になっていることが確認できます。

図16-9：init-invoke のスニペットの確認

スニペットの拡張機能の作成は、基本的にはこれだけで完了です。言語用の拡張機能に同梱することなどは容易なのですが、エディターの利便性がぐんと上がるので拡張機能作成の際にはぜひ試してみてください。

リントの拡張機能開発

　新しいリントツールを導入しようとしたときに、第6章で紹介したリント機能をサポートするVS Codeの拡張機能があると便利です。本節では、行の長さを検出する「Line length linter」（以降、lll）[注10]を例に、リントツールの拡張機能の開発方法を解説します。

　なお、ソースコード全体については以下のリポジトリで公開していますので、必要に応じて参照してください。

URL https://github.com/74th/vscode-book-r2-line-length-linter
/tree/main/as-task-provider

▶リントの拡張機能の実現方法

　リントツールをサポートする拡張機能を実装する方法は3通りあります。

1. タスクプロバイダとして作成する
2. ドキュメントに診断（Diagnostics）を追加する拡張機能として作成する
3. 診断（Diagnostics）を提供する言語サーバー（Language Server）として作成する

　1のタスクプロバイダは、npmなどの外部タスクランナーを利用するときに、そのタスクランナーをVS Codeのタスクとして呼び出せる機能です。タスクプロバイダとしてリントツールを提供すると、タスクを使ってリントツールを実行できるようになります。また、問題マッチャーを指定すれば、実行後に結果をパネルの問題タブやコード上に表示できます。

　2は、リントツールを通常の拡張機能の中で実行し、エラー箇所をファイルの診断（Diagnostics）に追加する方法です。診断に追加されたリントエラーは、問題ビューとソースコード中に表示されます。コマンドを実行したときにリントツールを実行するだけではなく、ファイルを開いたり保存したりするイベン

注10) https://github.com/walle/lll

トで実行することもできます。ただし、診断として実装する場合には問題マッチャーは使えません。ソースコード中にエラーを表示するにはリントツールの出力をTypeScriptで読み取る必要があります。

　3は、2の診断の実装を拡張機能としてではなくLSP（Language Server Protocol）を介して動作する言語サーバー（Language Server）として実装する方法です。現在では多くの拡張機能が言語サーバーとして実装されています。したがって、言語サーバーとそれを呼び出す拡張機能を作成することになります。こうしておくことで、VS Code以外のLSPをサポートするエディターでも使えるようになります。この方法については、第18章でLSPを用いた拡張機能の作り方として説明します。

　リントツールの出力からのエラーの検出が問題マッチャー（正規表現を使ったエラーの検出）だけでできるようであれば、1のタスクプロバイダとしての実装が手軽です。保存のタイミングや、ファイルを開いたタイミングで自動的にリントツールを実行したり、リントツールの出力をTypeScriptを使って解析する必要がある場合には、3の言語サーバーとして実装するほうがよいでしょう。

▶タスクプロバイダの基本

　第6章で、既存のタスクランナーを検出し、特に設定せずにタスクを実行できる機能を紹介しました。この検出を行っているのがタスクプロバイダです。本節では、拡張機能として新しいタスクプロバイダを作っていきます。

　タスクプロバイダの仕様には、ワークスペースからファイルや設定を読み取ってタスクを生成する`provideTasks`関数と、タスクの設定（tasks.json）からVS Codeで実行可能なタスクに変換する`resolveTask`関数があります。タスクプロバイダの`provideTasks`が呼び出される手順は以下のようになります。

1. ユーザーが「タスクの実行」を行う
2. VS Codeがタスクプロバイダの`provideTasks`を呼び出す。タスクプロバイダは、ワークスペースのファイルや設定を読み取りタスクの一覧を返す
3. タスクの一覧が表示され、ユーザーが実行するタスクを選択する
4. VS Codeがタスクのコマンドを実行する
5. VS Codeがコマンドの出力から問題マッチャーで警告、エラーを抽出する

6. 警告、エラーがパネルの出力タブとソースコード上に表示される

図16-10：provideTasksが呼び出される流れ

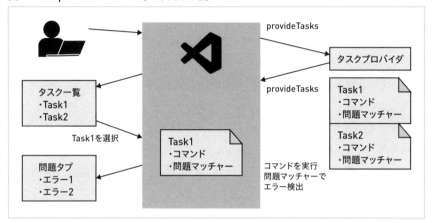

　このように、タスクプロバイダの仕事はタスクの一覧を作成して返すだけです。それ以降の仕事は、VS Codeによるコマンド実行と問題マッチャーに任せています。

　実装の手順は以下のとおりです。タスクプロバイダはTypeScriptとして、問題マッチャーはマニフェストの属性として実装します。

1. Yeomanを実行して拡張機能のひな形を作る
2. マニフェストの"contributes"に以下の項目を追加する
   * リントツールを示す「タスク定義（taskDefinitions）」
   * リントツールの出力結果を解析する「問題マッチャー（problemMatchers）」
3. ワークスペースを読み取って目的のリントコマンドを実行するタスクプロバイダを実装する
4. タスクプロバイダとして登録する処理を実装する

▶ひな形の作成とマニフェストの編集

　これまでと同様にYeomanを実行して、TypeScriptの拡張機能としてひな形

を作成します。

```
$ yo code
```

それぞれの質問には、以下のように答えます。

```
# どんな拡張機能を作りたいのか
? What type of extension do you want to create? New Extension (TypeScript)
# 拡張機能の名称
? What's the name of your extension? line length linter
# 拡張機能の識別子
? What's the identifier of your extension? line-length-linter
# 拡張機能の説明
? What's the description of your extension? line length linter
# git initを実行するか
? Initialize a git repository? Yes
# npm と yarn のどちらのNode.jsのパッケージマネージャを使うか
? Which package manager to use? npm
```

そして、マニフェストを以下のように編集します。

```json
// package.json

{
  "name": "line-length-linter",
  "displayName": "line length linter",
  "description": "line length linger",
  "version": "0.0.1",
  "engines": {
    "vscode": "^1.29.0"
  },
  "categories": [
    "Linters"
  ],
  "activationEvents": [],
  "main": "./out/extension.js",
  "contributes": {
    "taskDefinitions": [
      {
        // 拡張機能のタスクのタイプを"lll"と定義
        "type": "lll",
        // tasks.jsonで設定するパラメータ
        // 書式はconfigurationと同じ
        // resolveTask関数で使用される
        "properties": {},
        // tasks.jsonで設定する必須パラメータ
        // resolveTask関数で使用される
        "required": [],
      }
    ],
    "problemMatchers": [
```

```
    {
        // 拡張機能の問題マッチャーを"$lll"と定義
        "label": "$lll",
        // tasks.jsonの問題マッチャーと同じ仕様
        "name": "lll",
        "source": "lll",
        "severity": "warning",
        "pattern": [{
            "regexp": "^([^\\s]+):(\\d+): (.*)$",
            "file": 1,
            "line": 2,
            "message": 3
        }]
    }
    ]
},
// ...
}
```

コントリビューションポイント("contributes")にはタスク定義("task Definitions")を使います。この"type"プロパティには、タスクの設定(tasks. json)で指定する"type"プロパティに使うタスクの種類を識別する名称を入れます。機能名やツールの名称を使うとよいでしょう。

"properties"や"required"は、コード補完で出てくるプロパティの名称を設定します。指定のしかたは、本章ですでに紹介したユーザー設定の記述のしかたと同じです。

拡張機能の起動タイミングである"activationEvents"は[]の空の指定でかまいません。コントリビューションポイントにタスク定義が設定されている場合、タスクの実行時に自動的に起動されます。

また、このコマンドの出力を解析してエラーとして登録する問題マッチャーも作成しています。問題マッチャーについては第6章も参照してください。

▶タスクプロバイダの作成

続いて、lllコマンドのタスクプロバイダを作成します。タスクプロバイダ(vscode.TaskProvider)は以下の2つのメソッドを持つクラスになります。

- **provideTasks(): ProviderResult**：自動検出のタスクを作成する関数を指定するメソッド
- **resolveTask(task: Task): ProviderResult**：タスク設定(tasks.json)からタス

クを作成する関数を指定するメソッド。引数にはタスク設定のタスクが渡
されて呼び出される

どちらにも vscode.Task 型が使われています。VS Code のタスクはこの Task
型[注11] のオブジェクトを使って表現されています。

Task のコンストラクタは以下のような引数を持ちます。

- **taskDefinition: TaskDefinition**：タスク定義。マニフェストで定義したタス
  ク定義と同じものを指定する
- **scope: WorkspaceFolder**：タスクのスコープ
- **name: string**：タスクの名称
- **execution?: ShellExecution**：タスクで実行されるシェルコマンド
- **problemMatchers?: string**：問題マッチャーの名前

このうち、TaskDefinition 型は個々のタスク定義を識別する識別子をプロ
パティとして持つオブジェクトです。マニフェストの contributes に登録し
たタスク定義と同じものを登録します。

ワークスペースのフォルダー（WorkspaceFolder）は、vscode.workspace.
workspaceFolders から取得できます。今回の例ではワークスペースごとにタ
スクを作成し、ユーザーが選べるようにします。

name と source は、タスク一覧としてユーザーに表示される名称です。name
には個々のタスクの名前を、source にはリントツールの名前などのタスク定
義の名前をそれぞれ入力します。

ShellExecution はコマンドをシェルから実行する際に必要なオプションで、
このあと解説します。

そして、problemMatchers には、マニフェストで定義した問題マッチャー
の名前を入れます。

注11）https://code.visualstudio.com/api/references/vscode-api#Task

ShellExecution型のオブジェクトの作成

今回は lll コマンドをシェルから実行するため、Task のコンストラクタの引数に ShellExecution 型[注12]のオブジェクトを指定する必要があります。ここで ShellExecution のオブジェクトを作成する createCommand 関数を実装しておきます。

ShellExecution のコンストラクタは以下のような引数を持ちます。

- **command: string**：コマンド
- **args: string[]**：引数
- **options? ShellExecutionOptions**：オプション

このうち ShellExecutionOptions はコマンド実行時の環境を指定するオブジェクトで、以下のプロパティを持ちます。

- **cwd?: string**：ワーキングディレクトリ
- **env: env?: { [key: string]: string }**：環境変数

実装した createCommand 関数では、引数としてワークスペースフォルダーのオブジェクトを受け取り、それを ShellExecution のカレントディレクトリ（cwd）に指定しています。

```
// src/extension.ts

/**
 * シェルコマンドを作成する
 */
function createCommand(scope: vscode.WorkspaceFolder):vscode.ShellExecution {
  return new vscode.ShellExecution(
    // プログラム
    "lll",
    // 引数
    [".", "--skiplist", "node_modules"],
    // コマンドの設定
    { cwd: scope.uri.fsPath }
  );
}
```

注12) https://code.visualstudio.com/api/references/vscode-api#ShellExecution

provideTasksとresolveTaskの実装

これでタスクを作成する準備ができたので、`provideTasks()`関数を実装します。今回の例では「lll コマンドをワークスペースのルートフォルダーで実行するタスク」だけを登録します。コンストラクタの引数についてはすでに述べたとおりです。

```typescript
// src/extension.ts

/**
 * 自動検出タスクを作成する
 */
async function provideTasks(): Promise<vscode.Task[]> {

  const tasks: vscode.Task[] = [];

  if (!vscode.workspace.workspaceFolders || vscode.workspace.workspaceFolders.length === 0) {
    // ワークスペースがあるかどうかのチェック
    return tasks;
  }

  for (const workspaceFolder of vscode.workspace.workspaceFolders) {
    // ワークスペースごとのタスクを生成

    // タスク定義
    // package.jsonのtaskDefinitionsの名前を入れる
    const taskDefinition = { type: "lll" };

    let task = new vscode.Task(
      // タスク定義
      taskDefinition,
      // タスクスコープ（Global、Workspaceなど）
      // ワークスペースの場合、ワークスペースフォルダーを登録する
      workspaceFolder,
      // タスク一覧で表示される名前
      "lint " + workspaceFolder.name,
      // タスクの作成元の名前（タスク定義の名前を入れる）
      "lll",
      // シェルコマンド
      createCommand(taskDefinition, workspaceFolder),
      // 問題マッチャーの名前
      "$lll"
    );
    tasks.push(task);
  }
  return tasks;
}
```

タスク定義には、コントリビューションポイントのタスク定義の識別子を入

力します。また、問題マッチャーの名前には、マニフェストのコントリビュー
ションポイントの問題マッチャーの識別子$lllを指定します。コマンドを実
行したときの出力が問題マッチャーで評価され、エラーを抽出すると、パネル
の問題タブに表示されるようになります。

　続いて、タスク設定（tasks.json）からタスクを作成するresolveTask()も実
装します。引数のタスクはユーザーがタスク設定.vscode/tasks.jsonで設
定したパラメータが入ったタスクです。そのタスクからシェルコマンドを作り、
動作するタスクを返します。

　以下で、引数のタスクをprovideTasks()と同様のタスクになるように設定
して返却します。

```ts
// src/extension.ts

/**
 * tasks.jsonから、実行可能なタスクを作成する
 */
async function resolveTask(task: vscode.Task): Promise<vscode.Task> {
  task.execution = createCommand(task.scope as vscode.WorkspaceFolder);
  task.source = "lll";
  task.problemMatchers = ["$lll"];
  return task;
}
```

▶仕上げと動作確認

　最後に、拡張機能の起動時に作成した関数をタスクプロバイダとして登録す
るよう設定します。

```ts
// src/extension.ts

export function activate(context: vscode.ExtensionContext) {

  const disposable = vscode.tasks.registerTaskProvider("lll", {
    provideTasks: getLllTasks,
    resolveTask: resolveTask,
  });

  context.subscriptions.push(disposable);
}
```

　リントの拡張機能の作成はこれで完了です。[F5]キーを押して、デバッグ実行

を開始してみましょう。新しく開かれたVS Codeで.vscode/tasks.jsonがないワークスペースを開き、コマンド「タスクの実行」を押します。すると、`provideTasks`が呼ばれ、生成したタスクがタスクの一覧に表示されます（**図16-11**）。

図16-11：タスクの実行

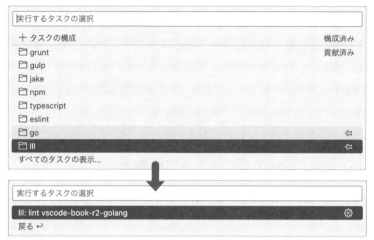

タスクを選択すると、ターミナル上でタスクが実行されます（**図16-12**）。そして問題マッチャーによりこの出力が読み取られ、問題ビューとソースコード上に表示されます（**図16-13**）。

図16-12：タスクの実行ログ

図16-13：問題マッチャーによるエラーの検出

```
 2
 3    import "fmt"
 4    ┌─────────────────────────────┐
 5    │ line is 140 characters lll │
 6    │ 問題の表示    クイック フィックス │
 7    │   fmt.Print("aaaaaaaaaaaaaaaaaaaaaaaaaaaaaaaa
 8    }
```

カラーテーマの拡張機能の開発

　第9章でも紹介したとおりカラーテーマの拡張機能は数多く公開されています。自分にあったカラーテーマを求めてさまざまなテーマを試してみるのもよいでしょう。しかし、気に入ったカラーテーマが見つかったとしても、「コメントをもう少し目立つ色に変えたい」などと、細かい部分が気になることもあるかもしれません。そんなときは、カラーテーマの拡張機能を自分で開発するという手段があります。筆者も、お気に入りのカラーテーマMonokai Charcoal high contrast[注13]をマーケットプレイスで公開しています。

　本節では、そんなカラーテーマの作成方法を紹介します。

▶Visual Studio Codeのカラーテーマの基本

　VS Codeのカラーテーマは、1つのJSONファイルからなります。まずはこのJSONファイルの例を以下に示します。

```
{
  "name": "Monokai Charcoal",
  "type": "dark",
  "tokenColors": [
    {
      // 関数の名前
      "name": "Function name",
      "scope": "entity.name.function",
      "settings": {
        "fontStyle": "",
        "foreground": "#A6E22E"
      }
    },
    ...
  ],
  "colors": {
    // タブの境界線
    "tab.border": "#43B9D8",
    // ステータスバーの文字
    "statusBar.foreground": "#43B9D8",
    ...
  }
}
```

注13) https://marketplace.visualstudio.com/items?itemName=74th.monokai-charcoal-high-contrast

このJSONには、カラーテーマの名前のほかに3つの項目があります。

- **"type"**：ベースとするカラーテーマのタイプ。"dark"、"light"、"hc"の3種類がある
- **"tokenColors"**：ソースコードの色。"entity.name.function"など、後述する「tmThemeのスコープの名前」を使って定義する。フォントのスタイルなども指定できる
- **"color"**：タブや、ステータスバーと言ったUIの色。"tab.border"など、後述する「VS Codeの名前」を使って定義する

カラーテーマのタイプはダークテーマ（"dark"）、ライトテーマ（"light"）、ハイコントラストテーマ（"hc"）にグルーピングされており、**"type"**はこの分類に使われます。また、このカラーテーマのタイプによって、ベースに使用されるCSSが変わり、色がつく場所や表現が変わります[注14]。以前は拡張機能として色を直接指定できない部分があったためにこの分類が重要でした。しかし現在はデフォルトの**"dark"**または**"light"**を使うことでほとんどすべての箇所の色を変更できるようになったため、気に入った背景色を選ぶといいでしょう。

カラーテーマで使われるカラーコードは16進数でR（red）、G（green）、B（blue）を表現する#RRGGBBのコードが使われます。たとえば#ee3355のような指定になります（#ee3355は赤系の色です）。また、これに不透明度A（alpha）を足した#RRGGBBAAも使うことができます。透明度の数値は、ffが透過なし、00完全透過を意味します。たとえば、#ee3355ffといった指定になります。

以上をもとに、ここからはカラーテーマの拡張機能を作成する流れを説明していきます。

▶カラーテーマの拡張機能の作成

カラーテーマの拡張機能でもこれまでと同様に、Yeomanを使って拡張機能のひな形を作ることができます。このとき、もとにするtmThemeファイル（後述）を指定でき、指定したtmThemeファイルをそのまま使うようにするか、JSON

注14) 領域の境界を線で表現するか、色差で表現するか、エラーの下線は2重線か、波線かどうかなどです。

形式に変換するか選ぶことができます。tmThemeファイルをほかのエディター に流用する予定がなければ、JSON形式に変換したほうが扱いやすいでしょう。

　Yeomanでひな形を作るには以下のコマンドを実行し、対話形式で入力して いきます。

```
$ yo code
```

　質問には以下のように答えるといいでしょう。

```
# 作成する拡張機能の形式でカラーテーマを選ぶ
? What type of extension do you want to create? New Color Theme
# tmTheme形式のカラーテーマファイルをインポートするか選択する
# インポートして、JSONに変換する場合は以下を選ぶ
? Do you want to import or convert an existing TextMate color theme? Yes, impo
rt an existing theme and inline it in the Visual Studio Code color theme file.
# インポートするパスを指定する
# ローカルファイルの場合は、そのファイルのパスを指定
? URL or file name to import: Monokai.tmTheme
# 拡張機能の名前
? What's the name of your extension? Monokai
# 拡張機能の識別子
? What's the identifier of your extension? monokai
# 拡張機能の説明
? What's the description of your extension? monokai
# カラーテーマ選択時に表示される名前
? What's the name of your theme shown to the user? Monokai
# ベースに使用するカラーテーマのタイプ
? Select a base theme: Dark
```

　このようにして作成されたひな形は、以下の構成となっています。

- **README.md**：拡張機能の説明を記述するMarkdownファイル
- **package.json**：拡張機能のマニフェスト
- **themes/Monokai-color-theme.json**：カラーテーマファイル

　このうち、カラーテーマファイルを編集していきます。

Column 複数のカラーテーマをもつ拡張機能のマニフェスト

本文で述べたとおり、カラーテーマの名前やタイプはマニフェスト（package.json）に記述されています。ここで、1つの拡張機能に複数のカラーテーマを格納することも可能です。

その場合は、`"contributes"`の`"themes"`に、複数のカラーテーマを、おのおののJSONファイルへのパスなどに追加します。

```
// package.json

{
    "name": "monokai",
    "displayName": "Monokai",
    "description": "monokai",
    "version": "0.0.1",
    "engines": {
        "vscode": "^1.35.0"
    },
    "categories": [
        "Themes"
    ],
    "contributes": {
        "themes": [
            // カラーテーマの名称の指定
            {
                "label": "Monokai dark",
                "uiTheme": "vs-dark",
                "path": "./themes/Monokai-dark.json"
            },
            {
                "label": "Monokai light",
                "uiTheme": "vs",
                "path": "./themes/Monokai-light.json"
            }
        ]
    }
}
```

なお、以下で指定している`"uiTheme"`は、`"type"`で指定したものと同じものを選びます。

- 「`"type": "dark"`」場合：「`"uiTheme": "vs-dark"`」
- 「`"type": "light"`」の場合：「`"uiTheme": "vs"`」
- 「`"type": "hc"`」の場合：「`"uiTheme": "hc-black"`」

16

実践・拡張機能開発

▶ソースコードの配色の変更

"tokenColors"に使われるtmThemeは、TextMateやSublimeText[注15]で使われるカラーテーマ（.tmTheme）の設定ファイル形式です。もともとtmThemeではXML形式を用いていましたが、VS Codeではそれを JSON に置き換えた形式を採用しています。

tmTheme では、変数を示す"variable"や関数名を示す"entity.name.function"、クオートされた文字リテラルを示す"string.quoted.single"などのスコープ（コードの文法にもとづく各部分の属性）の名前と、その箇所の文字色"foreground"、背景色"background"、フォントのスタイル"fontStyle"（斜体「italic」、太字「bold」、下線「underline」）などをセットで指定します。

とはいえ文章だけではイメージしづらいでしょう。実際の"tokenColors"の設定例を見てみます。

```
{
  ...
  "tokenColors": [
    {
      // 全体設定
      "settings": {
        "background": "#000c18",
        "foreground": "#6688cc",
        "caret": "#F8F8F0",
        "invisibles": "#3B3A32",
        "lineHighlight": "#2c120b",
        "selection": "#2c120b",
        // ...
      }
    },
    // 以下、各スコープの設定
    {
      // 関数名
      "name": "Function name",
      "scope": "entity.name.function",
      "settings": {
        "fontStyle": "",
        "foreground": "#A6E22E"
      }
    },
    {
      // 継承するクラス名
      "name": "Inherited class",
```

注15）Sublime Text 3以降ではtmThemeとは異なる形式のカラースキーマフォーマットを採用しています。

```
      "scope": "entity.other.inherited-class",
      "settings": {
        "fontStyle": "italic underline",
        "foreground": "#A6E22E"
      }
    },
    // ...
  ],
  ...
}
```

　まず、`"tokenColors"`の最初に、スコープや名前を指定しない場合の背景色や文字色のほか、カーソルの色（`"caret"`）、選択範囲の色（`"selection"`）などを設定しています。ここで使用可能なプロパティについては、Sublime Textのドキュメント[注16]が参考になります。

　それ以降はスコープごとの設定です。たとえば、「関数名」にあたるスコープ（`"entity.name.function"`）に対して文字色を設定したり、「継承するクラス名」にあたるスコープ（`"entity.other.inherited-class"`）を斜体にし下線を引いたり（`"fontStyle": "italic underline"`）、文字色を変えたりしています。

　目的の場所に色を指定をするにはスコープの名前を調べる必要があります。スコープのリファレンスは用意されていませんが、現在のカーソル位置のスコープを表示するコマンド「開発者：エディター トークンとスコープの検査（Developer: Inspect Editor Tokens and Scopes）」を使って調べることが可能です（**図16-14**）。スコープは複数表示されるため、その中で好みのスコープを選択して、設定を追加します。

16

実践・拡張機能開発

注16）https://www.sublimetext.com/docs/3/color*schemes*tmtheme.html#global_settings

図16-14：スコープの検査

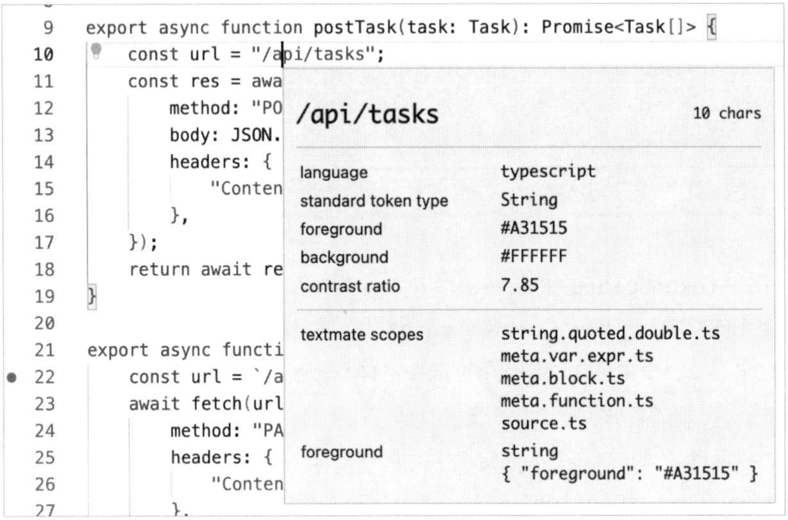

```
 9    export async function postTask(task: Task): Promise<Task[]> {
10        const url = "/api/tasks";
11        const res = awa
12            method: "PO    ┌─────────────────────────────────────────────┐
13            body: JSON.   │ /api/tasks                    10 chars        │
14            headers: {    │                                              │
15                "Conten   │ language              typescript             │
16            },            │ standard token type   String                 │
17        });               │ foreground            #A31515                │
18        return await re   │ background            #FFFFFF                │
19    }                     │ contrast ratio        7.85                   │
20                          │                                              │
21    export async functi   │ textmate scopes       string.quoted.double.ts│
22        const url = `/a    │                       meta.var.expr.ts       │
23        await fetch(url    │                       meta.block.ts          │
24            method: "PA    │                       meta.function.ts       │
25            headers: {     │                       source.ts              │
26                "Conten    │ foreground            string                 │
27            },             │                       { "foreground": "#A31515" }│
                            └─────────────────────────────────────────────┘
```

なお、`"tokenColors"` を個別に設定するほかに、tmTheme ファイルへのパスを直接指定することもできます。

```
{
  "type": "dark",
  "tokenColors": "./Diner.tmTheme",
  "colors": {
    // ...
  }
}
```

TM Theme Editor[注17] など、多くのカラースキーマ作成ツールがtmThemeをサポートしているため、それらのツール上でtmThemeファイルを管理してもいいでしょう。

もちろん、既存のテーマに対して一部を変更をしたいだけであれば、新しくテーマを作成しなくてもユーザー設定の `"editor.tokenColorCustomizations"` で変更できます。部分的な調整がしたいだけであればこちらを活用するのがいいでしょう。

注17）http://tmtheme-editor.herokuapp.com

▶ UIの配色の変更

エディター以外の部分については、"color"という項目に設定します。ここでは、タブの色、ステータスバーの色などエディター以外の背景色から、カーソルの色、選択されている領域の色、さらにはマージのためのdiff画面の色など、エディター以外の色を設定できます。

この"color"には完全なリファレンス[注18]があるため、そちらを参照して設定するとよいでしょう。

なお、これらの色もユーザー設定"workbench.colorCustomizations"で変更できます。公開されているカラーテーマの中には、テキストエディター以外の色の変更を行っていないものが多い[注19]ため、使用しているテーマ(背景色)に合わせてユーザー設定で変更することも可能です。

WebViewを使った拡張機能の開発

VS Codeでは、ツリービューやクリック入力など、各動作に共通のUIを使うことで高速で動作するように設計されています。一方、デザインツールや設定画面などは、共通UIにとらわれず、独自のUIで扱いたいことがあります。

そのような独自UIを備えた拡張機能を作成したい場合、WebViewというUIコンポーネントを使うことで、HTMLとJavaScriptを使ったWebページとして実現できます。本節では、エディター中のカラーコードをスライダーで変更できる拡張機能の作成を通して、自在なUIを作れるようになることを目指します。

なお、サンプルコードについては以下のリポジトリで公開していますので、必要に応じて参照してください。

URL https://github.com/74th/vscode-book-r2-webview-extension

注18) https://code.visualstudio.com/api/references/theme-color
注19) 初期のバージョンでは、テキストエディターの色の変更しかできなかったためです。

▶WebViewの制限

　自在なUIを作ることができるWebViewですが、まずはWebViewの制限について紹介しておきましょう。

　まず、WebViewを表示できる箇所は、「エディターのタブ」「サイドバーのひとつのビュー」または「下部パネルのタブのうちのひとつ」に限られています。エディターをタブの1つに表示する場合、エディターをすべて覆うようにWebViewが埋め込まれます。既存のテキストエディターをタブの中で混在するように埋め込むことは、2023年11月時点のVS Code APIではできません。

　また、VS CodeのAPIに直接アクセスできないことも挙げられます。拡張機能のコードextension.tsからWebViewを作るときにHTMLのコードを渡しますが、そのHTMLに含まれるJavaScriptのコードはextension.tsで実行される拡張機能のJavaScriptとは分離された状態で実行されます（以降、extension.tsで実行される拡張機能のコードを「拡張機能のJavaScript」と呼び、WebView内で実行されるJavaScriptを「WebViewのJavaScript」と呼び分けます）。このWebViewのJavaScriptからはWebViewのHTMLのDOMにアクセスして動的に動作させられる一方、（拡張機能のJavaScriptからはアクセスできていた）VS Codeの拡張機能のAPIにアクセスできません。逆に、拡張機能のJavaScriptからもWebViewのDOMにアクセスできません。拡張機能とWebViewのJavaScript間で通信をするには、専用のイベントメッセージの仕組みを使う必要があります。

　さらに、WebViewをエディターのタブとして作った場合、エディターのタブを切り替えてWebViewが非表示になると、そのタブがタブの一覧に残っていたとしても、HTMLは閉じられた状態になることにも注意が必要です。このため、再度WebViewのタブをアクティブにしたときには、HTMLの描画とJavaScriptの実行がはじめから行われます。サイドバーのパネルとしてWebViewを作ったときや、アクティビティーバーを切り替えて非表示にしたときも同様です。したがって、一般的なWebブラウザのタブ機能のように、タブが切り替えられた際に前の状態を残すような動作は実現できません[20]。WebViewを再表示したと

注20) 正確には、非表示になったときにもHTMLを開かれた状態にしておき、Webブラウザのタブのように表示を継続させる機能も用意されています。しかし、WebViewを非表示にしていてもマシンのリソースを多く使ってしまうことから、使用があまり推奨されていません。

きに前の状態を復元するには、**WebView**専用のデータストアの仕組みを使う必要があります。タブが非表示になる前に復元に必要な情報をデータストアに保存しておき、再表示時にデータストアから情報を取得して状態を復元するよう実装します。

WebViewのHTML内で使えるリソースにも制限があります。初期設定では、拡張機能に同梱したファイルとワークスペース内のファイルに**WebView**のHTMLやJavaScriptからアクセスできますが、ワークスペースの外のファイルにはアクセスできなくなっています。また、拡張機能のJavaScriptではnpmでインストールしたCommonJS仕様のモジュールを使用できますが、**WebView**ではWebブラウザと同様にCommonJSのモジュールは参照できません。CommonJSのモジュールを使うためには、Webフロントエンドの開発時と同じようにwebpackを使ってバンドルするする必要があります。

このように**WebView**の利用には多くの制限がありますが、この仕様にのっとることでVS Codeの動作が遅くなりにくいよう設計されています。**WebView**機能の登場によって、今までVS Codeでは実現が難しかったDraw.ioなどデザインツール関連の拡張機能が登場したことからも、**WebView**の便利さをわかっていただけるのではないでしょうか。

▶ **WebView用のHTMLとTypeScriptを用意する**

それでは、さっそく**WebView**を使った拡張機能を開発していきましょう。作成する拡張機能では以下の機能を持ちます（**図16-15**）。

- コマンドを実行すると、カラースライダーを含む**WebView**をタブとして表示する
- エディタのカーソルを移動し、カラーコードがかかれていると、**WebView**にその色の情報のメッセージを送る（拡張機能から**WebView**への通信）
- **WebView**中のスライダーを操作すると、エディタのカーソルのカラーコードのテキストが更新される

図16-15: カラーピッカー拡張機能のWebView

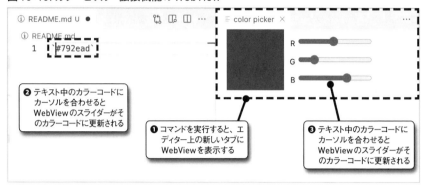

まずはWebViewを開発するための環境を構築します。そのために、WebViewで表示するHTMLであるwebview/index.htmlと、そこで使うJavaScriptのファイル webview/webview.js を用意します。webview/index.html は以下のようにwebview.jsを読み出すように記述しておきます。webview.jsはまだ空のファイルでかまいません。

```
<!-- webview/index.html -->
<!DOCTYPE html>
<html lang="en">
  <body>
    <script src="{{resourceRoot}}/webview.js"></script>
  </body>
</html>
```

ここで{{resourceRoot}}というディレクトリが指定されていますが、のちほどこの部分を拡張機能のJavaScriptに置換する処理を実装します。

これらを含めたWebViewの拡張機能のコードは、以下のように配置します。

```
`- webview
 |- src/
 |  |- extension.ts        ……拡張機能の実行プログラム
 |  |- webview.ts          ……WebView内のHTMLで実行されるJavaScript
 |  |- message.ts          ……extension.tsとwebview.tsから参照される
 |  |                        メッセージ型のインターフェイスのコード
 |  `- colorCode.ts        ……カラーピッカー拡張機能において
 |                           extension.tsとwebview.tsから参照されるコード
 |- webview/               ……WebViewで使うリソース
 |  |- index.html          ……WebView の HTML
```

```
|  `- webview.js              ……index.htmlから参照するwebpackで生成したJavaScript
|- package.json              ……拡張機能のマニフェスト
|- tsconfig.json             ……TypeScript の設定
`- extension.webpack.config.js   ……拡張機能用の webpack 設定
`- webview.webpack.config.js      ……WebView 用の webpack の設定
```

src以下には、それぞれのコードから参照するコードmessage.ts、colorCode. tsをいったん空のファイルとして置いておきます。また、拡張機能のJavaScript のメインプログラムとなるextension.tsのほかに、WebViewのJavaScriptでメインプログラムとなるwebview.tsも用意します。このwebview.tsをwebpackでコンパイルしてwebview.jsを作ります。

このように2つのTypeScriptを用意した利点として、拡張機能とWebViewの両方から参照可能なTypeScriptモジュールを作成できることが挙げられます。今回制作する拡張機能では、カラーコードインターフェイスColorCodeと、カラーコードのテキストを作る関数makeColorCodeText()を、拡張機能とWebViewの両方から利用します。これらを定義するのがcolorCode.tsで、以下のように実装しておきます。

```javascript
// src/colorCode.ts
// カラーコード
export interface ColorCode {
    red: number;
    green: number;
    blue: number;
}

// カラーコードインターフェイスから#aabbcc形式のコードを生成
export function makeColorCodeText(color: ColorCode): string {
    // 16進数変換
    function number2hex(n: number): string {
        const hex = n.toString(16);
        return hex.length === 1 ? "0" + hex : hex;
    }

    const red = number2hex(color.red);
    const green = number2hex(color.green);
    const blue = number2hex(color.blue);
    return `#${red}${green}${blue}`;
};
```

▶webpackの設定を用意する

webpackの設定はwebview.webpack.config.jsとして、以下のように記述しま

す。第12章のTypeScriptでの開発のときとほぼ同じ内容で、`ts-loader`を使っ
たTypeScriptのコンパイルを行います。

```js
// webview.webpack.config.js
"use strict";

const path = require("path");

const extensionConfig = {
  // WebViewのJavaScriptではターゲットをwebに設定
  target: "web",
  mode: "none",

  entry: "./src/webview.ts",
  output: {
    path: path.resolve(__dirname, "webview"),
    filename: "webview.js",
  },
  resolve: {
      extensions: [".ts", ".js"],
  },
  module: {
    rules: [
      {
        // TypeScriptをコンパイルする設定
        test: /\.ts$/,
        exclude: /node_modules/,
        use: [
          {
            loader: "ts-loader",
          },
        ],
      },
    ],
  },
};
module.exports = [extensionConfig];
```

　さらに、拡張機能のコードextension.ts用のwebpackの設定をextension.web
pack.config.jsとして用意します。

```js
// extension.webpack.config.js
"use strict";

const path = require("path");

const extensionConfig = {
  // 拡張機能のJavaScriptではターゲットをnodeに設定
  target: "node",
```

```
  mode: "none",

  entry: "./src/extension.ts",
  output: {
    path: path.resolve(__dirname, "dist"),
    filename: "extension.js",
    libraryTarget: "commonjs2",
  },
  externals: {
    vscode: "commonjs vscode",
  },
  resolve: {
    extensions: [".ts", ".js"],
  },
  module: {
    rules: [
      {
        // TypeScriptのコンパイルの設定
        test: /\.ts$/,
        exclude: /node_modules/,
        use: [
          {
            loader: "ts-loader",
          },
        ],
      },
      {
        // テキストファイルなどを参照できるようにする設定
        test: /\.html$/i,
        use: "raw-loader",
      },
    ],
  },
  devtool: "nosources-source-map",
  infrastructureLogging: {
    level: "log",
  },
};
module.exports = [extensionConfig];
```

webpackには画像ファイルやテキストファイルなどJavaScript/TypeScript以外のファイルをimport文の記法で参照できるraw-loadaerという機能があり、WebViewのHTMLであるwebview/index.htmlをextension.tsから参照できるようにするためにこの機能を使っています。また、extension.tsはVS Code上で実行されるため、"target"はwebではなくnodeに変更していることにも注意してください。この設定にもとづいたwebpackのコンパイルが実行されると、src/extension.tsからdist/extension.jsが作られます。

さらに、raw-loaderでインポートしたときに正しくTypeScriptでstring型

として認識できるように、型定義ファイルraw_loadaer.d.tsを追加しておきます。

```
// raw_loadaer.d.ts
declare module '*.html' {
  const contents: string
  export default contents
}
```

それぞれのwebpackのコンパイルをターミナルで行う場合には、以下のように実行します。

```
# webpack.config.jsを用いてextension.tsをコンパイルする
npx webpack -c extension.webpack.config.js

# webview.webpack.config.jsを用いてwebview.tsをコンパイルする
npx webpack -c webview.webpack.config.js
```

▶ビルド用のタスクを用意する

前節までの拡張機能の開発においては、デバッグ実行をするとビルドタスクとしてwebpackが動作し、extension.tsがコンパイルされて、拡張機能を実行することができました。WebViewにおいてはextension.tsとwebview.tsの2つのコンパイルを行う必要があります。

先の2つのwebpackの実行をVS Codeのタスク機能として設定すると、以下のようになります。

```
// .vscode/tasks.json
{
  "version": "2.0.0",
  "tasks": [
    {
      // webview.tsのビルド
      "label": "build webview",
      "type": "shell",
      "command": ["npx", "webpack", "-c", "webview.webpack.config.js"],
      "problemMatcher": "$ts-webpack-watch",
      "isBackground": true
    },
    {
      // extension.tsのビルド
      "label": "build extension",
      "type": "shell",
      "command": ["npx", "webpack", "-c", "extension.webpack.config.js"],
      "problemMatcher": "$ts-webpack-watch",
      "isBackground": true,
```

```
    // webview.tsのあとにビルドする
    "dependsOn": ["build webview"],
    "group": {
      // ビルドタスクに設定
      "kind": "build",
      "isDefault": true
    }
  },
 ]
}
```

上記には、コマンド「タスク：ビルドタスクの実行（Task: Run Build Task）」でこの2つのタスク build webview と build wxtension が連続して実行されるように設定されています。これは、2番目に行う build extension の依存タスク（"dependsOn"）として build webview を指定すること、"group" 属性でデフォルドのビルドタスクに設定することで実現できます。ビルドタスクとして設定することで、拡張機能をデバッグ実行時にビルドが実行されるようになります[注21]。

なお、webpackでコンパイルエラーなどが発生したときに、問題パネルやコード中にそのエラーを表示できると便利です。それには、拡張機能「TypeScript + Webpack Problem Matchers」をインストールし、タスクの問題マッチャー "problemMatcher" に $ts-webpack-watch を指定します。

事前に設定するものが多いですが、一度設定してしまえばWebViewと拡張機能のTypeScriptが同時にビルドされるため、とても便利です。

▶ extension.ts から WebView を作成する

それでは、拡張機能のJavaScriptからWebViewを作る方法を解説します。"color-picker.show" に割り当てたコマンドを実行すると WebView が表示されるようにしていきましょう。

WebViewを作る関数は vscode.window.createWebviewPanel です。各引数は以下のようになっています。

注21）.vscode/launch.jsonにて、拡張機能を実行するデバッグ実行設定に "preLaunchTask": "${default BuildTask}" を指定する必要があります。

1. WebViewの種類を示すID
2. WebViewのタイトル（エディターに表示する場合、タブの名前になる）
3. WebViewを表示する場所
4. そのほかのオプション

　2種類以上のWebViewを作成しないかぎり、第1引数は拡張機能のIDと一致させておいたほうがよいでしょう。第3引数には`vscode.ViewColumn`の定数を指定します。たとえば現在表示しているViewの横に表示する場合であれば、`vscode.ViewColumn.Beside`を指定します。第4引数にはJavaScriptの実行可否や、WebViewからアクセスできるファイルを指定します。

　これらを踏まえて、実際に`WebView`を作成するコードは以下のようになります。

```ts
// extension.ts
import webviewHTML from "../webview/index.html";

// 拡張機能起動時の処理
export function activate(context: vscode.ExtensionContext) {

  // WebViewのインスタンス
  let panel: vscode.WebviewPanel | null = null;

  // コマンド実行時のコールバック
  vscode.commands.registerCommand('color-picker.show', () => {
    if (panel) {
      // 表示中のWebViewがある場合、そのWebViewにフォーカスする
      panel.reveal(vscode.ViewColumn.Beside);
    } else {
      // WebView作成時に設定するリソース開放関数を集める
      const disposables: vscode.Disposable[] = [];

      panel = vscode.window.createWebviewPanel(
        // WebViewの種類のID
        'color-picker',
        // WebView のタイトル
        'color picker',
        // WebViewの表示場所
        vscode.ViewColumn.Beside,
        // オプション
        {
          // JavaScriptを実行可能にする
          enableScripts: true,
        }

        // 表示するHTMLをテキストで指定する
        panel.webview.html = webviewHTML;
```

```
        disposables.push(
          // WebViewを閉じた時のイベント
          panel.onDidDispose( () => {
            // WebViewのインスタンス解除
            panel = null;

            // WebViewに設定したイベントリスナーを解除する
            disposables.forEach((disposes) => { disposes.dispose(); });
          });
        );
      );
    }
  });
}
```

ここでは、`createWebviewPanel`を実行し、戻り値の`panel`を拡張機能内の変数に持っておくようにしています。このようにしておくことで、コマンドを複数回実行しても`panel`にすでに表示している`WebView`があれば、その`WebView`を再表示してくれます。

`WebView`で表示するHTMLとして、文字列（`string`型）を`panel.webview.html`に設定します。`raw-loader`を使ってwebviewディレクトリに置いたindex.htmlのリソースを`string`オブジェクトとして参照して設定します。

`Disposable`は、ここまでの拡張機能開発でもたびたび登場してきたリソース解除関数です。この先`WebView`にイベントを追加していくのですが、そのたびにイベントリスナーを開放する`Disposable`が得られます。そのうえで、`WebView`を閉じたときのコールバックを設定する`panel.onDiDispose()`で、収集した`Disposable`を実行してからリソースを開放します。

これで、コマンドを実行すると`WebView`が表示されるようになりました。拡張機能をデバッグ実行し、コマンドを実行したら`WebView`が表示されることを確認してみてください。

▶WebViewから拡張機能内やワークスペースのリソースにアクセスする

ここまでで静的なHTML（ここではwebview/index.html）を表示できるようになりました。しかし、利用する`WebView`で利用するリソースが単一のHTMLに収まることは少ないでしょう。続いて、拡張機能内やワークスペースのファイルにアクセスできるようにしていきます。

16
実践・拡張機能開発

　WebViewからこれらのファイルにアクセスするためには、特別なURIを利用する必要があります。そしてこのURIを取得するには`panel.webview.asWebviewUri()`関数を使います。そのうえで、WebView内のHTMLの内容をこのURIを使って書き換えるようにします。

　たとえばwebview/index.htmlから拡張機能内のwebview/webview.jsを参照したい場合、あらかじめHTMLファイルのこのファイルを呼び出す部分を`{{resourceRoot}}`などのように置換用の文字列で置き換えておきます。

```html
<!-- webview/index.html -->
<!DOCTYPE html>
<html lang="en">
  <!-- 中略 -->
  <body>
    <!-- 中略 -->



    <script src="{{resourceRoot}}/webview.js"></script>

  </body>
</html>
```

　そして拡張機能内のwebviewというディレクトリを参照するURIを取得します。拡張機能の`activate`関数の引数の`context`から拡張機能のファイルパスを取り出し、以下のようにします。

```typescript
// src/extension.ts

export function activate(context: vscode.ExtensionContext) {

  vscode.commands.registerCommand('color-picker.show', () => {
    // 略

    // extension内のwebviewディレクトリのファイルパス
    const webviewResourcePath = path.join(context.extensionPath, 'webview');
    // 拡張機能のJavaScriptでのURI
    const webviewResourceRootLocalURI = vscode.Uri.file(webviewResourcePath);

    // WebViewの作成
    panel = vscode.window.crateWebviewPanel(
      'color-picker',
      'color picker',
      vscode.ViewColumn.Beside,
      {
        enableScripts: true,
```

```
      }
    );

    // WebViewでのURI
    const webviewResourceRootInWebviewURI = panel.webview.asWebviewUri(webvi
ewResourceRootLocalURI);
    // HTMLの拡張機能内のURIを書き換える
    const html = webviewHTML.replace("{{resourceRoot}}", webviewResourceRoot
InWebviewURI.toString());

    // webviewのHTMLを設定する
    panel.webview.html = html;

    // 略
  })
}
```

ワークスペース内のファイルを扱う場合も同様で、Documentオブジェクト
のuriプロパティを引数に、panel.webview.asWebviewUri()メソッドを呼
び出して、WebViewから参照できるURIを取得します。ただし、このURIを
使って取得できるワークスペースのファイルの内容は、編集して保存していな
いファイルの場合は編集前のファイルが取得できます。

ここまでWebViewから拡張機能内やワークスペースのファイルを参照する方
法を説明してきました。しかし、WebViewが外部のJavaScript等のリソースを
読み込んで動作をする場合、そこから悪意のあるコードの侵入を許してしまい、
最悪の場合は外部にローカルファイルを送信されるセキュリティリスクをはら
んでいると言えます。

この攻撃の対策として、WebViewからアクセスできる拡張機能内、およびワー
クスペース内のファイルを制限する機能があります。デフォルトでは、ワークスペー
ス内のファイルと、拡張機能をインストールしたディレクトリにのみアクセスでき
ます。これは、WebViewを作成するときに使ったメソッドcreateWebviewPanel()
の第4引数の、「WebViewOptionのlocalResouceRoots」プロパティで指定しま
す。先ほどのURIを拡張機能を作るときに設定します。

```
// src/extension.ts
// 略
panel = vscode.window.createWebviewPanel(
  'color-picker',
  'color picker',
  vscode.ViewColumn.Beside,
```

```
  {
    enableScripts: true,

    // 拡張機能の JavaScript で使う URI を設定
    localResourceRoots: [webviewResourceRootLocalURI],
  }
);
```

これでWebViewからは、ローカルファイルにはこの`localResourceRoots`に指定したファイルパスにしかアクセスできないようになります。セキュリティリスクを作らないためにも、この設定は必ず行うようにしましょう。

▶拡張機能のJavaScriptとWebViewのJavaScriptの間で通信する

本節の冒頭で述べたとおり、拡張機能のJavaScriptとWebViewのJavaScriptはお互いのオブジェクトにアクセスできず、メッセージを使ってやりとりする必要があります。以降では、以下の2箇所で使うメッセージを定義します。

- **CursorColorMessage**：拡張機能からWebViewへのメッセージ。カーソル位置が変更され、カラーコードが取得できたときにそのカラーコードを伝える
- **ChangeColorMessage**：WebViewから拡張機能へのメッセージ。WebViewのカラーコードのスライダーで設定されたカラーコードを伝える

これらをTypeScriptのインターフェイスを使って定義します。

```
// src/message.ts
import { ColorCode } from "./colorCode";

// カーソルのカラーコードを伝えるメッセージ
export interface CursorColorMessage {
    type: "cursor-color";
    color: ColorCode | null;
}

// WebViewからカラーコード変更を伝えるメッセージ
export interface ChangeColorMessage {
    type: "change-color";
    newColor: ColorCode;
}
```

　拡張機能とWebViewでやりとりするメッセージはすべて、単一のイベントリスナーを使って取得します。したがって、異なる種類のメッセージが送られてきたら、イベントリスナーのコールバックで判別して処理を分ける必要があります。しかし、TypeScriptのインターフェイスの機能では、送られてきたオブジェクトがどのインターフェイスを満たすかを判定できません。そのため、CursorColorMessageとChangeColorMessageにあるtypeプロパティのように、メッセージの種類を見分けるためのプロパティを追加しておくとよいでしょう。

拡張機能からWebViewにメッセージを送る

　拡張機能からWebViewにメッセージを送るには、メッセージを引数にしてpanel.webview.postMessage()を呼び出します。ここでは、カーソルの変更を検知しカーソルのカラーコードを読み取り、postMessage()を呼び出すまでを実装してみましょう。

　まず、コマンドの実行にともなってcreateWebviewPanel()が実行されたときに、カーソル変更のイベントリスナーであるvscode.window.onDidChangeTextEditorSelection()を設定し、これから実装するイベントchangeCursorを呼び出すようにします。

```ts
// src/extension.ts
vscode.commands.registerCommand('color-picker.show', () => {
  // 略

  // カーソルの変更
  disposables.push(
    vscode.window.onDidChangeTextEditorSelection( (e) => {
        // 現存のテキストエディタを渡す
        latestEditor = e.textEditor;
        changeCursor(e.textEditor);
      }
    )
  );

  // 略
}
```

　次に、changeCursorの実装に必要な2つの関数、すなわち、渡されたエディターのカーソル位置を読み取る関数readCursorText()と、テキストからカ

ラーコードを読み取る関数readColorCode()を準備します。

　readCursorText()は引数で現在のエディターを受け取り、現在のカーソルの座標を読み取って、その場所からカラーコードに該当する7文字(カラーコードは#aabbcc形式のため)を読み取るようにします。

```
// src/extension.ts
/*
 * カーソル位置から7文を読み取る
 */
const readCursorText = (editor: vscode.TextEditor): string => {
  // ドキュメント
  const document = editor.document;

  // カーソルのPosition
  const startPos: vscode.Position = editor.selection.active;
  // カーソル位置から7文字先のPosition
  const endPos = new vscode.Position(startPos.line, startPos.character + 7);
  // カーソル位置から後ろ7文字のRangeを作成
  const readRange = new vscode.Range(startPos, endPos);
  // Rangeの範囲のテキストを読み取る
  const text = document.getText(readRange);

  return text;
};
```

　readColorCode()は与えられたテキストからカラーコードのインターフェイスを満たすオブジェクトを生成するように実装します。カラーコードがない場合、NotColorCodeExceptionを返すようにしておきます。

```
// src/extension.ts

// カラーコードが取得できない
class NotColorCodeException extends Error { };

/**
 * テキストからカラーコードを抽出
 */
const readColorCode = (text: string): ColorCode => {
  if (text.length !== 7) {
    // 文字数が7文字ではない
    throw new NotColorCodeException();
  }

  // 正規表現で #ffffff の記法か確認する
  if (!/#[A-Fa-f0-9]{6}/.test(text)) {
    // カラーコードの文字列ではない
    throw new NotColorCodeException();
  }
```

```
  // 16進数の文字列を数値に変換
  const red = parseInt(text.slice(1, 3), 16);
  const green = parseInt(text.slice(3, 5), 16);
  const blue = parseInt(text.slice(5, 7), 16);

  return { red, green, blue } as ColorCode;
};
```

　以上を使ってカーソル変更時のイベント changeCursor を実装しましょう。取得したカラーコードを CursorColorMessage として postMessage() を使ってWebView に渡すだけです。

```
// src/extension.ts
/**
 * カーソルが変わるたびに、カーソル位置のテキストを読み取り、
 * WebView に送る
 */
const changeCursor = (editor: vscode.TextEditor) => {
  // カーソルのテキスト読み取り
  const text = readCursorText(editor);

  // テキストからカラーコード読み取り
  let color: ColorCode | null = null;
  try {
    color = readColorCode(text);

  } catch (NotColorCodeException) {
    // カーソルのテキストが読み取れなかった
    return;
  }

  // カーソルのカラーコードとしてメッセージをWebViewに送る
  panel?.webview.postMessage({
    type: 'cursor-color',
    color,
  } as CursorColorMessage);
};
```

　次に WebView 側でメッセージを受け取るコードを実装します。postMessage()で送られたメッセージを WebView 側で受け取るには、window.addEventListener にて message イベントをリッスンします。先述したとおり、このイベントリスナーではすべてのメッセージを受信するため、type などのプロパティを使って処理を分ける必要があります。

　CursorColorMessage が送られてきたことを type プロパティで検証し、こ

れから作る`receiveColorFromEditor()`関数を呼び出すように実装します。

```ts
// src/webview.ts

// 拡張機能からのメッセージの受信
window.addEventListener("message", (e) => {
  const message = e.data as CursorColorMessage;

  if (message.type === "cursor-color") {
    // CursorColorMessageを受け取った時の処理
    receiveColorFromEditor(e.data as CursorColorMessage);
  }
});
```

このメッセージを受け取って反映させる UI も HTML に追加しておきましょう（図16-16）。

```html
<!-- webview/index.html -->
<!DOCTYPE html>
<html lang="en">
  <head>
    <meta name="viewport" content="width=device-width, initial-scale=1.0" />
    <style>
      .outline {
        display: table;
      }
      .color-cell {
        width: 100px;
        background-color: red;
        display: table-cell;
      }
      .slider-column {
        display: table-cell;
      }
      .slider-column > div {
        text-align: right;
        margin: 10px;
        vertical-align: middle;
      }
    </style>
  </head>
  <body>
    <div class="outline">
      <!-- 色を四角形に表示 -->
      <div class="color-cell" id="color-cell"></div>
      <div class="slider-column">
        <div>
          <span>R</span>
          <input
            type="range"
```

```
        min="0"
        max="255"
        value="50"
        class="slider"
        id="slider-red"
      />
  </div>
  <div>
    <span>G</span>
    <input
      type="range"
      min="0"
      max="255"
      value="50"
      class="slider"
      id="slider-green"
    />
  </div>
  <div>
    <span>B</span>
    <input
      type="range"
      min="0"
      max="255"
      value="50"
      class="slider"
      id="slider-blue"
    />
  </div>
  </div>
  </div>
  <script src="{{resourceRoot}}/webview.js"></script>
  </body>
</html>
```

図16-16: WebViewで表示するHTML

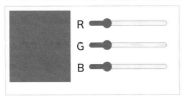

webview.tsにカラーコードを受け取って変更するshowColor()関数を実装します。

```
// src/webview.ts
// 色を表示する四角形
const colorCell = document.getElementById("color-cell") as HTMLDivElement;
// スライダー
const sliderRed = document.getElementById("slider-red") as HTMLInputElement;
const sliderGreen = document.getElementById("slider-green") as HTMLInputElement;
const sliderBlue = document.getElementById("slider-blue") as HTMLInputElement;

/**
 * 色の表示
 */
function showColor(color: ColorCode) {
    const codeText = makeColorCodeText(color);
    sliderRed.valueAsNumber = color.red;
    sliderGreen.valueAsNumber = color.green;
    sliderBlue.valueAsNumber = color.blue;
    colorCell.style.backgroundColor = codeText;
}
```

　メッセージを受け取って呼び出される関数は、receiveColorFromEditor
からshowColor関数を呼び出すように実装します。

```
/**
 * エディターから色を受信
 */
function receiveColorFromEditor(message: CursorColorMessage) {
  if (!message.color) {
    return;
  }

  // 受け取った色の表示
  showColor(message.color);
}
```

WebViewから拡張機能にメッセージを送る

　次にWebViewから拡張機能にメッセージを送る方法を解説します。WebViewの
JavaScriptには、WebView用のAPIのインスタンスを得るacquireVsCodeApi()
という関数があります。ここに拡張機能のWebViewにメッセージを渡す
postMessage()関数が用意されています。今回作る拡張機能では、スライダーを
動かして止めたところで、変更されたカラーコードをChangeColorMessageイン
ターフェイスとして送るように実装します。

　まずは、先ほどのカラーコードをHTMLに表示するshowColor関数と逆の
機能、すなわちHTMLからカラーコードを抽出するloadColorCode関数を用

意します。スライダーの変更を受け取るイベントリスナーを作成し、このイベントリスナーで呼び出される関数の中で`loadColorCode`関数を呼び出します。そして得られたカラーコードを`ChangeColorMessage`インターフェイスに入れ、`postMessage()`関数を呼び出します。

```ts
// src/webview.ts

// WebView の拡張機能API
const vscode = acquireVsCodeApi();

/**
 *  スライダーの色を読み、カラーコードに変換
 */
function loadColorCode(): ColorCode {
    const red = sliderRed.valueAsNumber;
    const green = sliderGreen.valueAsNumber;
    const blue = sliderBlue.valueAsNumber;
    return { red, green, blue };
}

/**
 * 現在の色を送る
 */
function changeSlider() {
    const newColor = loadColorCode();

    // WebView 内で表示
    const codeText = makeColorCodeText(newColor);
    colorCell.style.backgroundColor = codeText;

    // 拡張機能内に送信
    vscode.postMessage({
        type: "change-color",
        newColor,
    } as ChangeColorMessage);
}

sliderRed.addEventListener("change", changeSlider);
sliderGreen.addEventListener("change", changeSlider);
sliderBlue.addEventListener("change", changeSlider);
```

16

実践・拡張機能開発

次にこのカラーコードを拡張機能のJavaScriptで受け取る処理を実装しますが、まずは受け取ったカラーコードをテキストエディタに反映させる関数`changeToNewColor()`を準備しておきましょう。引数に渡されたエディターのカーソル位置を読み取り、そこがカラーコードならば、第2引数をカラーコードに置換するように実装します。エディター中のテキストの編集に使っている

`TextEditor.edit`メソッドについては、本章の「テキストを編集する拡張機能の開発」を参照してください。

```
// src/

const changeToNewColor = (editor: vscode.TextEditor, newColor: ColorCode) => {
  // カーソルのテキスト読み取り
  const text = readCursorText(editor);

  // テキストからカラーコード読み取り
  try {
    readColorCode(text);
  } catch (NotColorCodeException) {
    // カーソルのテキストがカラーコードではないので編集しない
    return;
  }

  // ドキュメント
  const document = editor.document;

  // カラーコードの範囲
  const startPos: vscode.Position = editor.selection.active;
  const endPos = new vscode.Position(startPos.line, startPos.character + 7);
  const replaceRange = new vscode.Range(startPos, endPos);

  // カラーコードのテキスト
  const newText = makeColorCodeText(newColor);

  // 編集
  editor.edit((editBuilder) => {
    editBuilder.replace(replaceRange, newText);
  });
};
```

　これを使って、拡張機能のJavaScriptでメッセージを受け取る処理を実装します。`panel.webview.onDidReceiveMessage()`メソッドにメッセージを受け取る処理をコールバックで記述する形になります。WebView側で実装したのと同じようにメッセージの種類を表す`type`プロパティから`ChangeColorMessage`インターフェイスであることを確認したうえで先の関数を呼び出しています。

```
// src/extension.ts

// 略

vscode.commands.registerCommand('color-picker.show', () => {
```

```
  // 略

  disposables.push(
    panel.webview.onDidReceiveMessage((mes) => {

      // メッセージの種類を特定できるプロパティの検証
      if (mes.type === "change-color") {
        // WebView でスライダーを操作した
        if (latestEditor && !latestEditor.document.isClosed) {
          changeToNewColor(latestEditor, mes.newColor);
        }
      }
    })
  );
  // 略
}
```

以上で、拡張機能とWebViewでメッセージをやりとりする処理が実装できました。

▶WebViewをデバッグする

では、ここまでの実装をもとにデバッグ実行してみましょう。これまで見てきたとおり、拡張機能のJavaScriptに対しては、TypeScriptのコードにブレークポイントを置くことで、ステップ実行をしてスライダー操作時のメッセージを受け取る様子を確認するとよいでしょう。

一方で、2023年11月時点ではWebViewのステップ実行はできず、JavaScriptがエラーを出力していたりファイルが読み込めなかったとしても、その内容を知ることができません。これではデバッグが難しくなります。このため、WebViewから「ログメッセージ用のメッセージ」を送るように準備しておき、ログを使ったデバッグ（いわゆるプリントデバッグ）を行うのがよいでしょう。

まず、ログメッセージ用のメッセージインターフェイス`LogMessage`を定義します。

```
// src/message.ts

// ログメッセージ
export interface LogMessage {
    type: "log";
    message: string;
}
```

このログメッセージを送る関数をWebViewで実装します。

```
// src/webview.ts
import { LogMessage } from "./message";

// ログ
function log(mes: string) {
  vscode.postMessage({
    type: "log",
    message: mes,
  } as LogMessage);
}
```

そして、先の拡張機能のJavaScriptで実装した、WebViewからのメッセージを受け取るイベントリスナーに、このログを処理する機能を追加します。これらは同じイベントリスナーに流れてくるため、識別用のプロパティであるtypeで判別し、それがlogであればログに出力させます。

```
// src/extension.ts

// 略

panel.webview.onDidReceiveMessage((mes) => {

  // メッセージの種類を特定できるプロパティの検証
  if (mes.type === "log") {
    // WebView のログ出力
    console.log("webview log:", mes.message);
  }

  if (mes.type === "change-color") {
    // WebView でスライダーを操作した
    if (latestEditor && !latestEditor.document.isClosed) {
      changeToNewColor(latestEditor, mes.newColor);
    }
  }
})
```

これで、WebViewのJavaScript上でlog関数から投げられたメッセージが、デバッグコンソール中に出力されるようになります。これでプリントデバッグができるようになりました。

▶WebViewの状態を保存する

本節の冒頭で、エディターのタブを切り替えてWebViewが非表示になるとHTMLが閉じられた状態になると述べました。しかし、ユーザーにとっては

WebViewを閉じているつもりはないため、内容がリセットされると不自然に感じられてしまうかもしれません。

　これを解決するために、WebViewが非表示になったときにも内容を保持しておける「ステート」という機能があります。WebViewの再表示に必要な情報をvscode.saveState()関数で保存しておき、再表示した際にvscode.getState()関数で取り出せる機能です。このvscodeは先ほども解説したacquireVsCodeApi()関数で得られるWebViewの拡張機能APIです。

　本節で作成している拡張機能であれば、画面に表示しているカラーコードをステートとして保存しておくとよいでしょう。以下では、カラーコードをステートとして保存するsaveState()関数を実装し、拡張機能のJavaScriptからテキストエディタの色を渡すreceiveColorFromEditor()関数とスライダーを操作したときに呼び出されるchangeSlider()関数に、saveState()関数の呼び出しを追加しています。

```ts
// src/webview.ts
// 前略

// ステートのデータ型の定義
interface State {
    pickerColor: ColorCode
}

/**
 * ステートの保存
 */
function saveState(color: ColorCode) {
    vscode.setState({ pickerColor: color } as State);
}

// 略

/**
 * エディタから色を受信
 */
function receiveColorFromEditor(message: CursorColorMessage) {
    if (!message.color) {
        return;
    }
    // 受け取った色の表示
    showColor(message.color);

    // 受け取った色をステートとして保存
    saveState(message.color);
```

```
}

/**
 * 現在の色を送る
 */
function changeSlider() {
    const newColor = loadColorCode();

    // WebView 内で表示
    const codeText = makeColorCodeText(newColor);
    colorCell.style.backgroundColor = codeText;

    // 変更した色をステートに保存
    saveState(newColor);

    // 拡張機能内に送信
    vscode.postMessage({
        type: "change-color",
        newColor,
    } as ChangeColorMessage);
}
```

　ステートからロードする処理も実装しましょう。ロードする処理はWebView
のHTMLが初期化されるたびに実行すればよいため、webview.tsの一番最後に
追加します。ただし、最初に呼び出されたときには vscode.getState()は
undefinedを返すため、その際の処理も必要であることに注意してください。

```
// src/extension.ts

/**
 * ステートの読み込み
 */
function loadState() {
  const state: State | undefined = vscode.getState();
  if (!state) {
    // 初回時は undefined が返る
    return;
  }

  // ステートに保存された色を表示する
  showColor(state.pickerColor);
}

// 最後にステートの読み込みを行う
loadState();
```

　これで、タブが非表示になっても状態を保存できるようになりました。デバッ
グ実行して正しく動作することを確認してみてください。

▶WebViewのその他の機能

これまではエディターのタブバーにWebViewのタブを追加する方法を説明してきました。これ以外にもWebViewを使うためのAPIが複数用意されています。

サイドバーやパネルに表示する

サイドバーや下部のパネルにWebViewを表示したい場合、2つの実装をする必要があります。

まず、WebviewViewProviderインターフェースを実装します。WebviewViewProviderは、WebviewViewオブジェクトを受け取って、そのオブジェクトにWebViewのHTMLとJavaScriptを設定するように実装します。とはいえ先に解説したvscode.window.createWebViewPanel()とその後のWebViewPanelオブジェクトに行っていた実装と変わりません。コマンドを実行を起点にする代わりに、WebViewの表示が起点となってVS Codeから呼び出される流れに変わるだけで、できることや実装すべきことは同じです。このWebviewViewProviderをvscode.window.registerWebviewViewProvider関数から登録します。

また、拡張機能のマニフェストファイルpackage.jsonに、既存のファイルなどのサイドバーの中のビューであればcontributes.viewに、アクティビティーバーもしくはパネルに追加するのであればcontributes.viewsContainersに設定を記述する必要があります。

実装例が以下のリポジトリで提供されていますので、サイドバーやパネルに追加する場合には参考にするとよいでしょう。

URL https://github.com/microsoft/vscode-extension-samples/
tree/main/webview-view-sample

カスタムエディターでファイルを開く

ファイルを開いたときに、テキストエディターの代わりにWebViewを表示する機能であるカスタムエディターも用意されています。この機能を使えば、特定の拡張子のファイルを開いたときにWebViewで表示して編集するような拡張機能を実現できます。

　この機能は、用途や実装方法によって異なる3つのインターフェイス（カスタムエディタープロバイダ）に分かれています。`CustomTextEditorProvider`、`CustomEditorProvider`、`CustomReadonlyEditorProvider`の3つです。

　`CustomTextEditorProvider`では、これまでに解説してきた`TextDocument`などの拡張機能APIを利用してファイルにアクセスします。ファイルの操作や未保存のファイルの扱いといった環境ごとに異なるファイル操作部分をVS Codeが行ってくれるため、通常はこちらを利用します。ただしその際も、`WebView`のJavaScriptでは`TextDocument`のAPIを利用できません。ファイルの操作はあくまで拡張機能のJavaScriptから行い、`WebView`に表示すべき内容や`WebView`内で編集した結果などは、拡張機能と`WebView`のJavaScriptがメッセージを送り合うことで実装する必要があります。

　`CustomEditorProvider`では、VS Codeの`TextDocument`のAPIを利用せず、ファイルに対する操作も拡張機能のJavaScriptで実装する必要があります。したがって、未保存のままの編集、保存、やり直しなどのイベントをVS Codeから受け取り、`WebView`と実行ファイルに反映するよう拡張機能のJavaScriptを実装する必要があります。また、拡張機能のJavaScriptからはNode.jsのAPIを使ってファイル操作ができる一方、`WebView`のJavaScriptからはNode.jsを使うことはできないことにも注意する必要があります。

　`WebView`からはファイルの読み込みだけできればよいのであれば、`CustomReadonlyEditorProvider`を使うとよいでしょう。本節でも、拡張機能内のファイルを`WebView`のHTMLから参照できるようにしました。そしてその際、`WebView`を作成する`createWebviewPanel`関数の4つ目のオプションの引数の属性`localResourceRoots`を使って、`WebView`から参照可能なファイルURLを作成していました。こうして取得した`WebView`のHTMLとJavaScriptにおいて、画像であればそのURLを読み込むような`img`タグのDOMを作ったり、JSONなどのテキストデータであれば`fetch`関数を用いてテキストデータを取得して、`WebView`の内容に反映させることができます。このように、閲覧専用の機能であれば、VS Codeのメッセージの仕組みに頼らずにファイルを扱うことができます。

　作成したカスタムエディタープロバイダをVS Codeに登録するには、それぞれ`vscode.CustomTextEditorProvider`、`vscode.CustomEditorProvider`、`vscode.CustomReadonlyEditorProvider`を実装したクラスを

作成し、`vscode.window.registerCustomEditorProvider`関数を使います。

　これらのサンプルコードも以下のリポジトリで提供されていますので、こちらも参考にするとよいでしょう。

URL https://github.com/Microsoft/vscode-extension-samples/
tree/main/custom-editor-sample

新しいUIを提供する拡張機能の開発

　VS Codeは、UIの拡張という観点では制限されたエディターといえます。VS CodeはElectronというChromeブラウザベースのミドルウェアを使って実装されていますが、拡張機能からはブラウザのHTML要素（DOM）を直接操作することはできません。操作できるのはVS CodeのAPIとして提供されている範囲のみです。したがって、VS Codeの拡張機能を作成するにあたり、VS CodeのAPIによってどんなUIが作れるようになっているかを理解することは重要です。

　本章の最後に、VS Codeの拡張機能が可能なUIの表現と、そのAPI、サンプルコードを紹介します。APIはすべてVS Codeのドキュメント[注22]にまとまっていて、拡張機能の実装で使う関数の引数や型を確認できます。

▶クイック入力

　コマンドパレットのようにあいまい検索をしたり、テキスト入力をするためのUIを「クイック入力（Quick Input）」と呼びます。これらを表示して、ユーザーの入力を受け取ることができます（**図16-17**）。

図16-17：クイック入力

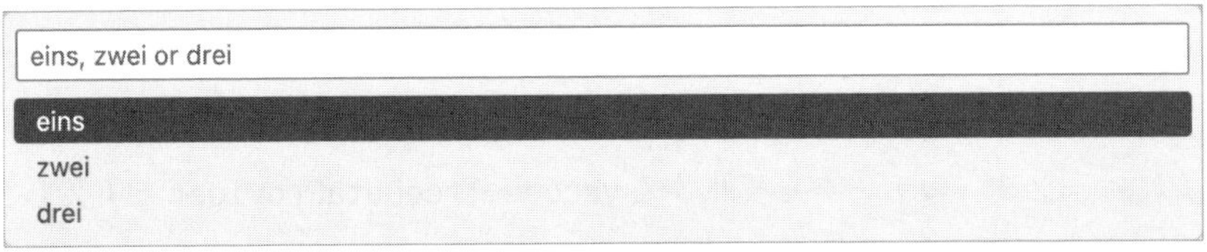

注22）https://code.visualstudio.com/api/references/vscode-api

16

実践・拡張機能開発

　たとえば、`window.showQuickPick`関数を使うことで、選択肢からあいまい検索で選択可能なUIを表示できます。また、`window.showInputBox`関数を使えば、ユーザーにテキストを入力させるUIを表示できます。このとき、空文字の入力と入力のキャンセルとは区別され、入力をキャンセルした場合には`undefined`が返ります。

　サンプルコードは以下のとおりです。

URL https://github.com/microsoft/vscode-extension-samples/tree/master/quickinput-sample

▶ステータスバー

　ステータスバー上に、クリック可能なテキストとアイコンを表示するUIを作成できます（**図16-18**）。

図16-18：ステータスバーのテキストとアイコン

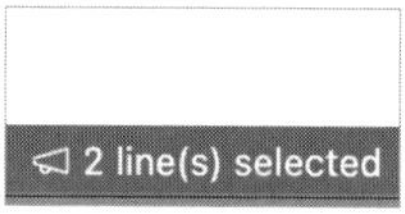

　`window.createStatusBarItem`関数を使ってステータスバーへの表示欄を1つ作成します。アイコンとしてGitHub Octions[注23]を使えるのが便利な点です。`text`属性に`$(alert)`と記述するとその部分がOctionsのアイコンに置き換わります。

　サンプルコードは以下のとおりです。

URL https://github.com/microsoft/vscode-extension-samples/tree/master/statusbar-sample

▶ツリービュー

　既存のエクスプローラービューやソースコントロールビューのように、ツリー状のUIをもつ新しいビューを作成できます（**図16-19**）。ツリービューを作成するには、ツリーのデータを提供する`vscode.TreeDataProvider`を実装し、

注23）https://octicons.github.com/

window.createTreeView関数の引数として渡します。

図16-19：ツリービュー

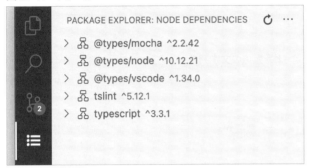

このツリーには、右クリックメニューや、項目の右側のボタンを追加できます。この場合、コントリビューションポイント("contributes")の"views"を用います。

また、新しいビューを作成し、その中でビューで仕切られたツリー状のUIを作ることも可能です。この場合、コントリビューションポイント("contributes")の"viewsContainers"を使います。

サンプルコードは以下のとおりです。

URL https://github.com/microsoft/vscode-extension-samples/
tree/master/tree-view-sample

▶コードレンズ

ソースコード中にテキストやボタンを表示するコードレンズを作成できます。

このためには、コードレンズプロバイダ vscode.CodeLensProvider を作成します。コードレンズプロバイダのメソッド provideCodeLenses は、引数で渡されたドキュメントからコードレンズに表示する内容を作成するよう実装します。そのうえで、languages.registerCodeLensProvider関数で作成したコードレンズプロバイダを登録します。

サンプルコードは以下のとおりです。

URL https://github.com/microsoft/vscode-extension-samples/
tree/master/codelens-sample

▶ソースコードを装飾するデコレーション

ソースコード中の特定のテキストを装飾するデコレーションを提供できます（図16-20）。

図16-20：デコレータで装飾された数値の文字列

```
func main() {
    v := 1
    if v == 1000 {
        fmt.Printf("v is 1000")
    }
}
```

まず、window.createTextEditorDecorationType関数を使って、デコレーションのデザインとなるTextEditorDecorationTypeを作成しておきます。そして、ドキュメントが変更されたイベントなどをキャッチして、window.activeTextEditorなどのTextEditor型が持つメソッドであるsetDecorationsを呼び出して、ドキュメントの一部にTextEditorDecorationTypeのデコレーションを適用します。

サンプルコードは以下のとおりです。

🔗 https://github.com/microsoft/vscode-extension-samples/tree/master/decorator-sample

▶ポップアップメッセージ

画面の右下にポップアップメッセージを表示できます。このポップアップには、ボタンを設置したり、処理の進行状況を示すプログレスバーを追加できます（図16-21）。

図16-21：ポップアップメッセージとそのプログレスバー

　window.showInformationMessage、window.showWarningMessage、window.showErrorMessage関数で、それぞれ情報、警告、エラーのマークの付いたメッセージを表示します。第2引数にはボタンにするテキストを設定可能で、この戻り値としてクリックされたテキストがThenable型で返ります。window.withProgress関数を使うと、進捗を示すプログレスバーが付いたポップアップメッセージが入ります。

　サンプルコードは以下のとおりです。

URL https://github.com/microsoft/vscode-extension-samples/
tree/master/progress-sample

## 第17章

自作の拡張機能を公開する
広く使ってもらうために必要なさまざまな事項

ここまで、拡張機能の作成方法について説明してきました。本章では作成した拡張機能を使ったり、マーケットプレイスに公開したりする方法を解説します。

拡張機能を作成したら、マーケットプレイスに公開してみましょう。

拡張機能を公開せずに使う

拡張機能は特定のフォルダーにソースコードを配置することで利用できます。インストールした拡張機能は以下のフォルダーに格納されており、自分で拡張機能を作成した場合も、ここにコードを置くだけでVS Codeに読み込まれるようになります。

- **macOS**：$HOME/.vscode/extensions
- **Windows**：%USERPROFILE%\.vscodeextensions
- **Linux**：$HOME/.vscode/extensions

作成した拡張機能に依存するnpmパッケージがある場合は、このフォルダーの中でインストールしておく必要があります。TypeScriptで実装している場合には、TypeScriptのコンパイルも必要です。

```
# 拡張機能フォルダー内に拡張機能のリポジトリをクローンする
$ cd ~/.vscode/extensions
$ git clone https://github.com/74th/vscode-book-markdown-goplay.git

$ cd vscode-book-markdown-goplay

# 依存パッケージのインストール
$ npm install
```

```
# TypeScriptのビルド
$ npm run compile
```

　拡張機能のインストール後は、VS Codeを再起動するか、「開発者：ウィンドウの再読み込み」コマンドを実行してください。すると拡張機能ビューの「有効」ビューに、作成した拡張機能が表示されます（**図17-1**）。

図17-1：**~/.vscode/extensions に直接置いたパッケージ**

拡張機能を公開する

　作った拡張機能をマーケットプレイスに公開すると、ほかのユーザーも拡張機能ビューから検索やインストールが可能になります。ここからは、拡張機能を公開するときに必要となる設定や、実際の公開の方法について説明していきます。

▶公開時に追加するマニフェストの項目

　これまでは、拡張機能を開発、動作させるためにマニフェスト（package.json）を使ってきました。それだけでなく、マーケットプレイスに公開したときの拡張機能の情報としてもマニフェストの内容が使われます。公開された際の情報に関係する項目は以下のとおりです。

- **version**：「1.0.1」のように、major、minor、patchの3桁のバージョン
- **publisher**：拡張機能の作成者
- **icon**：アイコン画像へのパス。128x128、256x256サイズのPNGのみ

- **description**：拡張機能の概要
- **categories**：拡張機能のカテゴリ。詳細は後述
- **keywords**：拡張機能を検索するときのキーワード
- **galleryBanner**：拡張機能のサイトのアイコン・名称の後ろのバナーの色
- **license**：拡張機能のライセンス。npm のライセンスの記述も参照[1]
- **preview**：プレビュー版であるかどうか
- **repository**：公開リポジトリ。GitHub のリポジトリへのリンクにすることが多い
- **bugs**：バグ報告ページ。GitHub の Issue へのリンクにすることが多い
- **homepage**：ホームページ。GitHub のリポジトリへのリンクにすることが多い
- **qna**：Q&A ページ。GitHub の Issue へのリンクにすることが多い
- **markdown**：説明に用いる Markdown ファイル。設定しない場合、README.md が使われる
- **badges**：CI ステータスやバージョンを表示するバッジ[2]

　カテゴリ（"categories"）には以下の項目を複数設定できます。これはそのまま拡張機能ギャラリーでのカテゴリとして使われます。

- **Programming Languages**：プログラミング言語
- **Snippets**：スニペット
- **Linters**：リントツール
- **Themes**：カラーテーマ
- **Debuggers**：デバッガー
- **Formatters**：ソースコードの整形
- **Keymaps**：キーマップ
- **SCM Providers**：ソースコード管理システム
- **Other**：そのほか
- **Extension Packs**：拡張機能パック
- **Language Packs**：メニューなどの表示言語

注1）　https://docs.npmjs.com/files/package.json#license
注2）　https://code.visualstudio.com/api/references/extension-manifest#approved-badges

　なお、2023年11月時点ではマーケットプレイスは多言語化されていないため、拡張機能の説明などは英語で記述するのが一般的です。

▶拡張機能を公開する前のチェック事項

　一度マーケットプレイスに公開すると、たとえREADME.mdを編集しただけであっても、更新をバージョンアップとしてリリースする必要があります。マーケットプレイスには「Recently Added」のコーナーがあり、ここに表示されるのはリリース後の一度きりとなります。よって、リリースする準備ができているか慎重に確認しましょう。

　以下に、とくにチェックすべき項目を挙げます。

プログラムのチェック

　まず、拡張機能がプログラムとして動作するか確認しましょう。拡張機能はOSを問わず同じパッケージが使われるため、可能であればmacOS、Windows、Linuxそれぞれで動作確認することが望ましいです。一度公開したコードはバージョンアップをしなければ修正できないため、ビルドエラー、リントエラー、ユニットテストはすべてクリアできているか確認します。

　具体的なチェック項目としては以下のとおりです。

- 拡張機能の外部のファイルを参照するプログラムの場合、そのファイルパスはmacOS、Windows、Linuxのいずれでも動作するように、pathモジュールを使ったものになっているか？
- 後述するVSIXファイルを直接インストールしても動作するか？
- 可能であれば、Windows、macOS、Linuxの各OSで動作することを確認したか？
- TypeScriptの場合、ビルドエラーはないか？
- ESLintなどリントのエラーはすべてクリアしているか？
- ユニットテストはすべて成功しているか？

依存するパッケージのチェック

　依存するパッケージが誤っていると、開発環境では動作したのにマーケット

プレイスからインストールしたときには動作しないといった問題が発生することがあります。npmは実行時に依存する"dependencies"と、開発時に依存する"devDependencies"が分かれています。それぞれのパッケージが正しいか確認するようにしてください。

また、ほかのプログラムを使うなど追加のインストールが必要な場合、その手順についてもREADME.mdに記述しましょう。

npm audit[注3]で脆弱性が報告されているパッケージを使っていないかも確認しましょう。

具体的なチェック項目としては以下のとおりです。

- 依存しているnpmパッケージは、マニフェストの"dependencies"にすべて記述されているか？ 実行時も必要なパッケージが"devDependencies"に含まれていないか？
- 不要なパッケージは含まれていないか？
- npmパッケージ以外に依存しているプログラムはないか？ 外部パッケージのインストールが必要な場合、インストール手順をREADME.mdに記載したか？
- npm auditで脆弱性が報告されるパッケージが含まれていないか？

コード、パッケージを公開する際のチェック

拡張機能のコードはJavaScriptで記述されるため、ソースコードは利用者に公開された状態になります。そのため、拡張機能はGithubなどでオープンソースとして開発することが多いでしょう。したがって、オープンソースのライセンスを設定することが必要になります。

具体的なチェック項目としては以下のとおりです。

- ソースコードはGitHubなどに公開したか？
- Gitにコミットし忘れているファイルや、pushし忘れているコミットはないか？

注3)　npmパッケージのセキュリティのチェックを行う機能です。

- Git にリリースバージョンを示すタグはつけたか？ そのタグを push したか？
- ソースコードや現在の拡張機能開発の作業フォルダー中に公開してはいけないファイルが含まれていないか？
  - .vscodeignore ファイルを作成し、.gitignore と同様に記述することでパッケージから除外できる
- 公開時のプログラムのライセンスは設定したか？ ライセンスを示すファイル（LICENSE ファイルなど）は追加したか？ LICENSE ファイルをコピーして作成した場合、記名すべき箇所をすべて埋めたか？

マーケットプレイスのサイトについてのチェック

　マーケットプレイスに表示される内容はすべてマニフェストで定義します。マニフェストの内容が正しいかを確認します。

- README.md に拡張機能の機能と使い方を記述したか？
- アイコンは 128x128、もしくは 256x256 サイズの PNG で作成したか？ それはリポジトリに含まれているか？
- マニフェスト（package.json）に以下を正しく記述しているか？
  - "version"：バージョン番号
  - "publisher"：拡張機能の作成者
  - "icon"：アイコン画像のパス
  - "description"：拡張機能の概要
  - "categories"：拡張機能のカテゴリ
  - "keywords"：拡張機能を検索するときのキーワード
  - "galleryBanner"：拡張機能のサイトのアイコン・名称の後ろのバナーの色
  - "license"：拡張機能のライセンス
  - "preview"：プレビュー版であるかどうか
  - "repository"：公開リポジトリ（GitHub の URL など）
  - "bugs"：バグ報告ページ（GitHub の Issue ページなど）
  - "homepage"：ホームページ（GitHub のページなど）

▶マーケットプレイスのパブリッシャーを登録する

　以上をチェックして公開してもよい状態になったと判断できたら、いよいよマーケットプレイスへの登録作業です。

　拡張機能をマーケットプレイスで公開するには、事前にパブリッシャー（製作者）を登録する必要があります。まずは、パブリッシャーを登録して、パッケージ公開ツールを準備するところまでを説明します。

トークンの作成

　2023年11月時点では、パブリッシャーの登録にはMicrosoftアカウントとAzure DevOpsのアカウントとオーガニゼーションが必要です。以下のサイトにアクセスし、「無料で始める」「GitHubの使用を無料で開始する」をクリックします。右上のサインインを押すとAzureポータル画面に進みますが、そちらではありません。Microsoftアカウントでログインが求められた後に、Azure DevOpsオーガニゼーションがない場合はオーガニゼーションの作成に進みます。Azure DevOpsのロゴが左上に表示されるページに進むと成功です。

URL https://azure.microsoft.com/ja-jp/services/devops/

　Azure DevOpsへのログインに成功したら、アカウントとアップロードツールを紐付けるためのアクセストークンを取得します。「User Settings」のアイコンをクリックし、表示されるメニューから「Personal access tokens」を選択します。そして標示されるPersonal Access Tokenの画面から「New Token」をクリックします。

図17-2：Azure DevOpsのページから、Personal access tokenを作成する

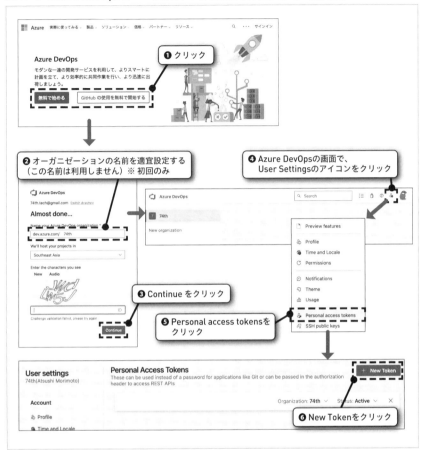

　ここで、以下のように設定してください（**図17-3**）。「Show all scope」を押して隠れている項目を表示する必要があります。

- **Name**：任意の半角英数字（vsce2023など）
- **Organization**：All accessible organizations
- **Expiration**：有効期限として、最長1年の任意の期間を入力する
- **Scopes**：「Custom defined」を選択し、「show all scopes」から、「Marketplace」の「Acquire」と「Manage」にチェックを付ける（**図17-3**）

図17-3：トークンの設定項目

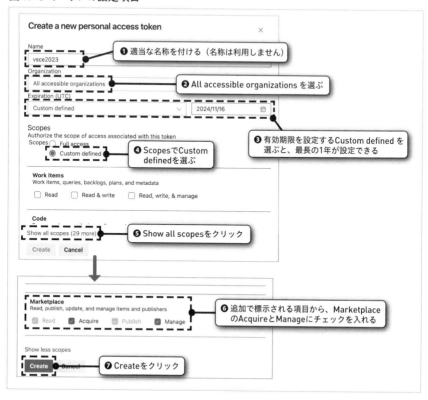

「Create」を押してトークンが作成されると、トークンのテキストのコピーができるようになります（**図17-4**）。

図17-4：トークンの作成の完了

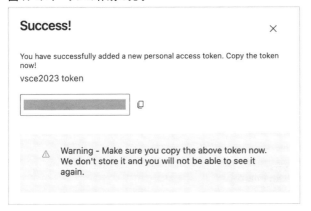

なお、Microsoftは製品名を変えることがあるため、サイトの名称やアカウントの名称が変わっている可能性があります。上記のサイトにアクセスできない場合は、次のVS Codeのサイトを参照して、「Personal Access Token」を取得してください。

URL https://code.visualstudio.com/api/working-with-extensions
/publishing-extension

パブリッシャーの登録

パブリッシャーはツールvsceを使う方法と、マーケットプレイスのサイトから登録する方法があります。ここではより詳細な設定が可能なマーケットプレイスのサイトから行う方法を説明します。

以下のVisual Studio Codeのマーケットプレイスのサイトにアクセスし、まず右上の「Publish Extensions」をクリックします。Microsoftアカウントでサインインした後に、初回はパブリッシャーの登録画面（**図17-5**）が表示されます。

URL https://marketplace.visualstudio.com/

図17-5：パブリッシャーの登録画面

　必須項目はNameとIDのみです。IDは公開する拡張機能の識別子の接頭辞になります。自身の名前を示すIDにしましょう。IDは今後変更することはできませんので気をつけてください。

　最後にCreateを押すと、パブリッシャー登録が完了します。

vsceのインストールと設定

　次に、パッケージの作成、公開を行うツールであるvsceをnpmを使ってインストールします。

```
$ npm install -g vsce
```

　以下のコマンドで、vsceでパブリッシャーにログインします。この際アクセストークンの入力が求められますので、先ほど作成したトークンを貼り付けて入力します。

```
$ vsce login <publisherの名前>
```

▶ VSIXパッケージを作成してテストする

続いて、拡張機能をアップロードできるようにパッケージ化します。VS Code
の拡張機能はVSIXパッケージという形でアップロード、ダウンロードが行わ
れます[4]。

パッケージを作成するには、公開したい拡張機能のルートディレクトリで以
下のコマンドを実行します。

```
$ vsce package
```

このときに、ビルドやpackage.jsonのチェックなども行われます。成功する
と、「markdown-goplay-0.0.1.vsix」のようなパッケージファイルが作成されます。

このVSIXパッケージを手動でVS Codeにインストールして、動作を確認し
ておくとよいでしょう。拡張機能ビューから、オプションメニューの「VSIXか
らインストール（Install from VSIX）」を選択するか、以下のコマンドを実行し
ます（**図17-6**）。

```
$ code --install-extension markdown-goplay-0.0.1.vsix
```

図17-6：VSIXからインストール

インストールに成功すると、その拡張機能は「インストール済みの拡張機能
（@installed）」に表示されるようになります（**図17-7**）。

注4）　これはVisual Studioの拡張機能と同じ形式です。

図17-7：インストール済み拡張機能に表示されている

　デバッグ実行で動作したにもかかわらず拡張機能が動作しない場合、マニフェストに記載されている依存するnpmパッケージ（"dependencies"）が誤っている可能性があります。VSIXパッケージには、"dependencies"に記述したパッケージのみが含まれ、"devDependencies"に記述したパッケージはインストールされません。依存するパッケージはすべて"dependencies"に記述する必要があります。

　以上すべてに問題がないようであれば、パッケージの公開に進みます。

▶拡張機能の公開とアップデート

　拡張機能を公開するには、ルートディレクトリで以下のコマンドを実行します。

```
$ vsce publsh
```

　マーケットプレイス側でテストがあるため少し時間はかかりますが、テストが終わるとマーケットプレイスに自動的に公開されます。テストの結果は、メールで通知されます。メールが来たことを確認して、マーケットプレイスから検索してみてください。

　すでに公開したパッケージのアップデートをするには、パッケージの公開時と同じコマンドを実行します。その際、マニフェストに記載しているバージョンを上げておく必要があります。このとき"version"の値を手動で変更することもできますが、引数にmajor、minor、patchのいずれかを追加すると、自動でマニフェストを書き換えたうえでアップデートが公開されます。

```
$ vsce publish minor
```

　なお、拡張機能の公開を中止するには、以下のコマンドを入力します。

```
$ vsce unpublish <Publisherの名前>.<拡張機能の識別子>
```

## 第18章

Language Server Protocol
エディター拡張のための次世代プロトコル

　本章のテーマは、VS Codeの機能そのものではなく、VS Codeと各プログラ
ミング言語サーバーとの通信プロトコルであるLanguage Server Protocol（以下
LSP）です。

　具体的には、LSPが必要とされるに至った背景とその登場による変化、言語
サーバーとVS Codeの機能分担、そして代表的なLSPの仕様を解説したうえで、
実際にLSPを使った拡張機能を開発します。

　LSPへの理解を通して、VS Codeの機能をよりよく理解していただければと
思います。

LSPとは

　LSPは、プログラミング言語の解析やコード補完をサポートする「言語サー
バー（Language Server）」と、その言語サーバーを使うエディターをつなげるプ
ロトコルです。

　たとえば、コード補完の機能について考えてみましょう。

　コード補完は、現在のエディターの状況に応じて「続きの入力候補」を表示す
る仕組みととらえることができます。このとき、現在の状況、すなわち「現在開
いているファイル」や「入力中のテキスト」などをデータとして受け取り、「続き
の入力候補」をリストアップして返すまでの、プログラミング言語に応じた固有
の処理を行うのが言語サーバーです。一方で、「現在の状況」はエディターから
言語サーバーに送らなければいけませんし、リストアップされた候補を受け取っ
て「続きの入力候補」を表示するのもエディターの役割です。

　このように、補完ひとつとっても、エディターと言語サーバーの間で役割を
分担し、データをやりとりする必要があります。このときの通信プロトコルを

言語、エディターを問わず統一的に定めたものこそが、本章のテーマである
LSPです。

　もちろん、すべてをエディター上で完結させるのであれば、このようなやや
こしいことをする必要はありません。しかし、統一したプロトコルのもとで役
割を分離させることには大きな利点があるのです。

　まず、エディターにとっては、さまざまなプログラミング言語があったとし
ても、LSPをサポートする言語サーバーが実装されていれば、プログラミング
に必要な機能を同じUIで提供できるようになります。これはプログラミング言
語の言語サーバーにとっても同様です。多くのLSPをサポートするエディター
に対して、単一の実装で機能を提供できるようになるわけです。

　本章ではLSPが登場した背景も含めて紹介します。

▶既存のエディター／IDEの問題点

　そもそも、VS CodeとLSPが登場するまで、プログラミングに用いるツール
は大きく2つに分かれていました。

1. さまざまな開発支援機能をあとから追加できる、汎用的なテキストエディ
   ター
2. 特定のプログラミング言語やターゲットに特化し、多くの機能を持つ統合開
   発環境（IDE）

　これらのツールには、それぞれ解決すべき課題がありました。

テキストエディターの事情

　たとえば、1のツールの代表例であるVimは、特に設定を加えなくても、タ
グや辞書補完などのプログラミングで必要とされる機能を持っています。その
うえでVim自体を拡張するための機能も持っており、特定の言語向けの拡張機
能を作成することで、文脈に応じたコード補完や、関数の定義へのジャンプな
どができるようになっています。

　もちろん、このように汎用的でかつ拡張張機能を備えるエディターはVimだ
けではありません。人気のあるものとして、EmacsやSublime Textなど多くの

例が挙げられるでしょう。

　これには一見問題がないように見えるかもしれません。しかし、このように拡張性・多様性があるということは、新しいエディターや新しいプログラミング言語が登場するたびに、そのエディターやそのプログラミング言語のサポートを、それぞれの組み合わせの数だけ作りこまなければならないことを意味します（**図18-1**）。

図18-1：エディターとプログラミング言語の対応

　さらには、一般的にプログラムの進行を停止しながら実行できるデバッグの機能は実現するのが難しく、エディターが十分な機能を持っていないこともしばしばでした。

IDEの事情

　一方、2のツールの例としては、Microsoftが提供するVisual Studioが挙げられます。Visual Studioは、Windowsと.NETアプリケーションの開発に特化して設計されており、デバッグやコード補完など、さまざまな開発支援機能が高いレベルで構築されています。このように、IDEは特定の言語やターゲットに対して作りこまれており、高機能です。

　しかし一方で、それぞれが独自のUIを使って進化していて、汎用的に使えるとは言えません。したがって、言語やターゲットに応じてIDEを使い分ける必要があります。

Visual Studio CodeとLSP

これらの課題を解決すべく登場したのがVS Code、そしてLSPです。

前項で見たように、Microsoftはもともと、2にあたる商用のIDE（Visual Studio）を提供していた代表的な企業でした。しかし、時代の変化から方針を転換し、積極的にオープンソースのソフトウェアを支援したり公開したりするようになりました[注1]。VS Codeも、この一環として2015年4月にMITライセンスのもとで公開されたソフトウェアです。

VS Codeのねらいは、前述の1の環境を使っていた層にもなじみやすいテキストエディターを実現することです。すなわちVS Codeは、Visual Studioで培ったIDEのような高度な開発環境と、拡張性にすぐれた汎用的テキストエディターとを両立させるプロダクトを目指しているのです。

そんなVS Codeのねらいを体現することとなったのが、2016年4月のVS Codeバージョン1.0リリース直後となる同年6月に公開された「プログラミング言語とのプロトコル」、LSPです。

▶LSPが解決しようとしている課題

では、LSPはどのようにして「高度な開発環境と、拡張性にすぐれた汎用的テキストエディターとを両立させる」させるのでしょうか。

前節の内容をまとめると、LSPの登場までには、2つの大きな課題がありました。

- 汎用的なテキストエディターの場合、言語とエディターの組み合わせの数だけ拡張機能の作り込みが必要であったこと
- 専門的な開発環境を持つIDEの場合、言語やターゲットを変えるとそれに合わせてIDEを変える必要があったこと

ここで、LSPというプロトコルに従うという共通認識があったとすればどうでしょう。プログラミング言語側はLSPという統一的なプロトコルを用いる言語サーバーを開発するだけで、どんなエディターでも一定の開発支援機能を得

注1）　そのとりくみの例として、TypeScriptの提供や.NETランタイムのオープンソース化、Windows Subsystem for Linuxなどが挙げられるでしょう。本書でもTypeScriptやWSLについては触れました。

られるようになります。一方のエディター側も、LSPに対応することで個別の言語向けの拡張機能を開発する労力を大きく減らすことができます。すなわちLSPは、テキストエディターの拡張機能の作り込みの負荷を下げることによって、IDEのような高度な機能を実現するリソースを確保することを可能にしたのです。

さらに、LSPを用いる場合エディターと言語サーバーは独立してアップデートできます。言語サーバーをアップデートしても、LSPを満たしていればこれまでどおりエディターから言語サーバーを使うことができます。エディター側も同様で、アップデートしても変わらずLSPをサポートできていれば、継続して言語をサポートできていると言えます。

ただし、LSPにも限界はあります。IDEではプログラミング言語の発展とともに、プロファイリングやデバッガーなどの各種ツールやGUIと緊密に連携した機能を取り込んでいくことができました。一方、LSPはプログラミング言語とエディターの間を仲介するものである以上、LSPが持つ仕様以上の機能を定めることはできません。

2023年11月時点でLSPが持っていない仕様として以下のような機能が挙げられます。

・GUIの構築
・実行中のプログラムの動作を変更する機能

このエディターへの支援機能の仕様を統一しようとする動きは、C#のプログラミング支援機能を提供するOmniSharpの開発においてプロトコルが開発され、それを元に共通のプロトコルとしてまとめられたのが、現在のLSPとなっています。

▶LSPをサポートするツールとプログラミング言語

現在、多くのプログラミング言語や設定ファイルのための言語が、言語サーバーとしてLSPをサポートしています。また、さまざまなエディター(言語サーバーに対する「言語クライアント」)がLSPをサポートし、LSPのエコシステムの上で動作します。

LSPのエコシステム上にあるものの例を挙げます。

- 言語サーバーとして
  - プログラミング言語：C#、C++、Python、Go など
  - 設定ファイルのための言語：JSON、Dockerfile、Terraform など
- 言語クライアントとして
  - VS Code、Emacs、Vim、Sublime Text など

また、それぞれのプログラミング言語、エディターが、LSPのすべての機能をサポートしているわけではありません。サポートしていない機能があるということは、別の言い方をすれば言語サーバーはLSPの一部の機能のみだけをサポートしているとしても、言語サーバーとして使えるということです。実際、VS Codeのリントの拡張機能は、リントを実行する機能（診断）だけをもつ言語サーバーとして作られているものがあります。このような各プログラミング言語やツールのサポート状況のリストはLangserver.org[注2]にまとめられています。

筆者は、この先プログラミングにおいて言語サーバーの利用が一般的になったときには、複数の言語サーバーを組み合わせて使うようになると考えています。

LSPの仕様とVisual Studio Codeの動作

本節では、LSPを介してつながる言語サーバー（Language Server）とエディターとがどのように協調してプログラミングをサポートしているのかを見ていきましょう。

▶ JSON RPCのプロトコル

JSON RPCはリクエストとレスポンスにJSONを用いるプロトコルで、言語サーバーはJSON RPCをサポートするサーバープログラムです。つまり、LSPはこのJSON RPCの仕様を定めたものといえます。言語サーバーとエディター

注2）https://langserver.org/

間の通信経路には、言語サーバーの標準入出力やHTTP通信を使うことができます。

JSON RPCでやりとりされるメッセージには、APIを識別するメソッドとそのパラメータが含まれます。

たとえば、以下のリクエストでは`textDocument/definition`というAPIに、`params`の中身をリクエストパラメータとして送っています。

```
{
  "jsonrpc": "2.0",
  "id": 1,
  "method": "textDocument/definition",
  "params": {
    "textDocument": {
      "uri": "file:///...//instance.go"
    },
    "position": { "line": 38, ... }
  }
}
```

リクエストに対するレスポンスや、後述する通知についても同様です。LSPの仕様では、APIごとにどのようなパラメータを送るべきかがTypeScriptのインターフェイスとして定義されています。

以降は、APIの名前とそのリクエストパラメータ、レスポンスのJSONのみを示し、`id`などの項目は省略します。

▶言語サーバーのライフサイクル

VS Codeでは、拡張機能を起動した段階で、言語サーバーが立ち上がります。言語サーバーが立ち上がったら、エディターはユーザーがファイルを開いたり変更を加えたのに合わせて、開いたファイル、変更を加えたファイルの情報を言語サーバーに通知します。

このとき、ファイルが開かれたなら`textDocument/didOpen`、ファイルが変更されたなら`textDocument/didChange`といったAPIが使われます。こうした通知によって言語サーバーは、エディターが開いているファイルやその(保存されていない)変更点を知ることができ、後述する言語サーバー側からの通知に利用できます(図18-2)。

18

Language Server Protocol

図18-2：エディターから言語サーバーへの通知

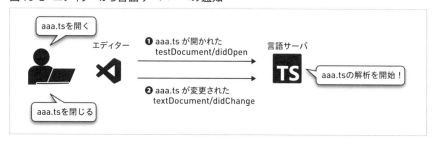

　通知は言語サーバーからエディターへ送ることもできます。たとえば、言語サーバーで行ったコンパイルやリントの結果などは、LSPにおいて「診断（Diagnostics）」と呼ばれ、言語サーバーからエディターに通知されます。診断の通知は**図18-3**のように`textDocument/publishDiagnostics`というAPIを使って送られ、エディターは必要に応じてそれをUIに反映できます。なおこのとき、エディターで開いているファイルは先の通知によりわかっているため、すべてのファイルを対象にしてコンパイルやリントを実行しなくても構いません。

図18-3：言語サーバーからエディターへの通知

　前述の「通知」はエディターと言語サーバーとの間で非同期に情報を送る例でしたが、エディターからのリクエストとそれに対する言語サーバーのレスポンスという形で同期的に通信するプロトコルも用意されています。エディター上での操作の多くは、こういったエディターから言語サーバーへのリクエストとして扱われます。言語サーバーからエディターへのリクエストもありますが、ファイルの変更の反映や設定の取得などに限られています。

　たとえば、VS Codeでカーソル位置にある型の定義を調べようと、ユーザーが F12 キーを押したとしましょう。するとエディターは、カーソル位置の定義

の場所を言語サーバーに問い合わせるリクエストを送ります。**図18-4**のように、これには`textDocument/definition`というAPIが使われます。言語サーバーは、そのリクエストへのレスポンスとして、定義の情報をエディターに伝えます。

図18-4：エディターから言語サーバーへのリクエストとその応答

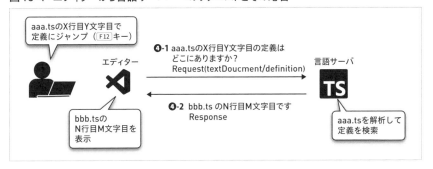

こうしてやりとりされた情報を通じ、エディターはユーザーに機能を提供します。

そしてファイルの編集が終わってファイルを閉じたら、エディターはそのことを言語サーバーに通知します。このときには、**図18-5**のように`textDocument/didClose`というAPIの通知が使われます。

図18-5：エディターから言語サーバーへのファイルを閉じたことの通知

以上が、一連のエディターと言語サーバーの動作です。まとめると、LSPでの通信には以下のような特徴があると言えるでしょう。

18

Language Server Protocol

- エディターと言語サーバーの間の通信の方法は以下の主に以下の3種類である
  - エディターから言語サーバーへの通知
  - 言語サーバーからエディターへの通知
  - エディターからのリクエストと言語サーバーからのレスポンス
- 言語サーバーの存在により、エディターはプログラミング言語の文法やツールについて把握する必要がない。エディターが管理しておくべき情報は以下の3つに限られる
  - エディターで開いているドキュメントのファイルパス
  - そのドキュメントに現在行われている変更
  - エディターのカーソルの位置
- 言語サーバーは開いているファイルをエディターから知らされるため、コンパイルやリントによる検証は開いているファイルだけを対象にできる

　言語サーバーからエディターへのリクエストがなかったり、エディターではプログラミング言語の文法を管理しないことなどから、LSPの仕様はプログラミング言語サーバー側よりも、エディター側の事情に寄り添ったものであると言えます。

　次節からは、補完や定義ジャンプなどの具体的な機能を例にとって、LSPの各通知とリクエストについて見ていきます。

コード補完のプロトコル

　本節ではコード補完に関連するプロトコルを扱います。コード補完は、言語サーバーがはじめから知っているプログラミング言語の文法と、エディターが把握している「呼び出された文脈」の両方を組み合わせなければ提供できない機能です。

　たとえば、TypeScriptなど静的型付けのプログラミング言語において、メソッドやプロパティの入力補完を行うケースを考えてみましょう。このとき、ファイル全体を解析してソースコード中のそれぞれ変数の型を推論できたとしても、どこでコード補完を呼び出したかといった「文脈」がなければ、どの変数

に対する補完候補を表示すればよいかわかりません。

　本節では、エディターと言語サーバーとがどのように文脈を共有し、コード補完を実現させているかを見ていきましょう。

▶エディターからのリクエスト

　LSPでは、コード補完の機能は「補完（Completion）」と呼ばれます。ユーザーが補完候補を表示するための操作をしたり、エディターがユーザーのテキスト入力に応じて自動で補完候補を表示しようとすると、エディターは補完のリクエストのAPI textDocument/completionに、以下の要素を持つパラメータCompletionParamsを送ります。なお、これ以降掲載するパラメータの項目やクラス図において、末尾に?の付く項目は任意項目であることを意味します。

- **textDcoument**：対象とするファイル。URI を指定する
- **position**：ファイル中でのカーソル位置。行番号と列番号からなる
- **context**：コード補完が呼び出された際の文脈。以下を指定する
  - **triggerKind**：補完が呼ばれたきっかけ。「ユーザーが手動で補完機能を呼び出したとき」「ユーザーのテキストを入力に応じて、エディターが自動で補完機能を呼び出したとき」「ユーザーが誤った補完結果に対する再補完を呼び出したとき」の3通りがある
  - **triggerCharacter?**：補完を呼ぶきっかけとなった文字列

　なお、このCompletionParamsはTextDocumentPositionParamsを継承したもので、もととなっているTextDocumentPositionParamsにはtextDcoumentとpositionのみが含まれます。クラス図でCompletionParamsを表すと**図18-6**のようになります。パラメータの中に、文法の要素名などプログラミング言語の文法に関する項目が含まれていないことに注目してください。

図18-6：CompletionParams

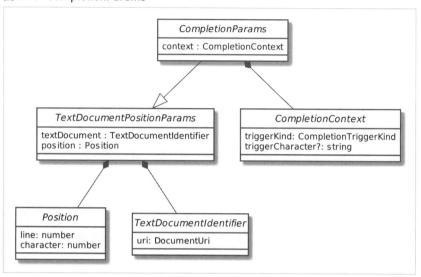

VS Code の Go の拡張機能と、Go のオフィシャル言語サーバーである gopls[注3]
を使った例を見てみましょう。ソースコードの**図18-7**の位置で補完を行った際
のリクエストは以下のようになります。

図18-7：補完のカーソル位置

```
51    // Done タスクを完了にする
52    func (s *instance) Done(id int) error {
53        fmt.
54        for i, task := range s.tasks {
55            if task.ID == id {
56                s.tasks[i].Done = true
57                return nil
58            }
59        }
60        return fmt.Errorf("Not found id:%d", id)
61    }
62
```

```
{
  "textDocument": {
    "uri": "file:///.../vscode-book-golang/repository/instance.go"
  },
```

注3）https://github.com/golang/tools/tree/master/gopls

```
  "position": {
    "line": 52,
    "character": 5
  },
  "context": {
    "triggerKind": 1
  }
}
```

　Go の 拡 張 機 能 で の 補 完 の リ ク エ ス ト に は、入 力 中 の テ キ ス ト `triggerCharacter`は含まれておらず、カーソル位置の行数と文字数、補完が呼ばれたきっかけの種類だけが送られています。入力中のテキストはドキュメントの変更イベントで送られているのでこれで十分なのです。

▶言語サーバーからのレスポンス

　続いて、先ほどのリクエストに対する言語サーバーのレスポンスを見てみましょう。

　コード補完のレスポンスである`CompletionList`には、個々の補完候補である`CompletionItem`のリストが使われます。`CompletionItem`には以下のように多くの項目が含まれていますが、必須項目は`label`のみとなっています。

18

Language Server Protocol

- **label**：ラベル。insertText の値がない場合、この値がそのまま入力される
- **kind?**：種類。以下のように数値で定義されている
  - **1**：テキスト
  - **2**：メソッド
  - **3**：関数
  - **4**：コンストラクタ
  - **…**
- **detail?**：タイプやシンボル情報などの追加情報
- **documentation?**：補完候補のドキュメント。文字列もしくは Markdown 形式で指定する
- **insertText?**：補完を決定した際に入力されるテキスト
- **additionalTextEdit?**：候補を決定した際に行われる編集内容。テキストの追加だけではなく、テキストの置き換えなども含まれる

CompletionListをクラス図に表すと**図18-8**のようになります。なお、
CompletionListのisIncompleteがtrueの場合、さらにタイピングして文
字を増やすことで、単純な絞り込みとは違った形で候補が変わることを示して
います。

図18-8：CompletionList

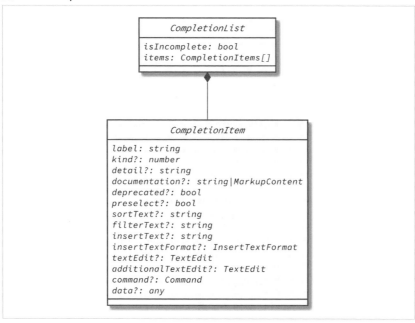

先ほどのGoの補完の操作では、**図18-9**のように複数の補完候補が表示され
ました。各項目の先頭のアイコンは**kind**によって決められます。実際のレス
ポンスの内容を抜粋すると以下のとおりです。

図18-9：Goのコード上で補完をした結果

```json
{
  "isIncomplete": true,
  "items": [
    {
      "label": "Errorf",
      "kind": 3,
      "detail": "func(format string, a ...interface{}) error",
      "documentation": "Errorf formats to a format specifier ...",
      "preselect": true,
      "sortText": "00000",
      "filterText": "Errorf",
      "insertTextFormat": 2,
      "textEdit": {
        "range": {
          "start": { "line": 52, "character": 5 },
          "end": { "line": 52, "character": 5 }
        },
        "newText": "Errorf(${1:})"
      },
      "command": {
        "title": "",
        "command": "editor.action.triggerParameterHints"
      }
    },
    ...
  ]
}
```

labelに選択肢となっているテキスト "Errorf" が渡され、kindは3（関数）となっています。また、detailとdocumentationに、ポップアップで表示されるテキストが格納されています。さらに、この候補を選択したときのファイルの変更がtextEditに格納されています。

501

以上、コード補完のリクエストとレスポンスを紹介しました。

定義への移動、参照の検索

第2章でも解説したとおり、VS Codeでは定義のドキュメントをポップアップで表示したり、その定義の位置まで直接移動したり、あるいは定義を参照している場所を一覧で表示するといった機能があります。これらはコードリーディングではなくてはならない機能です。定義をたどるときには、エディタで現在開いているファイルだけではなく、別のファイルに飛ぶこともあるでしょう。

このような機能を実現するためのAPIも、LSPで定義されています。本節ではこのうち、「定義への移動」と「参照先の表示」について簡単に紹介します。

▶定義への移動

まずは定義への移動です。「定義への移動」のリクエストには、`textDocument/definition`を使います。このリクエストのパラメータには、補完の説明の際に触れた`TextDocumentPositionParams`が使われます。

前節と同様、実際にGoのコード上で F12 キーを押して定義への移動を行った際のリクエストは以下のようになります。

```
{
  "textDocument": {
    "uri": "file:///.../vscode-book-golang/repository/instance.go"
  },
  "position": { "line": 38, "character": 36 }
}
```

リクエストには対象とするファイルを示すURI(`textDocument.uri`)と、カーソル位置(`position`)が含まれていることがわかります。

これに対するレスポンスには`Location`型、またはそのリストが使われます。`Location`型は以下の要素を持ちます。

・**uri**：対象とするファイルのURI(textDocumentではなく、URIが直接指定されることに注意)

- **range**：その定義が示すコードの範囲。以下を含む
  - **start**：範囲の先頭の位置。positionと同様行番号と列番号で指定
  - **end**：範囲の末尾の位置

今回の例では、以下のとおりLocation型のリスト（1要素のみ）になりました。

```
[
  {
    "uri": "file:///.../vscode-book-golang/repository/instance.go",
    "range": {
      "start": { "line": 31, "character": 6 },
      "end": { "line": 31, "character": 7 }
    }
  }
]
```

▶参照先の表示

次に参照先を表示するプロトコルを見ていきます。

LSPの参照先を表示するリクエスト textDocument/references のパラメータ ReferenceParams は、やはり textDocumentPositionParams を継承しており、以下の要素を含んでいます（**図18-10**）。

- **textDcoument**：対象とするファイル。URIを指定する
- **position**：ファイル中でのカーソル位置。行番号と列番号からなる
- **context**：結果に定義自体を含むかどうかを示す includeDeclaration を指定する

18

Language Server Protocol

図18-10：ReferenceParams

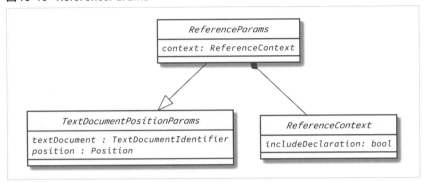

実際のGoでのリクエストは以下のとおりです。

```
{
  "textDocument": {
    "uri": "file:///.../vscode-book-golang/repository/instance.go"
  },
  "position": { "line": 38, "character": 36 },
  "context": { "includeDeclaration": true }
}
```

　これもリクエストのパラメータとしてファイルのURIとカーソル位置、設定値だけを渡すようになっており、言語の文脈などは渡されていません。
　続いてはこれに対するレスポンスです。とはいえ、こちらは定義への移動と同じLocationのリストであるため付け加えて説明することはありません。今回は以下のようになりました。

```
[
  {
    "uri": "file:///.../vscode-book-golang/model/tasks/task.go",
    "range": {
      "start": { "line": 3, "character": 5 },
      "end": { "line": 3, "character": 9 }
    }
  },
  {
    "uri": "file:///.../vscode-book-golang/repository/instance.go",
    "range": {
      "start": { "line": 10, "character": 15 },
      "end": { "line": 10, "character": 19 }
    }
```

```
  },
  ...
]
```

リストの1つ目は、Task型を定義しているファイルを指しており、範囲（range）は型の名前であるTaskの文字数、すなわち4文字分になっていることがわかります。リストの2つ目もTask型を参照しているファイルを同様に指しています。

以上、定義への移動と、参照の検索のリクエストを見てきました。ここでもレスポンスにはソースコードのファイルパス（URI）とファイル中の位置、簡単な設定値のみを渡すプロトコルになっていて、プログラミング言語に関する情報は含まれていないということがわかります。

診断とコードアクション

VS Codeのリント機能は、ファイルを開いた際などにコマンドをバックグラウンドで非同期に実行し、もしエラーがあればそれをソースコードに表示するというものです。第14章でも述べたとおり、こうして表示されるエラーの情報を「診断（Diagnostics）」と呼びます。VS Codeでリントが非同期に動作していることからもわかるとおり、診断を言語サーバーを使って実現する場合には、言語サーバーからの通知として実装することになります。

またこの際、自動で解消できそうなエラーにはクイックフィックスが表示されることがあります（図18-11）。こうしたクイックフィックスとして提示される動作を、LSPでは「コードアクション」と呼びます。

図18-11：クイックフィックス

　本節では、診断とコードアクションに関するLSPの仕様を解説します。

▶診断

　言語サーバーからの診断の通知には`textDocument/publishDiagnostics`を使います。

　通知を使うため、言語サーバーは任意のタイミングでエディターに診断を送ることができます。エディターから送られた「ファイルを開いた(`textDcoument/didOpen`)」「ファイルを保存した(`textDocument/didChange`)」といった通知をトリガーにビルドやリントを実行し診断を送信するものの、エディターがリントの実行を待って停止することはありません。

　まずは、診断のパラメータ`PublishDiagnosticsParams`を見ていきましょう(図18-12)。診断はファイル(URI)ごとにまとめて送信され、そこに複数の診断Diagnosticが格納される形となっています。

- **uri**：対象とするファイルのURI(textDocumentではなく、URIが直接指定されることに注意)
- **diagnostics**：個々の診断を示すDiagnosticのリスト。個々の診断は以下を含む
  - **range**：その診断が示す範囲
  - **severity?**：重大度(エラー、警告、情報、ヒントの4段階)
  - **code?**：診断のリストに表示するコード名
  - **source?**：診断を報告しているツール名
  - **message**：表示するエラーメッセージ
  - **relatedInformation?**：関連情報

図18-12：PublishDiagnosticsParams

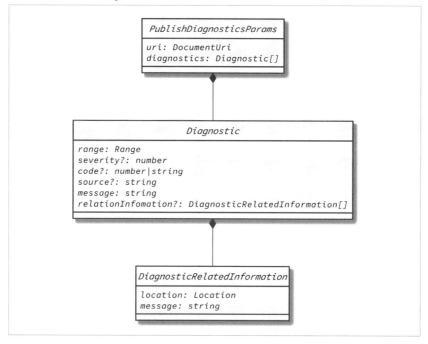

　たとえば、Goで未使用のインポートがあった場合の診断を見てみましょう（**図18-13**）。このとき、PublishDiagnosticsParamsとして以下のJSONが送信されます。

図18-13：Goの未使用のインポートのエラー

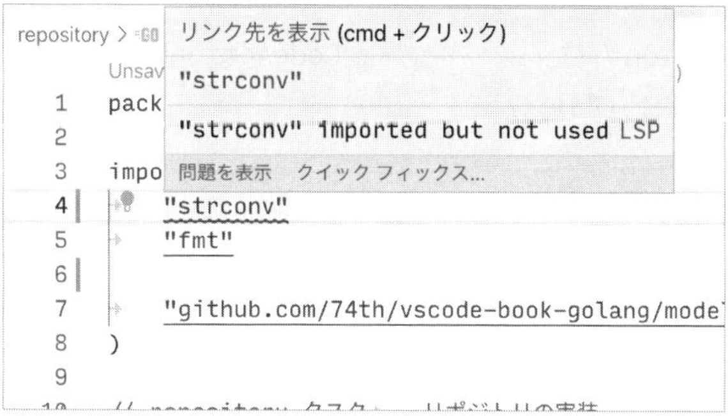

```
{
  "uri": "file:///.../vscode-book-golang/repository/instance.go",
  "diagnostics": [
    {
      "range": {
        "start": { "line": 3, "character": 1 },
        "end": { "line": 3, "character": 10 }
      },
      "severity": 1,
      "source": "LSP",
      "message": "\"strconv\" imported but not used"
    }
  ]
}
```

エラーの範囲がrangeに、エラーのメッセージがmessageに格納されている
ことがわかります。

▶コードアクション

上記で個々の診断を示すDiagnosticにはコードアクションが含まれていま
せんでした。コードアクションは、エディターから言語サーバーへのリクエス
ト（textDocument/codeAction）として診断とは別に定義されています。

コードアクションは通知ではなくリクエスト／レスポンスの形式であること
に注意してください。つまり、診断を修正するコードアクションを表示するた
めには、コードアクションをエディターから要求しなければなりません。また、
コードアクションは診断にもとづかないファクタリングの表示にも使われてい
ます。VS Codeの場合、カーソルを移動をするたびに（その位置の診断の有無
に関わらず）コードアクションの要求を行います。

textDocument/codeActionのパラメータであるCodeActionParamsは以
下のような要素を持っています（**図18-14**）。

- **textDocument**：対象とするファイル。URIを指定する
- **range**：現在のカーソルや選択範囲の位置
- **context**：コードアクションが要求された際の文脈。診断と紐付けるために、
  Diagnosticのリストが含まれる

図18-14：コードアクションの要求（CodeActionParams）

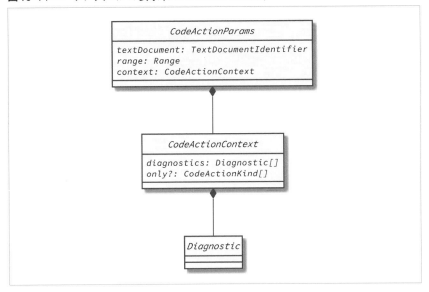

先ほどの診断に対するコードアクションのリクエストの場合、パラメータは以下のようになります。

```
{
  "textDocument": {
    "uri": "file:///.../vscode-book-golang/repository/instance.go"
  },
  "range": {
    "start": { "line": 3, "character": 5 },
    "end": { "line": 3, "character": 5 }
  },
  "context": {
    "diagnostics": [
      {
        "range": {
          "start": { "line": 3, "character": 1 },
          "end": { "line": 3, "character": 10 }
        },
        "message": "\"strconv\" imported but not used",
        "severity": 1,
        "source": "LSP"
      }
    ]
  }
}
```

18

Language Server Protocol

ドキュメントのパスが`textDocument.uri`に指定され、カーソルの位置が`range`として渡されています。また、受けとった診断がそのまま`context.diagnostics`に格納されていることがわかります。

続いて、これに対するレスポンスを見てみましょう。この応答は、Command、もしくは`CodeAction`のリストになります。詳しくは後述しますが、`CodeAction`は`Command`を含むことがあり、クラス図に表すと**図18-15**のようになります。

図18-15：CodeAction

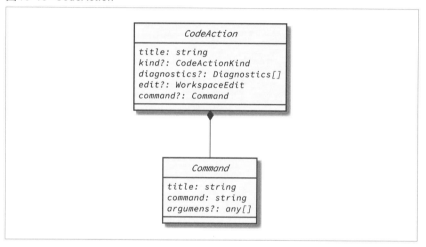

Commandは、`workspace/executeCommand`というリクエストに与えるコマンドを示します。これはワークスペースに対する何らかの命令を意図したものですが、コマンドをどのように処理するかは言語サーバー側の実装に依存します。

一方CodeActionは、以下のようなものを含んでいます。コードアクションで行う処理を示す`command`か`edit`のどちらかがあることが必須となっています。

- **title**：コードアクションの名前
- **kind?**：コードアクションの種類。以下を指定できる
  - **quickfix**：クイックフィックス
  - **refactor**：（種類を指定しない）リファクタ
  - **refactor.extract**：メソッドや、インターフェイスの導出のリファクタ

- **refactor.inline**：メソッドや変数の埋め込みのリファクタ
- **refactor.rewrite**：使われていない引数の削除など、書き換えのリファクタ
- **source**：1つのソースコード中で完結する修正
- **source.organizeImports**：インポートの整理の修正
- **diagnostics?**：個々の診断を示す Diagnostic のリスト
- **edit?**：コードアクションで実行する編集内容
- **command?**：コードアクションで実行するコマンド

先ほどのリクエストに対するレスポンスは以下のようになりました。

```
[{
  "title": "Delete import: \"strconv\"",
  "kind": "quickfix",
  "diagnostics": ...,
  "edit": {
    "changes": {
      "file:///.../vscode-book-golang/repository/instance.go": [
        {
          "range": {
            "start": { "line": 3, "character": 0 },
            "end": { "line": 4, "character": 0 }
          },
          "newText": ""
        }
      ]
    }
  }
}, ...]
```

18

Language Server Protocol

種類を示す kind には "quickfix" が渡されています。また、詳細について
は説明しませんが、その行を削除する処理が edit.changes に含まれているこ
とが見てとれるのではないでしょうか。

以上、本節では診断とコードアクションを見てきました。

本章の冒頭でも述べましたが、LSPは言語サーバーに対しすべての機能の実
装を要求していません。たとえば、「リントによる診断のみ」「特定の修正に特化
したコードアクションのみ」といった機能を提供する言語サーバーを実装し利用
することもできます。次節では、実際に診断を提供する言語サーバーの実装に挑
戦します。

言語サーバーとしてリントの拡張機能を作成する

　ここまでLSPの仕様を実例とともに見てきて、LSPへの理解が深まってきたかと思います。本章のまとめとして、本節では簡単な言語サーバーを実装します。

　VS Codeのリントの拡張機能の多くは、診断の機能のみをもつ言語サーバーとして実装されています。これにより、保存前の入力途中のテキストに対して処理をしたり、今開いているファイルに対してのみ処理をしたりと、第14章で扱ったタスクプロパイダとして実装する場合と比べてより豊富な機能を持たせることが可能です。本節では、第14章で作ったのと同様のリントの拡張機能を、言語サーバーを使って実装します。

　なお、ソースコード全体については以下のリポジトリで公開していますので、必要に応じて参照してください。

URL https://github.com/74th/vscode-book-r2-line-length-linter/tree/main/as-language-server

▶拡張機能の概要と実装の流れ

　この拡張機能は、以下のような順で動作します。なお、本節では拡張機能の実装全体のうち、「LSPのエディター側として言語サーバーを起動、接続する」部分を「言語クライアント（Language Client）」と呼びます。

1. 拡張機能が起動する
2. 言語クライアントが言語サーバーのモジュールを指定し、サーバーを起動・接続する
3. LSPのどの機能を有効にするかを言語サーバーが宣言する
4. ファイルを開いたり変更したりといった通知を言語サーバーが受け取る
5. 言語サーバーが通知に応じてリントを実行し、結果を診断として言語クライアントに通知する
6. 言語クライアントが診断の内容をVS Codeに伝え、問題ビューとソースコード上にリントの結果が表示される

　このような拡張機能を作るには、言語サーバーと言語クライアントをそれぞれ実装する必要があります。手間がかかると感じられるかもしれませんが、npmモジュールとして提供されている vscode-languageserver[注4] と vscode-languageclient[注5] を使うことで、VS Code／言語サーバー間の通信を実装する必要がなくなり、通常の VS Code の拡張機能の作成と変わらない手軽さで言語サーバーとクライアントを作成できます。

　実装手順は以下のとおりです。

1. Yeoman を実行して拡張機能のひな形を作る
2. 言語サーバーと言語クライアントを実装するフォルダーを作成し、必要なモジュールをインストールする
3. マニフェストの "activationEvents" に、目的の言語のファイルを開くイベントを追加する
4. 最低限の言語サーバーの実装をする
5. 言語クライアントが言語サーバーを起動するよう実装する
6. 言語サーバーが「ファイルを開いた」「ファイルを保存した」といった通知を受け取るよう実装する
7. 通知に応じて言語サーバーがリントを実行する処理を実装する
8. 出力を解析して診断を言語クライアントに通知する処理を実装する

▶ vscode-languageserver/client で開発をはじめる

　まず、これまでどおり Yeoman を使って、TypeScript の拡張機能のひな形を作成します。

```
# どんな拡張機能を作りたいのか
? What type of extension do you want to create? New Extension (TypeScript)
# 拡張機能の名称
? What's the name of your extension? line length linter
# 拡張機能の識別子
? What's the identifier of your extension? line-length-linter
# 拡張機能の説明
```

注4）https://www.npmjs.com/package/vscode-languageserver
注5）https://www.npmjs.com/package/vscode-languageclient

18

Language Server Protocol

```
? What's the description of your extension? line length linter
# git initを実行するか
? Initialize a git repository? Yes
# npmとyarnのどちらのNode.jsのパッケージマネージャを使うか
? Which package manager to use? npm
```

　次に、言語サーバーと言語クライアントとでフォルダーを分割します。今回は以下のようなフォルダー構成としました。server、clientのそれぞれのフォルダーにnpmのマニフェストを置いています。

```
.
|-- package.json          ……拡張機能のマニフェスト
|-- tsconfig.json         ……TypeScriptの設定
|-- server               ……言語サーバーのフォルダ
|   |-- src              ……TypeScriptのソースコード
|   |    `-- server.ts
|   |-- out              ……コンパイル後のJavaScriptのコード
|   |-- package.json     ……言語サーバーのマニフェスト
|   `-- tsconfig.json    ……TypeScriptの設定
`-- client               ……言語クライアントのフォルダ
    |-- package.json     ……言語クライアントのマニフェスト
    |-- src              ……TypeScriptのソースコード
    |    `-- extension.ts
    |-- out              ……コンパイル後のJavaScriptのコード
    `-- tsconfig.json    ……TypeScriptの設定
```

　必要なフォルダーを作ったら、サーバー／クライアントともに必要なモジュールのインストールなどを行います。まずはserverフォルダーです。

```
# 以下はserverフォルダー内で行う
# 言語サーバーのnpmマニフェストの作成
$ npm init

# 言語サーバーで必要なモジュールのインストール
$ npm install --save vscode-languageserver vscode-languageserver vscode-uri

# TypeScriptの設定のコピー
$ cp ../tsconfig.json ./
```

　clientフォルダーも同じように準備します。

```
# 以下はclientフォルダー内で行う
# 言語クライアントのnpmのマニフェストの作成
$ npm init

# 言語クライアントで必要なモジュールのインストール
```

```
$ npm install --save vscode-languageclient

# Type Scriptの設定のコピー
$ cp ../tsconfig.json ./
```

ルートフォルダーのtsconfig.jsonは不要になるので、最後に削除しておきましょう。

続いて、拡張機能のマニフェストを編集します。

```
// package.json

{
  "name": "line-length-linter",
  "displayName": "line length linter",
  "description": "",
  "version": "0.0.1",
  "engines": {
    "vscode": "^1.76.0"
  },
  "categories": [
    "Linter"
  ],
  "activationEvents": [
    // Goのファイルを開いたら起動するよう設定
    "onLanguage:go",
  ],
  // 言語クライアントのエントリポイント
  "main": "./client/out/extension.js",
  "contributes": {
    "configuration": [
      {
        // 拡張機能の設定
        "title": "Line Length Linter",
        "properties": {
          // "lll.maxLength"という設定値を作成する
          "lll.maxLength": {
            "type": "number",
            "default": 80
          },
        }
      }
    ]
  },
  // ...
}
```

起動イベント("activationEvents")として、この例ではGo言語のファイルを開いたときを指定しています。言語固有のツールの場合にはこのように言語IDを指定しますが、言語に依存しない場合には*を指定して、VS Code起動

時に拡張機能が起動するようにも指定できます。

　また、エラーとする桁数を指定する設定として、コントリビューションポイント（"contributes"）の"configuration"に設定"lll.maxLength"を作成しました。これにより設定（settings.json）にこの項目が追加されるようになります。

▶最小機能の言語サーバーの実装

　次は、言語サーバーが動作するための最小機能を実装していきましょう。言語サーバーから言語クライアントへ接続を確立し、同期するドキュメントや通知を設定するコードは以下のようになります。

```typescript
// server/src/server.ts

import {
  createConnection,
  TextDocuments,
  ProposedFeatures,
  InitializeParams,
  DidChangeConfigurationNotification,
  TextDocumentSyncKind} from 'vscode-languageserver/node';

// 接続を管理するモジュール
let connection = createConnection(ProposedFeatures.all);

// 言語クライアントからドキュメントに関するイベントを受け取るモジュール
let documents = new TextDocuments(TextDocument);

// 初期化前のイベント
connection.onInitialize((params: InitializeParams) => {
  return {
    // 言語サーバーの仕様
    capabilities: {
      // ドキュメントの同期を行う
      textDocumentSync: TextDocumentSyncKind.Full
    }
  };
});

// 言語クライアントと接続したときのイベント
connection.onInitialized(() => {

  // 設定変更の通知を受け取れるようにする
  connection.client.register(
    DidChangeConfigurationNotification.type,
    undefined
  );
});
```

```
documents.listen(connection);
connection.listen();
```

ここでは、接続を管理するオブジェクト vscode-languageserver.
Connection を関数 vscode-languageserver.createConnection() で構築
し、LSPで用いる機能の設定や受け取りたい通知をイベントハンドラに登録し
たうえで、Connection.listen() で言語サーバーを開始しています。vscode-
languageserver.Connection の持つメソッド、プロパティ、イベントハン
ドラは次のとおりです。

- **listen()**：接続の待ち受けを開始するメソッド
- **client: RemoteClient**：接続した言語クライアントを示すプロパティ。
  RemoteClient は以下のメソッドを持つ
  - **register(type: NotificationType, registerParams)**：言語クライアントから
    指定した通知を受け取れるようにするメソッド
- **onInitialize(handler: RequestHandler)**：言語サーバーの接続初期化前に呼ば
  れるイベントハンドラ。言語サーバーでサポートする機能などを伝える
  Initialize Request[注6] を実装する
- **onInitialized(handler: NotificationHandler)**：言語クライアントと接続後に呼
  ばれるイベントハンドラ。言語サーバーが受け取りたい通知を伝える
  Initialize Notification[注7] を実装する

なお、言語サーバー、言語クライアント間で共有するソースコードなどのファ
イルを、LSPでは「ドキュメント」と呼びます。言語クライアントからドキュメ
ントを開いたり、編集したりといったイベントを受け取るには、ドキュメント
のイベント受け取りを開始するメソッド listen() を持つ vscode-
languageserver.TextDocuments を使います。

今回は、onInitialize にドキュメント同期の仕様 textDocumentSync として、
すべてのファイルの変更を受け取れるようになる設定の TextDocumentSyncKind.
Full を指定しています。

注6) https://microsoft.github.io/language-server-protocol/specifications/lsp/3.17/specification/#initialize
注7) https://microsoft.github.io/language-server-protocol/specifications/lsp/3.17/specification/#initialized

18

Language Server Protocol

▶言語クライアントの実装

　続いて言語クライアントを実装しましょう。拡張機能の初期化イベントであるactivate関数の中で、言語クライアントを開始します。言語クライアントのコンストラクタ new LanguageClient()には、拡張機能のIDとユーザーに表示される名前のほか、サーバー／クライアント双方の設定を引数として渡します。具体的には、以下のようになります。

```
// client/src/extension.ts

import * as path from "path";
import * as vscode from "vscode";
import {
  DocumentSelector,
    LanguageClient,
    LanguageClientOptions,
    ServerOptions,
    TransportKind
} from 'vscode-languageclient/node';

let client: LanguageClient;

export function activate(context: vscode.ExtensionContext) {

  // 言語サーバーのプログラムのパス
  let serverModule = context.asAbsolutePath(
    path.join("server", "out", "server.js")
  );

  // 言語サーバーの起動方法や接続方法の設定
  let serverOptions: ServerOptions = {
    run: {
      // NodeJSのモジュールとして指定する
      module: serverModule,
      // 言語サーバーとの通信方法を指定する
      // NodeJSのモジュールの場合には以下を用いる
      transport: TransportKind.ipc
    },
    debug: {
      module: serverModule,
      transport: TransportKind.ipc,
      // デバッグオプションはデバッグ時のみ付与する
      options: {
        execArgv: ["--nolazy", "--inspect=6010"]
      }
    }
  };
```

```
  // 同期するドキュメントを指定する
  // 以下ではすべてのファイルを同期するようにしている
  const documentSelector = [
    { scheme: "file" },
  ] as DocumentSelector;

  // 言語クライアントの設定
  const clientOptions: LanguageClientOptions = {
    documentSelector,
  };

  // 言語クライアントの作成
  client = new LanguageClient(
    // 拡張機能のID
    "line-length-linter",
    // ユーザー向けの名前（出力ビューで使用される）
    "Line Length Linter",
    serverOptions,
    clientOptions
  );

  // 言語クライアントの開始
  client.start();
}

export function deactivate(): Thenable<void> | undefined {
  if (!client) {
    return undefined;
  }
  return client.stop();
}
```

　言語サーバーのオプション serverOptions はサーバーの起動のために必要な情報で、以下のようなプロパティを持つオブジェクトです。ここでは、run に Node.js のモジュールを指定しています。

- **run: Executable**：言語サーバーを起動したり、言語サーバーに接続するための情報を指定するプロパティ
- **debug: Executable**：run に加えて拡張機能のデバッグ時の設定を指定するプロパティ

　一方、言語クライアントのオプション clientOptions は、言語サーバーと同期したいドキュメントの種類を指定する DocumentSelector をプロパティとして持つオブジェクトです。DocumentSelector は以下のいずれかのプロパ

ティを持つオブジェクトのリストであり、同期したいドキュメントを言語IDや
Globパターンで指定できます。

- **language: string**：言語IDで指定する
- **pattern: string**：ファイル名をGlobパターンで指定する
- **scheme: string**：開いたファイルを示す"file"、または保存されていないファイルを示す"untitled"のどちらかを指定する

　たとえば、同期するドキュメントの言語をGoに限定するのであれば、以下の2通りの指定のしかたができます。例では2つ指定を並列に記述していますが、実際にはどちらかのみで問題ありません。

```
const documentSelector = [
  // 言語IDを指定する方法
  {
    language: "go"
  },
  // Globパターンで指定する方法
  {
    pattern: "**/*.go"
  },
] as ls.DocumentSelector;
```

　今回の例では、すべてのファイルを同期するようにスキーマ **"file"** を使っています。
　言語クライアントの実装は以上になります。

▶言語サーバーが通知を受け取れるようにする

　次は、「ファイルを開いたとき」などのイベントを言語サーバーが通知として受け取り、処理を実行できるようにしましょう。これには、TextDocumentsクラスの以下のイベントハンドラを使います。

- **onDidChangeContent: Event**：入力により書き換えたとき（保存する前の状態を含む）
- **onDidOpen: Event**：ドキュメントが開かれたとき
- **onWillSave: Event**：ドキュメントを保存する直前

- **onDidSave: Event**：ドキュメントが保存されたとき
- **onDidClose: Event**：ドキュメントを閉じたとき

　今回は TextDocuments 型のイベントハンドラのうち onDidOpen（ファイルを開いたとき）と onDidSave（保存したとき）を使いましょう。

　これらのイベントハンドラの引数になる TextDocumentChangeEvent には、同期しているドキュメントの情報が document: TextDocument として格納されています。これを使うと、「言語クライアントから先述の通知を受け取ったとき、ドキュメントに対してリントを行う関数 validateTextDocument を実行する」という処理は以下のように書けます。

```
// server/src/server.ts

// 開いたときのイベント
documents.onDidOpen(e => {
  validateTextDocument(e.document);
});

// 保存したときのイベント
documents.onDidSave(e => {
  validateTextDocument(e.document);
});

// リントの実行
async function validateTextDocument(textDocument: ls.TextDocument): Promise<
void> {
  // ...
}
```

▶リントを実行する

　続いて、リントのコマンドを実行する処理を記述します。

　コマンド実行のためには、まず対象となるファイルのパスがわからなければなりません。同期しているドキュメントを示すインターフェイス vscode-languageserver.TextDocument は、以下のようにそのドキュメントのファイルパスや言語IDを示すプロパティを持ちます。

- uri: string：対象とするファイルのURI
- languageId: string：言語IDを示すプロパティ

これを、URIをファイルパスに変換する関数vscode-uri.URI.parse()と組み合わせることで、リントの対象となるファイルのパスを取得できます。

```typescript
// server/src/server.ts
import { URI } from 'vscode-uri';

// リントの実行
async function validateTextDocument(textDocument: TextDocument): Promise<void> {

  // ファイルパス
  const filePath = URI.parse(textDocument.uri).fsPath;
  if (!filePath) {
    // ファイルが特定できない場合は何もしない
    return;
  }

}
```

続いて、Node.jsからコマンドを実行できる child_process を使って、先ほどのファイルに対してリントツールを実行します（言語サーバーはNode.js上で動作しているため、Node.jsのモジュールを使用できます）。リントツールを実行した標準出力は文字列として取得でき、変数outputに格納しています。

```typescript
// server/src/server.ts

import * as child_process from "child_process";

async function validateTextDocument(textDocument: TextDocument): Promise<void> {

  // 中略

  // リントツールの実行
  const cmd = `lll -l 80 "${filePath}"`;
  const output = child_process.execSync(cmd, {
    encoding: "utf8"
  });
}
```

なお、今回の例では引数の TextDocument からファイルパスを取得して使いましたが、getText メソッドを使うとドキュメントの中身を取得できます。ツールの標準入力に直接ソースコードを送りたいといった場合にはこちらを使うとよいでしょう。

```
// ドキュメントの全文を取得する
const text = textDocument.getText({
  start: { line: 0, character: 0 },
  end: { line: textDocument.lineCount, character: Number.MAX_VALUE },
})
```

▶リント結果を解析して診断として通知する

　最後に、リント結果を解析して言語クライアントに診断として通知する処理
を実装します。まずは実装を見てみましょう。

```
// server/src/server.ts
import {
  Diagnostic,
  DiagnosticSeverity
} from 'vscode-languageserver/node';

// リントの実行
async function validateTextDocument(textDocument: TextDocument): Promise<void> {

  // 中略

  let diagnostics: Diagnostic[] = [];

  // リントツールの出力の解析
  let pattern = /^([^\s]+):(\d+): (.*)$/;
  for (let outputLine of output.split("\n")) {

    // 正規表現で出力から行番号とメッセージを抽出
    const m = pattern.exec(outputLine);
    if (!m) {
      continue;
    }
    const line = parseInt(m[2]) - 1;
    const message = m[3];

    // 抽出したエラーを診断にする
    let diagnostic: Diagnostic = {
      // ユーザーに表示するツール名
      source: "lll"
      // エラーレベル
      severity: ls.DiagnosticSeverity.Warning,
      // ドキュメント中のエラーを表示する箇所
      range: {
        start: { line, character: 80 },
        end: { line, character: Number.MAX_VALUE }
      },
      // メッセージテキスト
      message: message,
```

```
    };
    diagnostics.push(diagnostic);
  }

  // 診断をすべて送信する
  connection.sendDiagnostics({ uri: textDocument.uri, diagnostics });
}
```

　標準出力の文字列を正規表現で解析してエラーが発生している行番号とメッセージを取り出し、個々の診断を表す vscode-languageserver.Diagnostic を作成しています。vscode-languageserver.Diagnostic には以下のような情報を含めます。

- **source?: string**：このエラーを生成した診断の種類の名前。ツールの名称などを入れる
- **severity?: DiagnosticSeverity**：エラーレベル。"Error"、"Warning"、"Information"、"Hint" のいずれかを指定できる
- **range: Range**：エラーが発生している範囲。エディター上ではここで指定した範囲にエラーを示す波線が付く
- **message: string**：エラーメッセージ

　lll は長い行を検出するツールですので、range にはその行の80文字目以降すべてに波線を付けるようにしました。
　そしてこれを、connection の sendDiagnostics メソッドを使って言語クライアントに送信します。この sendDiagnostics の引数は以下のとおりです。

- **uri: string**：対象とするファイルのURI
- **diagnostics: Diagnostic[]**：個々の診断を示す Diagnostic のリスト

▶ LSPと拡張機能をデバッグ実行する

　以上で言語サーバーでリントを実行する拡張機能が実装できました。それでは、デバッグ実行してみましょう。まずは以下のように、起動している言語サーバーにアタッチするようにデバッグの設定を記述します。

```
// .vscode/launch.json

{
  "version": "0.2.0",
  "configurations": [
    {
      // 拡張機能のデバッグ
      "name": "Launch Client",
      "type": "extensionHost",
      "request": "launch",
      "runtimeExecutable": "${execPath}",
      "args": [
        "--extensionDevelopmentPath=${workspaceFolder}"
      ]
    },
    {
      // 言語サーバーへのアタッチ
      "name": "Language Server",
      "type": "node",
      "request": "attach",
      "port": 6010,
      "localRoot": "${workspaceRoot}",
      "remoteRoot": "${workspaceRoot}",
    }
  ]
}
```

18

Language Server Protocol

　続いて、デバッグ設定を "Launch Client"（拡張機能の実行）にしてデバッグを開始したうえで（図18-16）、さらにデバッグ設定を "Language Server" に変更してこちらもデバッグを開始します（図18-17）。

図18-16：拡張機能のデバッグを開始

図18-17：言語サーバーにアタッチ

　ここで、言語サーバーの実装の中の、診断を作成する前の行（server/src/

server.tsの`let diagnostic`で始まる行です)にブレークポイントを設定して
みましょう。その後、`"Launch Client"`のデバッグで起動したVS Codeでド
キュメントを変更します。すると、`"Language Server"`でイベントが発生し、
ブレークポイントで処理が停止します（**図18-18**）。

図18-18：診断作成の直前にブレークポイントを設定

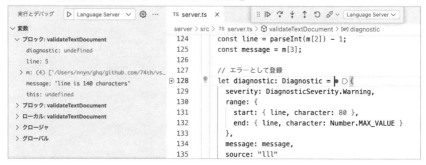

　意図したとおりブレークポイントで言語サーバーが止まらない場合は、言語
サーバーのクライアントと同期するドキュメントの設定などを確認します。エ
ラーが表示される行がずれているなど正しい診断が作られない場合は、診断を
作成する処理の周辺をデバッグしてみてください。成功した場合、**図18-19**の
ようにパネルの問題ビューと、ドキュメント中に作成した診断のエラーが表示
されます。

図18-19：問題ビューとドキュメントに診断の結果が表示

```
∞ main.go 2 ×
 ∞ main.go > ...
   4
   5   func main() {
   6       fmt.Print("aaaaaaaaaaaaaaaaaaaaaaaaaaaaaaaaaaaaaaaaaaaaaaaaaaaaaaaaaaaaaaaaaaaaaaaaaaaaaaaaaaa
   7       fmt.Print("aaaaaaaaaaaaaaaaaaaaaaaaaaaaaaaaaaaaaaaaaaaaaaaaaaaaaaaaaaaaaaaaaaaaaaaaaaaaaaaaaaa
   8   }
   9
```

| 問題 2 | 出力 | デバッグ コンソール | ポート | ターミナル | | フィルター (例: テキスト、**/*.ts、!**/node_modules/**) |

```
∨ ∞ main.go 2
    ⚠ line is 140 characters ⦙⦙ [Ln 6, Col 81]
    ⚠ line is 140 characters ⦙⦙ [Ln 7, Col 81]
```

　以上、LSPを使ったリントツールの拡張機能を説明しました。このように、

vscode-languageserver と vscode-languageclient を使えば、それほど手間をかけずに LSP が実装できます。

　本章では代表的な LSP のプロトコルをいくつか解説し、さらにその実践として、言語サーバーを使った拡張機能の開発についても解説しました。LSP にはほかにも以下のような定義があります。

- ホバー表示（textDocument/hover）
- コードレンズ（textDocument/CodeLens）
- 実装へ移動（textDocument/implementation）
- ドキュメントリンク（textDocument/documentLink）
- ドキュメントカラー（textDocument/documentColor）
- 整形、部分整形、オンタイプ整形（textDocument/formatting、textDocument/rangeFormatting、textDocument/onTypeFormatting）
- リネーム（textDocument/rename）
- 畳み込み（textDocument/foldingRange）

18

Language Server Protocol

　LSP の仕様を理解することで、VS Code と言語サーバーとの役割分担への理解が深まったことと思います。今後、なんらかの開発支援ツールを作るにあたって、LSP としてツールを提供することを考慮に入れてみてはいかがでしょうか。
　上記のように LSP の仕様は多数ありますが、LSP をサポートするにあたって、すべての仕様をサポートする必要はありません。機能の一部であっても LSP の仕様に準拠することで、VS Code 以外でも、LSP をサポートするエディターで使える開発支援ツールを構成できるようになります。

索引

著者略歴

森下 篤（もりもと あつし）

GO 株式会社所属のソフトウェアアーキテクト。AI プロダクトのデータ基盤や、API サービス化を担当する。同人誌『VS Code デバッグ技術』などでの技術書典に参加したり、VS Code Meetup のオーガナイザを務めたりしている。

X（Twitter）／ GitHub：@74th

●**装丁**　石間淳
●**DTP**　酒徳葉子（技術評論社）
●**編集**　村下昇平
●**本書サポートページ**　https://gihyo.jp/book/2024/978-4-297-13909-4
　本書記載の情報の修正、訂正、補足については当該 Web ページで行います。

■お問い合わせについて
　本書に関するご質問は記載内容についてのみとさせていただきます。本書の内容に関係のないご質問には一切お答えできませんので、あらかじめご了承ください。また、お電話でのご質問は受け付けておりません。書面、FAX または小社 Web サイトのお問い合わせフォームをご利用ください。

　〒 162-0846　東京都新宿区市谷左内町 21-13
　株式会社技術評論社　第 5 編集部『改訂新版 Visual Studio Code 実践ガイド』係
　FAX：03-3513-6173　URL：https://gihyo.jp/

　ご質問の際には、書名と該当ページ、返信先を明記くださいますよう、お願いいたします。また、お送りいただいたご質問にはできる限り迅速にお答えできるよう努力しておりますが、場合によってはお時間を頂戴することがあります。回答の期日をご指定いただいても、ご希望にお応えできるとはかぎりませんので、あらかじめご了承ください。
　ご質問の際に記載いただいた個人情報を回答以外の目的に使用することはありません。使用後はすみやかに個人情報を破棄します。

かいていしんばん ビジュアル スタジオ コード じっせん
改訂新版 Visual Studio Code 実践ガイド
ていばん　　　　　　　　　つか　たお
定番コードエディタを使い倒すテクニック

2024 年 2 月 7 日　初版　第 1 刷発行

　　　　　　　もりもと　あつし
著　者　　　森下　篤
発行者　　　片岡　巖
発行所　　　株式会社技術評論社
　　　　　　東京都新宿区市谷左内町 21-13
　　　　　　TEL：03-3513-6150（販売促進部）
　　　　　　TEL：03-3513-6177（第 5 編集部）
印刷／製本　昭和情報プロセス株式会社

ISBN 978-4-297-13909-4 C3055

Printed in Japan